建筑工程施工图审查要点及条文
——建筑专业

主编 李 强

哈尔滨工业大学出版社

内 容 提 要

本书根据《建筑设计防火规范》(GB 50016—2012)、《住宅设计规范》(GB 50096—2011)、《中小学校设计规范》(GB 50099—2011)、《公共建筑节能设计标准》(GB 50189—2005)、《无障碍设计规范》(GB 50763—2012)、《住宅建筑规范》(GB 50368—2005)、《严寒和寒冷地区居住建筑节能设计标准》(JGJ 26—2010)、《夏热冬暖地区居住建筑节能设计标准》(JGJ 75—2012)、《夏热冬冷地区居住建筑节能设计标准》(JGJ 134—2010)、《宿舍建筑设计规范》(JGJ 36—2005)等相关规范和标准编写而成。全书共分为四章,包括:综合概述、总平面图设计及审查文件、施工图审查要点分析以及建筑专业施工图审查常遇问题汇总等。

本书可供刚走上工作岗位的建筑设计人员及审图人员使用,也可供大专院校建筑设计及结构专业师生阅读参考。

图书在版编目(CIP)数据

建筑工程施工图审查要点及条文. 建筑专业/李强
主编. —哈尔滨:哈尔滨工业大学出版社,2015.4
ISBN 978 - 7 - 5603 - 5344 - 9

Ⅰ.①建… Ⅱ.①李… Ⅲ.①建筑制图-高等学校-
教材 Ⅳ.① TU204

中国版本图书馆 CIP 数据核字(2015)第 087066 号

策划编辑 郝庆多 段余男
责任编辑 王桂芝 段余男
封面设计 刘长友
出版发行 哈尔滨工业大学出版社
社 址 哈尔滨市南岗区复华四道街 10 号 邮编150006
传 真 0451 - 86414749
网 址 http://hitpress.hit.edu.cn
印 刷 黑龙江省委党校印刷厂
开 本 787mm × 1092mm 1/16 印张 12.25 字数 330 千字
版 次 2015 年 5 月第 1 版 2015 年 5 月第 1 次印刷
书 号 ISBN 978 - 7 - 5603 - 5344 - 9
定 价 29.00 元

编　委　会

主　编　李　强

参　编　冯义显　杜　岳　张一帆　邹　雯

戴成元　卢　玲　陈伟军　孙国栋

王向阳　常志学　赵德福　林志伟

杨建明

前　言

　　施工图设计文件审查是建设行政主管部门对建筑工程勘察设计质量监督管理的重要环节。施工图审查的关键为是否违反强制性条文，为了加深设计人员对规范的深入理解和正确执行规范条文，确保结构安全，提高个人业务水平，我们组织策划了此书。本书根据《建筑设计防火规范》（GB 50016—2006）、《住宅设计规范》（GB 50096—2011）、《中小学校设计规范》（GB 50099—2011）、《公共建筑节能设计标准》（GB 50189—2005）、《无障碍设计规范》（GB 50763—2012）、《住宅建筑规范》（GB 50368—2005）、《严寒和寒冷地区居住建筑节能设计标准》（JGJ 26—2010）、《夏热冬暖地区居住建筑节能设计标准》（JGJ 75—2012）、《夏热冬冷地区居住建筑节能设计标准》（JGJ 134—2010）、《宿舍建筑设计规范》（JGJ 36—2005）等相关规范和标准编写而成。

　　本书对建筑专业施工图中常出现和易出现问题的地方进行分析、讲解，使设计人员在做设计的时候尽量避免犯同类型的错误，既清晰又简单明了。全书共分为4章，包括：综合概述、总平面图设计及审查文件、施工图审查要点分析以及建筑专业施工图审查常遇问题汇总。本书可供刚走上工作岗位的建筑设计人员及审图人员使用，也可供大专院校建筑设计及结构专业师生阅读参考。

　　由于编者的经验和学识有限，尽管编者尽心尽力、反复推敲核实，但仍不免有疏漏之处，恳请广大读者提出宝贵意见。

编　者

2013.10

目　录

第1章 综合概述

1.1 审查主要内容

(1)总平面图重点审查内容。

① 总平面设计深度是否符合要求,是否符合城市规划部门批准的总平面规划。

② 消防道路、出入口、工程周围相邻建(构)筑物的使用性质、房屋间距(日照、防火要求)、消防登高面等是否满足相应规范的要求。

③ 无障碍设计(人行道交叉路口缘石坡道、盲道,区内道路纵坡应小于2.5%,无障碍坡道坡度1:12,宽度大于1.5 m)。

④ 汽车库出入口与城市道路红线的距离(7.5 m)及视线遮挡问题。

⑤ 绿化设计。

⑥ 广场、停车场、运动场、道路、无障碍设施、排水沟、挡土墙、护坡的定位坐标或相互尺寸。

⑦ 场地四邻的道路、水面、地面的关键性标高。

⑧ 建筑物室内外地面设计标高,地下建筑的顶板面标高及覆盖土高度限制。

⑨ 道路的设计标高、纵坡度、纵坡距、关键性标高;广场、停车场、运动场地的设计标高,以及院落的控制性标高。

⑩ 挡土墙、护坡或土坎顶部和底部主要标高及护坡坡度。

(2)建筑设计总说明重点审查内容。

① 设计的依据性文件和主要规范、标准是否列明、齐全、正确。

② 项目概况,包括建筑名称、建设地点、建筑面积、建筑基底面积、建筑工程等级、设计使用年限、建筑层数和建筑高度、防火设计建筑分类和耐火等级(地上、地下)、火灾危险性类别(厂房、仓库)、人防工程防护等级、屋面防水等级(构造作法及防水材料厚度,斜屋面瓦材固定措施)、地下室防水等级(构造作法及防水材料厚度)、抗震设防烈度等。

③ 设计标高的确定是否与城市已确定的控制标高一致。审图时要特别注意 ±0.000 相对应的绝对标高是否已标注清楚、正确。

④ 建筑墙体和室内外装修用材料,不得使用住房和城乡建设部及本地省建设厅公布的淘汰产品。采用的新技术、新材料须经主管部门鉴定认证,有准用证书。

⑤ 门窗框料材质、玻璃品种及规格要求须明确,整窗传热系数、气密性等级应符合相关规定。

⑥ 外门窗类型与玻璃的选用,气密性等级;木制部位的防腐(禁用沥青类材料);玻璃幕墙的防火封堵做法,气密性等级;使用安全玻璃的部位及大玻璃落地门窗的警示标志。

⑦ 卫生间等有水房间的楼地面及墙脚的防水处理;变形缝的防水、防火、保温节能构造;管道井每层的防火封堵(非2~3层)。

⑧ 建筑防火设计、无障碍设计和建筑节能设计说明应与图纸的表达一致。

⑨ 电梯(自动扶梯)选择及性能说明(功能、载重量、速度、停站数、提升高度等)及无障碍电梯(公建)的配置。

⑩ 阳台、楼梯栏杆及低窗护拦的安全要求。

⑪ 节能设计专篇。

⑫ 防火设计专篇。

(3)地下室设计重点审查内容。

① 地下室防水等级,构造作法及防水材料的厚度。

② 防火分区面积、疏散距离,双层机械停车库防火分区面积是否折减。

③ 变配电房、消防水泵房、变压器室和锅炉房等设备用房是否划分独立的防火分区,应有直接对外出入口。

④ 地下商场不应设在地下三层及三层以下。营业厅每个防火分区允许的最大面积为 2 000 m^2,当地下商场总建筑面积大于 20 000 m^2 时,采用不开设门窗洞口的防火墙分隔,相邻区域需局部连通时,可采取下列防火分隔措施:

a. 下沉式广场等室外开敞空间。

b. 防火隔间。

c. 避难走道。

d. 防烟楼梯间。

⑤ 歌舞娱乐放映游艺场所不应设在地下二层及二层以下。当布置在地下一层时,地下一层地面与室外出入口地坪的高差不应大于 10 m;一个厅、室的建筑面积不应大于 200 m^2,并应采用耐火极限不低于 2.0 h 的不燃烧体隔墙和 1.0 h 的不燃烧体楼板与其他部位隔开,厅、室的疏散门应设置乙级防火门;同时应设置防烟与排烟设施。

⑥ 人防工程设计,具体包括:

a. 设计说明。

b. 人防顶板底面标高是否高于室外地坪。

c. 人防出入口部直接通向楼梯间时不应将防护密闭门和密闭门当作防火门。

d. 每个防护单元对外出入口战时采用预制构件封堵,数量不应超过 2 个。

e. 人防疏散宽度(0.3 m/百人)。

⑦ 汽车坡道出入口是否按照规定设置挡水槛。

(4)设计基本规定重点审查内容。

① 阳台、外廊、室内回廊、内天井、上人屋面及室外楼梯等临空处的防护栏杆是否符合规定,底部是否有可踏面,防护高度是否从可踏面起算。

② 厕所、盥洗室、浴室等不应直接布置在餐厅、食品加工、食品贮存、医药、医疗、变配电等有严格卫生要求或防水、防潮要求用房的上层;住宅卫生间不应直接布置在下层的卧室、起居室、厨房和餐厅的上层;旅馆建筑的卫生间不应设在餐厅、厨房、食品贮藏、变配电室等有严格卫生要求或防潮要求用房的直接上层。

③ 住宅、托儿所、幼儿园、中小学及少年儿童专用活动场所的栏杆必须采用防止少年儿童攀登的构造,当采用垂直杆件做栏杆时,其杆件净距不应大于 0.11 m。

④ 托儿所、幼儿园、中小学及少年儿童专用活动场所的楼梯,梯井净宽大于 0.2 m 时,必

须采取防止少年儿童攀滑的措施,楼梯栏杆应采取不易攀登的构造,当采用垂直杆件做栏杆时,其杆件净距不应大于 0.11 m。

⑤ 低窗、凸窗是否设防护栏杆。

(5)公共建筑设计重点审查内容

① 托儿所、幼儿园。

a. 楼梯除设成人扶手外,应在靠墙一侧设幼儿扶手,其高度不应大于 0.6 m;楼梯栏杆的净距不应大于 0.11 m,当梯井净宽度大于 0.2 m 时,必须采取安全措施;楼梯踏步的高度不应大于 0.15 m,宽度不应小于 0.26 m。

b. 活动室、寝室、音体活动室应设双扇平开门,其宽度不应小于 1.2 m。疏散通道中不应使用转门、弹簧门和推拉门。

c. 阳台、屋顶平台的护栏净高不应小于 1.2 m,内侧不应设有支撑。

② 中小学校室外楼梯及水平栏杆(或栏板)的高度不应小于 1.1 m。楼梯不应采用易于攀登的花格栏杆。

③ 商店建筑营业部分的公用楼梯是否符合规范规定(室内楼梯的每梯段净宽不应小于 1.4 m,踏步高度不应大于 0.16 m,踏步宽度不应小于 0.28 m;室外台阶的踏步高度不应大于 0.15 m,踏步宽度不应小于 0.3 m)。

④ 商店建筑营业厅与空调机房之间的隔墙应为防火兼隔声构造,并不得直接开门相通。

⑤ 综合医院四层及四层以上的门诊楼或病房楼应设电梯,且不得少于两台;三层及三层以下无电梯的病房楼以及观察室与抢救室不在同一层又无电梯的急诊部,均应设置坡道(坡度不宜大于 1/10)。

⑥ 疗养院建筑超过四层时应设置电梯,五层及五层以上办公建筑应设电梯。

(6)居住建筑设计重点审查内容。

① 住宅应按套型设计,每套住宅应设卧室、起居室(厅)、厨房和卫生间等基本空间。

② 住宅应满足人体健康所需的通风、日照、自然采光和隔声要求。

a. 住宅应充分利用外部环境提供的日照条件,每套住宅至少应有一个居住空间能获得冬季日照。

b. 卧室、起居室、厨房应设置外窗,窗地面积比不应小于 1/7。

c. 电梯不应与卧室、起居室紧邻布置。受条件限制需要紧邻布置时,必须采取有效的隔声和减振措施。

③ 住宅卫生间不应直接布置在下层住户的卧室、起居室(厅)、厨房、餐厅的上层。卫生间地面和局部墙面应有防水构造。

④ 住宅外窗窗台距楼面、地面的净高低于 0.9 m 时,应有防护设施。六层及六层以下住宅的阳台栏杆(包括封闭阳台)净高不应低于 1.05 m,七层及七层以上住宅的阳台栏杆(包括封闭阳台)净高不应低于 1.1 m。阳台栏杆应有防护措施。防护栏杆的垂直杆件间净距不应大于 0.11 m。

⑤ 住宅外廊、内天井及上人屋面等临空处栏杆净高,六层及六层以下不应低于 1.05 m;七层及七层以上不应低于 1.1 m。栏杆应防止攀登,垂直杆件间净距不应大于 0.11 m。

⑥ 住宅楼梯梯段净宽不应小于 1.1 m。六层及六层以下住宅,一边设有栏杆的梯段净宽不应小于 1 m。楼梯踏步宽度不应小于 0.26 m,踏步高度不应大于 0.175 m。扶手高度不应

小于 0.9 m。楼梯水平段栏杆长度大于 0.5 m 时,其扶手高度不应小于 1.05 m。楼梯栏杆垂直杆件间净距不应大于 0.11 m。楼梯井净宽大于 0.11 m 时,必须采取防止儿童攀滑的措施。

⑦ 住宅与附建公共用房的出入口应分开布置。住宅的公共出入口位于阳台、外廊及开敞楼梯平台的下部时,应采取防止物体坠落伤人的安全措施。

⑧ 七层以及七层以上的住宅或住户入口层楼面距室外设计地面的高度超过 16 m 以上的住宅必须设置电梯。

⑨ 燃气灶应安装在通风良好的厨房内,利用卧室的套间或用户单独使用的走廊作厨房时,应设门并与卧室隔开。

⑩ 宿舍建筑楼梯门、楼梯及走道总宽度应按每层通过人数每 100 人不小于 1 m 计算,且梯段净宽不应小于 1.2 m,楼梯平台宽度不应小于楼梯梯段净宽。

⑪ 小学宿舍楼梯踏步宽度不应小于 0.26 m,踏步高度不应大于 0.15 m。楼梯扶手应采用竖向栏杆,且杆件间净宽不应大于 0.11 m。楼梯井净宽不应大于 0.2 m。

⑫ 七层及七层以上宿舍或居室最高入口层楼面距室外设计地面的高度大于 21 m 时,应设置电梯。

(7)无障碍设计重点审查内容。

① 七层及七层以上住宅无障碍设计的范围:

a. 建筑入口。

b. 入口平台。

c. 候梯厅。

d. 公共走道。

e. 无障碍住房。

② 无障碍坡道坡度与建筑入口平台的宽度。

③ 无障碍通道的最小宽度。

④ 供残疾人使用的门净宽、门把手一侧的墙面宽度、门内外地面高差等是否符合规范规定。

⑤ 公共建筑中配备电梯时,应设无障碍电梯。

⑥ 公共厕所、专用厕所、无障碍客房等无障碍设施与设计要求是否符合规范规定。

(8)建筑节能设计重点审查内容。

① 居住建筑节能设计规定性指标:

a. 建筑各朝向的窗墙面积比。

b. 天窗面积及其传热系数、本身的遮阳系数。

c. 屋面、外墙、不采暖楼梯间隔墙、接触室外空气的地板、不采暖地下室上部地板、周边地面与非周边地面的传热系数 K。

d. 外门窗的传热系数 K 和综合遮阳系数 S_w。

e. 外门窗的可开启面积。

f. 外门窗的气密性。

② 公共建筑节能设计规定性指标:

a. 屋面、外墙(加权平均)、底面接触室外空气的架空楼板或外挑楼板的传热系数 K。

b.外门窗、屋顶透明部分的传热系数 K、遮阳系数 S_C。

c.地面、地下室外墙热阻 R。

d.建筑各朝向的窗墙面积比,当窗墙面积比小于0.4时玻璃的可见光透射比。

e.屋顶透明部分占屋顶总面积比。

f.外门窗的可开启面积。

g.外门窗、玻璃幕墙的气密性。

③ 规定性指标不满足要求,应进行性能化评价(居住建筑指标判定法、对比判定法、公共建筑权衡判断)。

④ 设计说明中的节能专篇深度是否符合规定,并且应与节能计算书、节能备案表相一致。

(9)建筑防火设计重点审查内容。

① 施工图的建筑设计说明中,应有防火设计专项说明,明确建筑物的耐火等级,高层建筑应明确该工程属一类或二类。

② 总平面图。

a.明确各单体之间的防火间距。

b.按规定设消防车道、环形消防车道、进入内院的消防车道、穿过建筑物的消防车道。

③ 防火分区的划分,应画防火分区示意图,在图中应注明每个分区的面积、安全出口位置。

④ 建筑的火灾危险性类别和耐火等级。

⑤ 防火疏散:按面积计算人数,按人数计算疏散宽度及疏散距离。

⑥ 防火构造:如封闭楼梯间、防烟楼梯间、防火隔间、跨越楼板的玻璃幕墙、消防电梯等,应画详图并附说明。

⑦ 有爆炸危险性的甲、乙类厂房的防爆设计。

⑧ 国家工程建筑标准及地方消防部门有关消防设计的其他内容。

1.2　审查依据及标准

(1)现行国家标准。

施工图审查中所依据的现行国家标准有:

①《建筑设计防火规范》(GB 50016—2006)

②《高层民用建筑设计防火规范(2005 年版)》(GB 50045—1995)

③《汽车库、修车库、停车场设计防火规范》(GB 50067—1997)

④《住宅设计规范》(GB 50096—2011)

⑤《中小学校设计规范》(GB 50099—2011)

⑥《地下工程防水技术规范》(GB 50108—2008)

⑦《火灾自动报警系统设计规范》(GB 50116—1998)

⑧《城市居住区规划设计规范(2002 年版)》(GB 50180—1993)

⑨《公共建筑节能设计标准》(GB 50189—2005)

⑩《民用建筑设计通则》(GB 50352—2005)

⑪《住宅建筑规范》(GB 50368—2005)

⑫《屋面工程技术规范》(GB 50345—2012)

⑬《无障碍设计规范》(GB 50763—2012)

（2）现行行业标准。

施工图审查中所依据的现行行业标准有：

①《严寒和寒冷地区居住建筑节能设计标准》(JGJ 26—2010)

②《宿舍建筑设计规范》(JGJ 36—2005)

③《图书馆建筑设计规范》(JGJ 38—1999)

④《托儿所、幼儿园建筑设计规范》(JGJ 39—1987)

⑤《文化馆建筑设计规范》(JGJ 41—1987)

⑥《商店建筑设计规范》(JGJ 48—1988)

⑦《综合医院建筑设计规范》(JGJ 49—1988)

⑧《电影院建筑设计规范》(JGJ 58—2008)

⑨《旅馆建筑设计规范》(JGJ 62—1990)

⑩《饮食建筑设计规范》(JGJ 64—1989)

⑪《办公建筑设计规范》(JGJ 67—2006)

⑫《夏热冬暖地区居住建筑节能设计标准》(JGJ 75—2012)

⑬《汽车库建筑设计规范》(JGJ 100—1998)

⑭《建筑玻璃应用技术规程》(JGJ 113—2009)

⑮《老年人建筑设计规范》(JGJ 122—1999)

⑯《夏热冬冷地区居住建筑节能设计标准》(JGJ 134—2010)

⑰《外墙外保温工程技术规程》(JGJ 144—2004)

第2章　总平面图设计及审查文件

2.1　总平面图设计的有关问题

在城市规划管理工作中,总平面图审核是一个十分重要的环节之一,因其直接涉及各个具体部门以及个人的利益,往往容易引发各种矛盾,同时也会增加工作的难度。如何在工作中把握好总平面图审核的关键和尺度,需要规划管理人员和设计人员善于从具体的工作实践中总结出一定的规律,掌握工作方法,尽可能做到公平公正地处理问题,既要讲求原则,又要讲求实效,力求使各方的利益关系达到平衡与协调。下面以大连市为例,结合工作实际,将规划总平面图审核各要素及要点进行分析和归纳,使大家在规划行政管理和总平面设计中能注意到以下几个方面的问题。

1. 熟练掌握法规内容和法定程序

各项法律、法规、技术标准和技术规范以及城市规划原理是规划管理工作的基础,没有这些知识就是无源之水,无本之木,没有这些规范作准绳,城市规划管理就没有了原则和标准。同时,城市规划管理既是技术性很强的工作,又是政策性很强的执法过程。既然是执法,就要讲究法律依据和法定的程序,如果不按照法定程序进行执法,即使依据法律正确,采取的措施得当,仍然会造成行政违法,所以对于规划管理人员来说,掌握法规内容和法定程序在办理规划审核和审批时尤为重要,也是规划管理工作的关键。

2. 查看提交资料是否齐全

首先应对甲方提交的规划总平面图及相关材料进行查验,看所提供的材料是否齐全、准确。该类材料应包括申请报告(包括申请理由、申请项目名称、性质等)、土地使用证或土地行政管理部门提供的土地使用权属资料证明及附图、用地范围界址点坐标、规划设计条件等相关文件及附图,除上述要求外,如为新办项目则必须提供建设项目选址意见书,如属调整总平面的应附原审批总平面图及相关材料,同时应核对及查验各类文件内容的真实性、准确性,必要时需出具证明材料原件。核查该类材料主要是便于深入了解土地使用概况,确定用地位置和范围,区别申报方案项目地块属新区建设还是旧城改造,因为对上述两种开发方式在规划管理中给出的规划设计条件和规划要求是不同的。同时还应对建设部门或开发商以及设计者的设计意图进行初步了解,在建设项目的技术经济指标和经济利益关系上也易于与他们达成共识,掌握工作的重点和关键,利于协调各方利益关系。

3. 现场勘察

审核总平面时必须要进行实地的现场勘察,对照实测地形图调查用地现状及规划情况,注意查看场地内的地形、地貌和地物,了解人口分布状况,对场地内以及周边区域的建筑物、构筑物、山体、丘岭、水体、道路、绿化、植被、公用通道、管沟、排水渠(明渠、暗沟)、城市道路、公路、铁路、高压线廊、微波通道等设施及保护区、各种公建配套设施进行认真勘察。

现场勘察对深入了解规划总平面布局相关要素十分重要,也十分必要。哪些地方适建、哪些地方不适建、不允建就一目了然了。比如场地内有陡石山和水体的,应尽可能利用山体和水体进行绿化,建成小游园和公共绿地。规划建筑物必须后退山体保护范围来建,以免危石跌落,产生安全隐患,必要时还应向国土部门要求出具地质灾害影响评估报告。临近水面的需要一定的安全距离和防护措施,以免影响建筑和居民安全。同时对高压线廊、铁路、市政管线、微波通道等保护用地,也应预留一定的空间。涉及两个或几个单位使用公用通道的,还需在图上仔细注明清楚,必要时,还应提交公用通道使用的协议书等文件。

4. 查阅相关规划成果资料,了解规划条件和控制要求

根据地块所处区位查阅该地块及相关区域或相邻地段已批准的规划资料,包括有关规划条件和控制要求。一般从总规开始,逐步深入到近期建设规划、详细规划(包括控制性详规和修建性详规)以及相关区域的城市设计和各类专项规划对该地块的规划控制要求及规划条件。查阅控制性规划的各项指标十分重要,因为土地出让、招标、拍卖、挂牌所确定的各类用地的建设指标和规划设计条件是以控规作为法定依据进行的。作为规划管理人员,还必须要了解相关的土地经济分析,包括地价等级类型、土地级差效益、有偿使用状况、地价变化、开发方式等方面的内容。同时,还要深入了解相关城市设计、道路设计、景观规划等,使之符合各类规划的条件和控制要求。近两年来,大连市城市规划局组织编制了城市主要道路的景观规划,除了对两侧地块沿街在道路红线外预留出了一定的公共空间外,对沿街的土地利用和建筑设计也做了比较具体详细的控制要求,所以在总平面审核时同时要兼顾各类规划的具体要求,从大到小,从浅到深逐步深入和细化,否则会很容易与规划控制要求产生矛盾。曾经在一宗原有建设用地的规划总平面审核中,由于设计人员没有查阅相关片区的道路规划资料,没有将规划道路网叠加到图内,审核后才发现该地块被规划道路切割并占用了很大的用地和空间,以至于报送的方案未被通过,被退回重新修改。另外,有一宗规模很小的用地,设计人员只查阅了总体规划的路网,未查阅控制性详细规划资料,以致在设计时不知道还有道路穿越,承接了建筑总平面和单体设计,送审时未能通过方案审批,给建设单位造成了损失,这些都是应该在设计和管理的审核中需要注意的关键环节。

总平面审核时还需尤其应注意与周边建筑和用地使用的关系,了解周边人口分布状况、公用设施、工程设施及管网现状情况以及各类建筑的性质、规模、高度、使用状况、建筑质量、有无拆迁、有无污染、干扰等情况,同时应兼顾到与周边建筑的退距和安全、卫生间距的要求。有文物保护单位的,或位于建筑控制地带的,应按《中华人民共和国文物保护法》的规定和紫线管理规定进行。

在实际工作中,一些没有经验的设计人员往往忽视现场勘察和现状调查,对场地内及周边环境不进行深入细致地调查,在规划时凭空想象,任意发挥,或者现状调查时走马观花,场地内竖向关系不明确,设计时将场地当做白纸一张,做出来的方案不切合实际,也就很难通过规划管理部门的审核。曾经有一个开发商,看中一处山坳地,请了省外的建筑师设计了很多山地建筑,从单体上看,建筑颇具特色。但经地质勘测后,该处地形山体多为陡石山,部分山体原来已被采石场开采过,地质条件很复杂,若想进行开发建设,必须先要经过危石处理,对山体的植被绿化也需多年才能完成,同时该类建筑也不适宜在岩石层上进行建造,若想达到理想的效果,不但施工难度很大,并且还需投入很高的工程费用,方案实施的难度很大,可操作性不强。所以,规划管理人员在现场勘察的同时,还应与建设单位和设计人员多进行沟通和交流,了解他们的建设目的和设计意图,同时耐心细致地解答一些审核的原则、程序和有关技术规定和标准等事项。

5．查验地形图、规划用地红线

大连市城市规划局在总平面审核时，要求必须提交在实测地形图上设计的规划总平面方案的图纸和电子文件。这样在审核时，就要认真核对用地红线范围、控制点的座标、土地使用性质、面积、规模、各项数据指标等是否与规划要求相符,场地内地形、地貌和地物有无改变、缺漏。有些偏远地区或乡村规划因设备、资金等因素，或技术力量薄弱，还未使用电子信息化管理，也应要求先进行基础测绘，提交实测地形图和用地红线控制点座标一并送审，以避免建筑项目在实施时出现偏差和错误。

6．规划总体布局

规划总体布局应根据总体规划、详细规划和近期建设的要求，对各项建设作好综合的全面安排。在规划设计中应考虑一定时期国家和地方经济发展水平、人民的文化、生活水平、居民的生活需要和习惯，物质技术条件、以及气候、地形和现状等条件，同时应注意远近期结合、预留有发展余地。在审核中，应注意把握规划总体布局是否科学、合理，规划建设的标准是否经济、安全，设施是否配套齐全、有无相互干扰、影响和污染，尤其是应对居住区内一些需要配套的公共服务设施和商业设施、公共绿地、组团绿地、文化体育活动场地的规划位置、规模大小、服务半径等是否满足居民生活需要以及其方便程度等综合因素加以分析，合理地进行布局。如大连市市区范围内山体较多，且多为孤峰，规划布局中必须注意建筑空间的通透性和开敞性，尽量避免采用大面宽的建筑，比如北方地区冬天多采用集中供暖，烟囱及锅炉房的选址和位置就应多考虑风向和防护距离。通常对日照要求较高的北方地区建筑物的间距就要严格按照设计规范进行，而南方炎热地区则对通风要求更高一些，建筑物的朝向就要尽量以南北朝向为主，并尽量减少西晒墙面的比例。

7．道路交通应符合相关设计规范要求

道路系统是规划布局的骨架，道路的结构布局和走向往往影响着整个地块的规划总体布局，所以在审核中，应注意各条道路的等级、断面形式、尺寸、转弯半径、视距三角形、道路、走向、坡度、中心线控制点坐标，出入口方向，道口宽度、停车场位置、停车泊位、出入口距交叉路口距离、消防车道、人防出入口、地下停车库出入口、主要出入口疏散空间等相关要素，是否符合设计规范要求。临近立交、道路广场、道路交叉口的，是否反映出了各类道路红线、立交及广场形式及控制范围。场地内规划道路网的结构布局尤其应考虑地形的竖向变化，其主要出入口应注意与周边城市道路系统在平面和竖向关系上的相互衔接。

道路中心线的控制点标高的确定，往往是整个场地竖向设计的关键，合理确定竖向标高，对土方平衡和填挖量估算，降低工程费用十分重要。另外，在一些大型公共建筑高峰小时人流密集的场所，如学校、医院、商场、广场、体育场馆、文化 艺术中心等，应预留出入口的集散空间，以便利于大量的人流快速疏导，避免对周边城市道路造成干扰。

8．建筑布局

总平面规划设计中，建筑布局是规划的核心，也是规划管理人员都非常重视的环节。在审核时，应注意核查各类建筑的性质、规模、容积率、密度、朝向、日照、间距、退距、层数、高度等要素是否符合国家规范要求；是否符合当地政府制定的相关规划管理规定和规划技术管理要求；是否美观、经济、安全，必要时应对建筑艺术布局提出合理意见和建议。

一些开发商在居住区和小区的开发过程中，为了追求利润，在设计时往往会在建筑层数和层高上做文章，有时还会缩小建筑间距、扩大建筑尺寸，这就需要规划管理人员熟练掌握设计规范,认真细致地进行审查。

9. 相关公共服务设施配套要求

以大连市居住区(小区)详细规划总平面方案审核为例,在居住区规划中,公共服务设施配套要求及设置规定是按照《城市居住区规划设计规范》(GB50180 - 1993)《大连市城市规划管理技术规定》及其他相关法律法规、规范执行的,其种类及规模可根据建设项目的性质及人口规模来确定。在居住区或小区详细规划中,必设的项目应包括学校(中、小学)幼儿园、托儿所、社区居委会、老年活动中心、少儿活动中心、医疗门诊点、公厕、垃圾站、配电室、变电房、污水处理池、泵房、煤气站等,商业服务网点则一般根据市场需求来进行设置,小区物业管理机构、教育文化体育设施根据居住区人口和用地规模大小分级进行配套设置。

公共服务设施的配建比例和规模应考虑周边该类建筑的布局情况与实际需要来确定,适当调整其配建规模也是很有必要的。如学校、幼儿园等,如果附近已有该类项目,且场地、规模仍有较大的空间,则可考虑通过土地置换或货币补偿等形式与其合并设置为宜,若仍教条地按千人指标来设置,则有可能会重复建设,造成资源的浪费或造成规模过小,不利于管理等。如果附近缺乏该类项目和设施,则应考虑按规范要求的上限来控制。其他一类的商业、服务性设施则可不必硬性规定设置,可以根据地段区位条件、交通条件等特点,由居民需要和市场调配来进行引导和设置,但在选址时,应注意避免对居民生活和交通造成干扰和影响。通常一些开发商为提高容积率和销售价格,喜欢沿道路设置一些底层带商铺的住宅,审核时,应注意该类建筑对居民生活和交通的干扰。最好能在退距和隔音上采取一定的措施且应按规定留出停车场地。在大连市曾经发生过由于此类商住楼的底层商业娱乐场所噪音过大扰民被居民投诉的事件。近年来大连市城市规划局在规划管理中,就制定了非主朝向沿街通透面不得小于50%,且必须设置通透围墙的管理规定,同时结合城市干道和主要街道"三项整治"工作(①经营性、公益性占道专项整治;②市区停车秩序专项整治;③道路交通运输市场秩序专项整治)有效地改观了城市道路景观和城市市容面貌。

10. 绿地景观

绿化景观方面除了应审核其绿地率指标和绿化覆盖率是否符合规划设计规范要求外,还应注意一些特定地段的绿线管理规定和景观要求,审核规划设计是否结合了当地的自然气候条件、场地内地形地貌特点,是否充分利用了原有山体、丘陵、水面进行了绿化美化,是否突出了小区景观特点和地域特点,改善了居住环境等因素。在绿地设计中是否合理地进行硬质铺装、植物配植、屋顶绿化和垂直绿化等方面也应提出一定的审核意见。基地为丘陵山地的,应突出景观特点,注意竖向关系的处理,因地制宜,尽可能减少土方的填挖,以降低工程造价和开发成本。

11. 查验其他各类市政配套设施是否满足相关规范要求

该类要素如消防、防震、环保、人防、污水处理池、排水沟渠(明沟、暗渠)、泄洪沟、配电房、垃圾站等市政工程设施是否齐备,是否符合规范和规划要求。

例如,大连市旧城区内某处小区开发,基地地面标高比周边地势低两米左右,由于旧城区内市政排水系统不完善,周边单位和居民生活污水形成了自然沟渠从该基地西侧穿越,并直接排入周边的小河沟中,大连市规划局的管理人员在现场勘察时发现了这一情况,为避免因小区开发时回填土造成周边单位和居民生活污水不能排出,所以在总平面审核过程中,便要求开发商补充进行了竖向设计和给排水规划,并和开发商承诺保证改造原排水渠,将其纳入小区排水系统进行处理后再行排放。虽然开发商增加了一些开发成本和工程费用,但避免了周边部分居民因污水排放和雨天内涝等问题。

12. 特定地段的特殊要求

在总平面审核中,还应考虑特定地段的特殊控制要求,如军事基地、微波通道、殡葬用地、文物保护地段等。尤其是周边有文物保护单位的,一定要符合城市紫线管理规定,符合历史文化保护区、文物保护单位、建设控制地带和地下文物保护区等范围的控制要求,以及城市重要景观点(带、区)、城市重要地段对其建筑形式、体量、色彩、高度、建筑风格等的规划要求,少数民族地区还应体现民族文化特点和地域特点。另外,审核重点地段或重要工程的总平面规划图时还应提交区域环境关系分析图,充分反映拟建工程周围环境及相关关系。临立交或道路交叉口处的场地的总平面规划应审核其是否在图上完整注明了立交或道路交叉口的控制范围和形式。临路段的要包括道路对面及本侧周围一定范围的规划控制分析,附近有重要建筑物或重要城市景观的也应包括在内,处在小区或某一整体规划区域内的应包括整个规划范围。除此之外,还要审核其是否反映出周围的现状建筑、需拆迁的建筑、永久性建筑和规划已确定的建筑物,是否标明了各类建筑的性质、尺度、高度、层数及建筑间距等。

13. 图纸要素

最后,还应认真审核其规划编制的深度与内容要求,是否符合国家颁布的《城市规划编制办法》、相关技术规范、规定、标准及当地城市规划管理技术规定等要求,图面标注内容是否准确、齐全、规范,包括规划说明书、技术经济指标、图幅比例、日期、图例、图示、指北针、设计单位资质、等级、编号、图签、图章等。必要时,在方案阶段和成果阶段同时审核相关的建筑方案、户型平面、道路系统、绿化景观、市政工程管线和综合管网规划图、竖向设计图和各类效果图、结构分析图等,确保建设工程按图件实施达到预期效果。

城市规划是一个公共政策的问题,规划管理人员除了应从技术层面上理解规划外,还应从体现公平、公开、公正原则的公共政策层次上考虑问题,通过规划编制和实施管理,弥补市场的不足,有效配置公共资源,保护资源环境,协调利益关系,维护社会公平和社会稳定。在实践中,不仅要坚持原则,加强管理,还应树立以人为本、为人民服务、为纳税人办实事的服务意识,在市场经济体制下转变政府职能,尊重市场规律,在工作中多与建设部门和设计人员沟通,耐心细致进行解释和探讨,在管理中起好桥梁作用。

由于每个地段不同,每个项目的特点和要求也不同,这就需要我们在工作中掌握好事物的共性与个性、普遍性与特殊性的辩证关系,因地制宜、因项目而异地开展工作。下面,我们将有关总平面图审核的要点和基本要素制成一张简表(见下表),推荐给大家。在工作中,可根据建设项目的大小、难易程度对照该表进行逐项审核,既简便易懂,又不会漏项,大家可以根据各地、本部门的管理规定和规划要求,根据自己的工作经验及工作方式对该表进行调整,删减或增添项目,方便管理。最后,希望各位同行提供宝贵的工作经验,以便于对该表进一步修改完善。

附表　总平面图审核的要点和基本要素

1	熟练掌握法规内容和法定程序	各项法律、法规、技术标准、技术规范及法定程序
2	查看提交资料是否齐全	申请报告、土地证复印件或立项批文、选址意见书、规划设计条件、土地出让合同确认书、法院拍卖文件、总平面调整的附原审批总平面等相关文件
3	现场勘察、收集现状和规划基础资料	对照实测地形图,进行现场勘察、调查用地现状、规划情况,注意场地内及周边建筑、山、水、路、公用通道、管沟、排水渠、铁路、供电、微波通道等保护用地资料,收集现状和规划基础资料
4	查阅相关批准的规划成果资料	查阅详规(控规、修建性详规)城市设计、近期建设规划、总规、相关区域规划及各专项、专类规划
5	查验地形图、用地红线是否准确	用地性质、规模是否相符,查验1:200,1:500,1:1 000,1:2 000实测地形图或电子文件,核对用地控制点坐标及范围、位置
6	规划总体布局	功能分区是否明确,布局是否科学、合理,有无污染、干扰
7	道路交通及与周边规划道路的衔接、相关规范要求	道路等级、断面、形式、尺寸、转弯半径、视距三角形、走向、坡度、中心线控制点坐标、停车泊位、出入口方向、道口宽度、距交叉口距离、消防环道、人防出入口、地下停车场出入口、基地出入口疏散空间
8	建筑布局	性质、规模、容积率、密度、退界、朝向、日照、间距、限高、层数、尺寸
9	公共服务及商业配套设施是否符合相关规范要求(参照《城市居住区规划设计规范》和《大连市城市规划管理技术规定》及相关法律法规、技术标准和技术规范,以大连市居住区、小区详细规划为例)	居委会:100~300户不小于50 m^2/处,不小于300户不小于80 m^2,老年活动中心:不小于100户应不小于75 m^2,少儿活动中心:≥100户应不小于75 m^2 中学:小区规模(7 000~15 000/人)设一处,用地不小于11 000 m^2 小学:小区规模(7 000~15 000/人)设一处,用地不小于6 000 m^2,以8 000~12 000 m^2为宜。需设60 m直跑道,R服不大于500 m 幼儿园:组团级约300户设一处,用地不小于1 500 m^2,R服不大于300 m 垃圾站:组团级(不小于100户)不小于108 m^2/处 公厕:组团级(不小于100户)不小于60 m^2/处 医疗点:组团级(不小于100户)不小于30 m^2/处 其他:商业网点、管理机构、文化体育、配电房、变电房、污水池、泵房等其他设施 商业服务设施沿街设置布局是否合理,非主朝向通透面不小于50%,注意与住宅有无干扰、配套是否齐全、便民程度

续表

10	景观绿化	绿地率指标人均公共绿地指标,山体、丘陵、水面利用、绿化管理规定
11	市政配套设施是否满足相关规范要求	消防、防震、人防地下室、污水处理池、出入口、排水渠、泄洪沟、配电房、供电设施等保护范围及退距要求和安全防护设施
12	特定地段的特殊要求	历史街区、文物保护单位、建设控制地带、地下文物保护区城市紫线管理规定、城市重点地段范围内的建筑体量、形式、色彩、高度、建筑风格等要求,民族文化和地域特点
13	图纸要素	说明书、技术经济指标、设计资质等级、编号、图签图幅比例、日期、图例、图示、指北针、签章、内容是否齐全、准确
14	其他规划图纸资料	方案阶段和成果阶段需审核的相关图纸资料,包括道路系统、绿化景观、建筑方案、户型设计、竖向设计、工程管线、综合管网和效果图

2.2　主要审查文件

施工图审查中所依据的主要审查文件介绍如下。

(1)《房屋建筑和市政基础设施工程施工图设计文件审查管理办法》(住房和城乡建设部令第13号)(摘录)。

第三条　国家实施施工图设计文件(含勘察文件,以下简称施工图)审查制度。

本办法所称施工图审查,是指施工图审查机构(以下简称审查机构)按照有关法律、法规,对施工图涉及公共利益、公众安全和工程建设强制性标准的内容进行的审查。施工图审查应当坚持先勘察、后设计的原则。

施工图未经审查合格的,不得使用。从事房屋建筑工程、市政基础设施工程施工、监理等活动,以及实施对房屋建筑和市政基础设施工程质量安全监督管理,应当以审查合格的施工图为依据。

第四条　国务院住房城乡建设主管部门负责对全国的施工图审查工作实施指导、监督。

县级以上地方人民政府住房城乡建设主管部门负责对本行政区域内的施工图审查工作实施监督管理。

第五条　省、自治区、直辖市人民政府住房城乡建设主管部门应当按照本办法规定的审查机构条件,结合本行政区域内的建设规模,确定相应数量的审查机构。具体办法由国务院住房城乡建设主管部门另行规定。

审查机构是专门从事施工图审查业务,不以营利为目的的独立法人。

省、自治区、直辖市人民政府住房城乡建设主管部门应当将审查机构名录报国务院住房城乡建设主管部门备案,并向社会公布。

第六条　审查机构按承接业务范围分两类,一类机构承接房屋建筑、市政基础设施工程施工图审查,业务范围不受限制;二类机构可以承接中型及以下房屋建筑、市政基础设施工程的施工图审查。

房屋建筑、市政基础设施工程的规模划分，按照国务院住房城乡建设主管部门的有关规定执行。

第七条 一类审查机构应当具备下列条件：

（一）有健全的技术管理和质量保证体系。

（二）审查人员应当有良好的职业道德；有15年以上所需专业勘察、设计工作经历；主持过不少于5项大型房屋建筑工程、市政基础设施工程相应专业的设计或者甲级工程勘察项目相应专业的勘察；已实行执业注册制度的专业，审查人员应当具有一级注册建筑师、一级注册结构工程师或者勘察设计注册工程师资格，并在本审查机构注册；未实行执业注册制度的专业，审查人员应当具有高级工程师职称；近5年内未因违反工程建设法律法规和强制性标准受到行政处罚。

（三）在本审查机构专职工作的审查人员数量：从事房屋建筑工程施工图审查的，结构专业审查人员不少于7人，建筑专业不少于3人，电气、暖通、给排水、勘察等专业审查人员各不少于2人；从事市政基础设施工程施工图审查的，所需专业的审查人员不少于7人，其他必须配套的专业审查人员各不少于2人；专门从事勘察文件审查的，勘察专业审查人员不少于7人。

承担超限高层建筑工程施工图审查的，还应当具有主持过超限高层建筑工程或者100米以上建筑工程结构专业设计的审查人员不少于3人。

（四）60岁以上审查人员不超过该专业审查人员规定数的1/2。

（五）注册资金不少于300万元。

第八条 二类审查机构应当具备下列条件：

（一）有健全的技术管理和质量保证体系。

（二）审查人员应当有良好的职业道德；有10年以上所需专业勘察、设计工作经历；主持过不少于5项中型以上房屋建筑工程、市政基础设施工程相应专业的设计或者乙级以上工程勘察项目相应专业的勘察；已实行执业注册制度的专业，审查人员应当具有一级注册建筑师、一级注册结构工程师或者勘察设计注册工程师资格，并在本审查机构注册；未实行执业注册制度的专业，审查人员应当具有高级工程师职称；近5年内未因违反工程建设法律法规和强制性标准受到行政处罚。

（三）在本审查机构专职工作的审查人员数量：从事房屋建筑工程施工图审查的，结构专业审查人员不少于3人，建筑、电气、暖通、给排水、勘察等专业审查人员各不少于2人；从事市政基础设施工程施工图审查的，所需专业的审查人员不少于4人，其他必须配套的专业审查人员各不少于2人；专门从事勘察文件审查的，勘察专业审查人员不少于4人。

（四）60岁以上审查人员不超过该专业审查人员规定数的1/2。

（五）注册资金不少于100万元。

第九条 建设单位应当将施工图送审查机构审查，但审查机构不得与所审查项目的建设单位、勘察设计企业有隶属关系或者其他利害关系。送审管理的具体办法由省、自治区、直辖市人民政府住房城乡建设主管部门按照"公开、公平、公正"的原则规定。

建设单位不得明示或者暗示审查机构违反法律法规和工程建设强制性标准进行施工图审查，不得压缩合理审查周期、压低合理审查费用。

第十条 建设单位应当向审查机构提供下列资料并对所提供资料的真实性负责：

（一）作为勘察、设计依据的政府有关部门的批准文件及附件；

（二）全套施工图；

（三）其他应当提交的材料。

第十一条　审查机构应当对施工图审查下列内容：

(一)是否符合工程建设强制性标准；

(二)地基基础和主体结构的安全性；

(三)是否符合民用建筑节能强制性标准，对执行绿色建筑标准的项目，还应当审查是否符合绿色建筑标准；

(四)勘察设计企业和注册执业人员以及相关人员是否按规定在施工图上加盖相应的图章和签字；

(五)法律、法规、规章规定必须审查的其他内容。

第十二条　施工图审查原则上不超过下列时限：

(一)大型房屋建筑工程、市政基础设施工程为 15 个工作日，中型及以下房屋建筑工程、市政基础设施工程为 10 个工作日。

(二)工程勘察文件，甲级项目为 7 个工作日，乙级及以下项目为 5 个工作日。

以上时限不包括施工图修改时间和审查机构的复审时间。

第十三条　审查机构对施工图进行审查后，应当根据下列情况分别作出处理：

(一)审查合格的，审查机构应当向建设单位出具审查合格书，并在全套施工图上加盖审查专用章。审查合格书应当有各专业的审查人员签字，经法定代表人签发，并加盖审查机构公章。审查机构应当在出具审查合格书后 5 个工作日内，将审查情况报工程所在地县级以上地方人民政府住房城乡建设主管部门备案。

(二)审查不合格的，审查机构应当将施工图退建设单位并出具审查意见告知书，说明不合格原因。同时，应当将审查意见告知书及审查中发现的建设单位、勘察设计企业和注册执业人员违反法律、法规和工程建设强制性标准的问题，报工程所在地县级以上地方人民政府住房城乡建设主管部门。

施工图退建设单位后，建设单位应当要求原勘察设计企业进行修改，并将修改后的施工图送原审查机构复审。

第十四条　任何单位或者个人不得擅自修改审查合格的施工图；确需修改的，凡涉及本办法第十一条规定内容的，建设单位应当将修改后的施工图送原审查机构审查。

第十五条　勘察设计企业应当依法进行建设工程勘察、设计，严格执行工程建设强制性标准，并对建设工程勘察、设计的质量负责。

审查机构对施工图审查工作负责，承担审查责任。施工图经审查合格后，仍有违反法律、法规和工程建设强制性标准的问题，给建设单位造成损失的，审查机构依法承担相应的赔偿责任。

第十六条　审查机构应当建立、健全内部管理制度。施工图审查应当有经各专业审查人员签字的审查记录。审查记录、审查合格书、审查意见告知书等有关资料应当归档保存。

第十七条　已实行执业注册制度的专业，审查人员应当按规定参加执业注册继续教育。

未实行执业注册制度的专业，审查人员应当参加省、自治区、直辖市人民政府住房城乡建设主管部门组织的有关法律、法规和技术标准的培训，每年培训时间不少于 40 学时。

第十八条　按规定应当进行审查的施工图，未经审查合格的，住房城乡建设主管部门不得颁发施工许可证。

第十九条　县级以上人民政府住房城乡建设主管部门应当加强对审查机构的监督检查，主要检查下列内容：

(一)是否符合规定的条件；

（二）是否超出范围从事施工图审查；

（三）是否使用不符合条件的审查人员；

（四）是否按规定的内容进行审查；

（五）是否按规定上报审查过程中发现的违法违规行为；

（六）是否按规定填写审查意见告知书；

（七）是否按规定在审查合格书和施工图上签字盖章；

（八）是否建立健全审查机构内部管理制度；

（九）审查人员是否按规定参加继续教育。

县级以上人民政府住房城乡建设主管部门实施监督检查时，有权要求被检查的审查机构提供有关施工图审查的文件和资料，并将监督检查结果向社会公布。

第二十条　审查机构应当向县级以上地方人民政府住房城乡建设主管部门报审查情况统计信息。

县级以上地方人民政府住房城乡建设主管部门应当定期对施工图审查情况进行统计，并将统计信息报上级住房城乡建设主管部门。

第二十一条　县级以上人民政府住房城乡建设主管部门应当及时受理对施工图审查工作中违法、违规行为的检举、控告和投诉。

第二十二条　县级以上人民政府住房城乡建设主管部门对审查机构报告的建设单位、勘察设计企业、注册执业人员的违法违规行为，应当依法进行查处。

第二十三条　审查机构列入名录后不再符合规定条件的，省、自治区、直辖市人民政府住房城乡建设主管部门应当责令其限期改正；逾期不改的，不再将其列入审查机构名录。

第二十四条　审查机构违反本办法规定，有下列行为之一的，由县级以上地方人民政府住房城乡建设主管部门责令改正，处3万元罚款，并记入信用档案；情节严重的，省、自治区、直辖市人民政府住房城乡建设主管部门不再将其列入审查机构名录：

（一）超出范围从事施工图审查的；

（二）使用不符合条件审查人员的；

（三）未按规定的内容进行审查的；

（四）未按规定上报审查过程中发现的违法违规行为的；

（五）未按规定填写审查意见告知书的；

（六）未按规定在审查合格书和施工图上签字盖章的；

（七）已出具审查合格书的施工图，仍有违反法律、法规和工程建设强制性标准的。

第二十五条　审查机构出具虚假审查合格书的，审查合格书无效，县级以上地方人民政府住房城乡建设主管部门处3万元罚款，省、自治区、直辖市人民政府住房城乡建设主管部门不再将其列入审查机构名录。

审查人员在虚假审查合格书上签字的，终身不得再担任审查人员；对于已实行执业注册制度的专业的审查人员，还应当依照《建设工程质量管理条例》第七十二条、《建设工程安全生产管理条例》第五十八条规定予以处罚。

第二十六条　建设单位违反本办法规定，有下列行为之一的，由县级以上地方人民政府住房城乡建设主管部门责令改正，处3万元罚款；情节严重的，予以通报：

（一）压缩合理审查周期的；

（二）提供不真实送审资料的；

（三）对审查机构提出不符合法律、法规和工程建设强制性标准要求的。

建设单位为房地产开发企业的，还应当依照《房地产开发企业资质管理规定》进行处理。

第二十七条 依照本办法规定，给予审查机构罚款处罚的，对机构的法定代表人和其他直接责任人员处机构罚款数额 5% 以上 10% 以下的罚款，并记入信用档案。

（2）《建筑工程施工图设计文件审查要点》（2003 年版）（建质[2003]2 号）（摘录）

总平面图审核要点简表

序号	项目	审查内容
2.1	编制依据	建设、规划、消防、人防等主管部门对本工程的审批文件是否得到落实，如人防工程平战结合用途及规模、室外出口等是否符合人防批件的规定；现行国家及地方有关本建筑设计的工程建设规范、规程是否齐全、正确，是否为有效版本
2.2	规划要求	建筑工程设计是否符合规划批准的建设用地位置，建筑面积及控制高度是否在规划许可的范围内
2.3	施工图深度	
2.3.1	设计说明基本内容	① 编制依据：主管部门的审批文件、工程建设标准 ② 工程概况：建设地点、用地概貌、建筑等级、设计使用年限、抗震设防烈度、结构类型、建筑布局、建筑面积、建筑层数与高度 ③ 主要部位材料做法，如墙体、屋面、门窗等（属于民用建筑节能设计范围的工程可与《节能设计》段合并） ④ 节能设计： 严寒和寒冷地区居住建筑应说明建筑物的体形系数、耗热量指标及主要部位围护结构材料做法、传热系数等 夏热冬冷地区居住建筑应说明建筑物体形系数及主要部位围护结构材料做法、传热系数、热惰性指标等 ⑤ 防水设计： 地下工程防水等级及设防要求、选用防水卷材或涂料材质及厚度、变形缝构造及其他截水、排水措施 屋面防水等级及设防要求、选用防水卷材或涂料材质及厚度、屋面排水方式及雨水管选型 潮湿积水房间楼面、地面防水及墙身防潮材料做法、防渗漏措施 ⑥ 建筑防火： 防火分区及安全疏散 消防设施及措施：如墙体、金属承重构件、幕墙、管井、防火门、防火卷帘、消防电梯、消防水池、消防泵房及消防控制中心的设置、构造与防火处理等 ⑦ 人防工程：人防工程所在部位、防护等级、平战用途、防护面积、室内外出入口及进、排风口的布置 ⑧ 室内外装修做法 ⑨ 需由专业部门设计、生产、安装的建筑设备、建筑构件的技术要求，如电梯、自动扶梯、幕墙、天窗等 ⑩ 其他需特殊说明的情况，如安全防护、环保措施等

续表

序号	项目	审查内容
2.3.2	图纸基本要求	① 总平面图： 标示建设用地范围、道路及建筑红线位置、用地及四邻有关地形、地物、周边市政道路的控制标高 明确新建工程(包括隐蔽工程)的位置及室内外设计标高、场地道路、广场、停车位布置及地面雨水排除方向 ② 平、立、剖面图纸完整、表达准确。其中屋顶平面应包含下述内容：屋面检修口、管沟、设备基座及变形缝构造；屋面排水设计、落水口构造及雨水管选型等 ③ 关键部位的节点、大样不能遗漏，如楼梯、电梯、汽车坡道、墙身、门窗等。图中楼梯、上人屋面、中庭回廊、低窗等安全防护设施应交待清楚 ④ 建筑物中留待专业设计完善的变配电室、锅炉间、热交换间、中水处理间及餐饮厨房等，应提供合理组织流程的条件和必要的铺助设施

(3)《建筑工程施工图设计文件审查暂行办法》(住房和城乡建设部[2000]41号)(摘录)

第四条　本办法所称施工图审查是指国务院建设行政主管部门和省、自治区、直辖市人民政府建设行政主管部门，依照本办法认定的设计审查机构，根据国家的法律、法规、技术标准与规范，对施工图进行结构安全和强制性标准、规范执行情况等进行的独立审查。

第五条　建筑工程设计等级分级标准中的各类新建、改建、扩建的建筑工程项目均属审查范围。省、自治区、直辖市人民政府建设行政主管部门，可结合本地的实际，确定具体的审查范围。

第六条　建设单位应当将施工图报送建设行政主管部门，由建设行政主管部门委托有关审查机构，进行结构安全和强制性标准、规范执行情况等内容的审查。

第七条　施工图审查的主要内容：

(一)建筑物的稳定性、安全性审查，包括地基基础和主体结构体系是否安全、可靠；

(二)是否符合消防、节能、环保、抗震、卫生、人防等有关强制性标准、规范；

(三)施工图是否达到规定的深度要求；

(四)是否损害公众利益。

第八条　建设单位将施工图报建设行政主管部门审查时，还应同时提供下列资料：

(一)批准的立项文件或初步设计批准文件；

(二)主要的初步设计文件；

(三)工程勘察成果报告；

(四)结构计算书及计算软件名称。

第九条　为简化手续，提高办事效率，凡需进行消防、环保、抗震等专项审查的项目，应当逐步做到有关专业审查与结构安全性审查统一报送、统一受理；通过有关专项审查后，由建设行政主管部门统一颁发设计审查批准书。

第十条　审查机构应当在收到审查材料后20个工作日内完成审查工作，并提出审查报告；特级和一级项目应当在30个工作日内完成审查工作，并提出审查报告，其中重大及技术复杂项目的审查时间可适当延长。审查合格的项目，审查机构向建设行政主管部门提交项目施工图审查报告，由建设行政主管部门向建设单位通报审查结果，并颁发施工图审查批准书。对审查不合格的项目，提出书面意见后，由审查机构将施工图退回建设单位，并由原设计单位修改，重新送审。

施工图审查批准书，由省级建设行政主管部门统一印制，并报国务院建设行政主管部门备案。

第十一条　施工图审查报告的主要内容应当符合本办法第七条的要求，并由审查人员签字、审查机构盖章。

第十二条　凡应当审查而未经审查或者审查不合格的施工图项目,建设行政主管部门不得发放施工许可证,施工图也不得交付施工。

第十三条　施工图一经审查批准,不得擅自进行修改。如遇特殊情况需要进行涉及审查主要内容的修改时,必须重新报请原审批部门,由原审批部门委托审查机构审查后再批准实施。

第十四条　建设单位或者设计单位对审查机构作出的审查报告如有重大分歧时,可由建设单位或者设计单位向所在省、自治区、直辖市人民政府建设行政主管部门提出复查申请,由省、自治区、直辖市人民政府建设行政主管部门组织专家论证并做出复查结果。

第十五条　建筑工程竣工验收时,有关部门应当按照审查批准的施工图进行验收。

第十六条　建设单位要对报送建设行政主管部门的审查材料的真实性负责;勘察、设计单位对提交的勘察报告、设计文件的真实性负责,并积极配合审查工作。

建设行政主管部门对在勘察设计文件中弄虚作假的单位和个人将依法予以处罚。

第十七条　设计审查人员必须具备下列条件:

(一)具有10年以上结构设计工作经历,独立完成过五项二级以上(含二级)项目工程设计的一级注册结构工程师、高级工程师,年满35周岁,最高不超过65周岁;

(二)有独立工作能力,并有一定语言文字表达能力;

(三)有良好的职业道德。

上述人员经省级建设行政主管部门组织考核认定后,可以从事审查工作。

第十八条　设计审查机构的设立,应当坚持内行审查的原则。符合以下条件的机构方可申请承担设计审查工作:

(一)具有符合设计审查条件的工程技术人员组成的独立法人实体;

(二)有固定的工作场所,注册资金不少于20万元;

(三)有健全的技术管理和质量保证体系;

(四)地级以上城市(含地级市)的审查机构,具有符合条件的结构审查人员不少于6人;勘察、建筑和其他配套专业的审查人员不少于7人。县级城市的设计审查机构应具备的条件,由省级人民政府建设行政主管部门规定。

(五)审查人员应当熟练掌握国家和地方现行的强制性标准、规范。

第十九条　符合第十八条规定的直辖市、计划单列市、省会城市的设计审查机构,由省、自治区、直辖市建设行政主管部门初审后,报国务院建设行政主管部门审批,并颁发施工图设计审查许可证;其他城市的设计审查机构由省级建设行政主管部门审批,并颁发施工图设计审查许可证。取得施工图设计审查许可证的机构,方可承担审查工作。

首批通过建筑工程甲级资质换证的设计单位,申请承担设计审查工作时,建设行政主管部门应优先予以考虑。

已经过省、自治区、直辖市建设行政主管部门或计划单列市、省会城市建设行政主管部门批准设立的专职审查机构,按本办法做适当调整、充实,并取得施工图设计审查许可证后,可继续承担审查工作。

第二十条　施工图审查工作所需经费,由施工图审查机构向建设单位收取。具体取费标准由省、自治区、直辖市人民政府建设行政主管部门商当地有关部门确定。

第二十一条　施工图审查机构和审查人员应当依据法律、法规和国家与地方的技术标准认真履行审查职责。施工图审查机构应当对审查的图纸质量负相应的审查责任,但不代替设计单位承担设计质量责任。施工图审查机构不得对本单位,或与本单位有直接经济利益关系的单位完成的施工图进行审查。

审查人员要在审查过的图纸上签字。对玩忽职守、徇私舞弊、贪污受贿的审查人员和机构,由建设行政主管部门依法给予暂停或者吊销其审查资格,并处以相应的经济处罚。

构成犯罪的,依法追究其刑事责任。

第3章 施工图审查要点分析

3.1 设计基本规定

3.1.1 栏杆(室内楼梯及临空栏杆)高度及可踏面

审查图纸时应重点关注:

(1)对于满足可踏面的临空处(底部有宽度大于或等于0.22 m,且高度低于或等于0.45 m的可踏部位),应从可踏部位顶面起计算栏杆高度。

(2)临空高度在24 m以下时,栏杆高度不应低于1.05 m,临空高度在24 m及24 m以上(包括中高层住宅)时,栏杆高度不应低于1.10 m,许多设计人员不管多层或高层,统一取1.050 m。

(3)当采用垂直杆件做栏杆时,其杆件净距不应大于0.11 m。

(4)图纸中栏杆选用标准图集,栏杆高度及杆件间距应特别注明(有些图集栏杆高度默认为0.9 m或1.0 m,间距0.15 m)。

(5)许多住宅阳台为了立面效果,采用玻璃栏杆,但必须注意规范对安全玻璃的要求。

由于对栏杆规定较繁琐,为了审查人员审图方便,对栏杆(室内楼梯及临空栏杆)高度及可踏面一些常见规范要求整理如下(**黑体部分**为强制性条文),仅供参考。

(1)以下是关于《建筑结构荷载规范》(GB 50009—2012)摘录。

5.5.2 楼梯、看台、阳台和上人屋面等的栏杆活荷载标准值,不应小于下列规定:

1 住宅、宿舍、办公楼、旅馆、医院、托儿所、幼儿园,栏杆顶部的水平荷载应取1.0 kN/m;

2 学校、食堂、剧场、电影院、车站、礼堂、展览馆或体育场,栏杆顶部的水平荷载应取1.0kN/m,竖向荷载应取1.2kN/m,水平荷载与竖向荷载应分别考虑。

(2)以下关于《住宅设计规范》(GB 50096—2011)摘录。

5.6.2 阳台栏杆设计必须采用防止儿童攀登的构造,栏杆的垂直杆件间净距不应大于0.11 m。放置花盆处必须采取防坠落措施。

5.6.3 阳台栏板或栏杆净高,六层及六层以下的不应低于1.05 m;七层及七层以上的不应低于1.10 m。

5.6.4 封闭阳台栏板或栏杆也应满足阳台栏板或栏杆净高要求。七层及七层以上住宅和寒冷、严寒地区住宅宜采用实体栏板。

6.1.3 外廊、内天井及上人屋面等临空处的栏杆净高,六层及六层以下不应低于1.05 m,七层及七层以上不应低于1.10 m。防护栏杆必须采用防止儿童攀登的构造,栏杆的垂直杆件间净距不应大于0.11 m。放置花盆处必须采取防坠落措施。

6.3.2 楼梯踏步宽度不应小于0.26 m,踏步高度不应大于0.175 m。扶手高度不应小于0.90 m。楼梯水平段栏杆长度大于0.50 m时,其扶手高度不应小于1.05 m。楼梯栏杆垂直杆件间净空不应大于 0.11 m。

6.3.5　楼梯井净宽大于 0.11 m 时,必须采取防止儿童攀滑的措施。

(3)以下是关于《中小学校设计规范》(GB 50099—2011)摘录。

8.1.6　上人屋面、外廊、楼梯、平台、阳台等临空部位必须设防护栏杆,防护栏杆必须牢固,安全,高度不应低于 1.10 m。防护栏杆最薄弱处承受的最小水平推力应不小于1.5 kN/m。

8.7.6　中小学校的楼梯扶手的设置应符合下列规定:

1　楼梯宽度为 2 股人流时,应至少在一侧设置扶手;

2　楼梯宽度达 3 股人流时,两侧均应设置扶手;

3　楼梯宽度达 4 股人流时,应加设中间扶手,中间扶手两侧的净宽均应满足本规范第8.7.2 条的规定;

4　中小学校室内楼梯扶手高度不应低于 0.90 m,室外楼梯扶手高度不应低于 1.10 m;水平扶手高度不应低于 1.10 m;

5　中小学校的楼梯栏杆不得采用易于攀登的构造和花饰;杆件或花饰的镂空处净距不得大于 0.11 m;

6　中小学校的楼梯扶手上应加装防止学生溜滑的设施。

(4)以下是关于《民用建筑设计通则》(GB 50352—2005)摘录。

6.6.3　阳台、外廊、室内回廊、内天井、上人屋面及室外楼梯等临空处应设置防护栏杆,并应符合下列规定:

1　栏杆应以坚固、耐久的材料制作,并能承受荷载规范规定的水平荷载;

2　临空高度在 24 m 以下时,栏杆高度不应低于 1.05 m,临空高度在 24 m 及 24 m 以上(包括中高层住宅)时,栏杆高度不应低于 1.10 m;

注:栏杆高度应从楼地面或屋面至栏杆扶手顶面垂直高度计算,如底部有宽度大于或等于 0.22 m,且高度低于或等于 0.45 m 的可踏部位,应从可踏部位顶面起计算。

3　栏杆离楼面或屋面 0.10 m 高度内不宜留空;

4　住宅、托儿所、幼儿园、中小学及少年儿童专用活动场所的栏杆必须采用防止少年儿童攀登的构造,当采用垂直杆件做栏杆时,其杆件净距不应大于 0.11 m;

5　文化娱乐建筑、商业服务建筑、体育建筑、园林景观建筑等允许少年儿童进入活动的场所,当采用垂直杆件做栏杆时,其杆件净距也不应大于 0.11 m。

6.7.7　室内楼梯扶手高度自踏步前缘线量起不宜小于 0.90 m。靠楼梯井一侧水平扶手长度超过 0.50 m 时,其高度不应小于 1.05 m。

6.7.9　托儿所、幼儿园、中小学及少年儿童专用活动场所的楼梯,梯井净宽大于 0.20 m 时,必须采取防止少年儿童攀滑的措施,楼梯栏杆应采取不易攀登的构造,当采用垂直杆件做栏杆时,其杆件净距不应大于 0.11 m。

(5)以下是关于《托儿所、幼儿园建筑设计规范》(JGJ 39—1987)摘录。

第3.6.5条　楼梯、扶手、栏杆和踏步应符合下列规定:

一、楼梯除设成人扶手外,并应在靠墙一侧设幼儿扶手,其高度不应大于 0.60 m。

二、楼梯栏杆垂直线饰间的净距不应大于 0.11 m。当楼梯井净宽度大于 0.20 m 时,必须采取安全措施。

三、楼梯踏步的高度不应大于 0.15 m,宽度不应小于 0.26 m。

四、在严寒、寒冷地区设置的室外安全疏散楼梯,应有防滑措施。

第3.7.4条　阳台、屋顶平台的护栏净高不应小于 1.20 m,内侧不应设有支撑。护栏宜采用垂直线饰,其净空距离不应大于 0.11 m。

(6)以下是关于《建筑玻璃应用技术规程》(JGJ 113—2009)摘录。

7.2.5　室内栏板用玻璃应符合下列规定:

1　不承受水平荷载的栏板玻璃应使用符合本规程表 7.1.1-1 的规定、且公称厚度不小于 5 mm 的钢化玻璃,或公称厚度不小于 6.38 mm 的夹层玻璃。

2　承受水平荷载的栏板玻璃应使用符合本规程表 7.1.1-1 的规定、且公称厚度不小于 12 mm 的钢化玻璃或公称厚度不小于 16.76 mm 钢化夹层玻璃。当栏板玻璃最低点离一侧楼地面高度在 3 m 或 3 m 以上、5 m 或 5 m 以下时,应使用公称厚度不小于 16.76 mm 钢化夹层玻璃。当栏板玻璃最低点离一侧楼地面高度大于 5 m 时,不得使用承受水平荷载的栏板玻璃。

3.1.2　层高

为了审查方便,现将规范对楼层净高要求汇总如下(**黑体部分为强制性条文**)。

(1)以下是关于《住宅设计规范》(GB 50096—2011)摘录。

5.5.1　住宅层高宜为 2.80 m。

5.5.2　卧室、起居室(厅)的室内净高不应低于 2.40 m,局部净高不应低于 2.10 m,且局部净高的室内面积不应大于室内使用面积的 1/3。

5.5.3　利用坡屋顶内空间作卧室、起居室(厅)时,至少有 1/2 的使用面积的室内净高不应低于 2.10 m。

5.5.4　厨房、卫生间的室内净高不应低于 2.20 m。

5.5.5　厨房、卫生间内排水横管下表面与楼面、地面净距不得低于 1.90 m,且不得影响门、窗扇开启。

(2)以下是关于《中小学校设计规范》(GB 50099—2011)摘录。

7.2.1　中小学校主要教学用房的最小净高应符合表 7.2.1 的规定。

表 7.2.1　主要教学用房的最小净高　　　　　　　　　　m

教室	小学	初中	高中
普通教室、史地教室、美术教室、音乐教室	3.00	3.05	3.10
舞蹈教室	4.50		
科学教室、实验室、计算机教室、劳动教室、技术教室、合班教室	3.10		
阶梯教室	最后一排(楼地面最高处)距顶棚或上方突出物最小距离为 2.20 m		

7.2.2　风雨操场的净高应取决于场地的运动内容。各类体育场地最小净高应符合表

7.2.2 的规定。

表 7.2.2　各类体育场地的最小净高　　　　　　　　　m

体育场地	田径	篮球	排球	羽毛球	乒乓球	体操
最小净高	9	7	7	9	4	6

注:田径场地可减少部分项目降低净高。

　　(3)以下是关于《民用建筑设计通则》(GB 50352—2005)摘录。

　　6.2.2　室内净高应按楼地面完成面至吊顶或楼板或梁底面之间的垂直距离计算;当楼盖、屋盖的下悬构件或管道底面影响有效使用空间者,应按楼地面完成面至下悬构件下缘或管道底面之间的垂直距离计算。

　　6.2.3　建筑物用房的室内净高应符合专用建筑设计规范的规定;地下室、局部夹层、走道等有人员正常活动的最低处的净高不应小于 2 m。

　　(4)以下是关于《住宅建筑规范》(GB 50368—2005)摘录。

　　5.1.6　卧室、起居室(厅)的室内净高不应低于 2.40 m,局部净高不应低于 2.10 m,局部净高的面积不应大于室内使用面积的 1/3。利用坡屋顶内空间作卧室、起居室(厅)时,其 1/2 使用面积的室内净高不应低于 2.10 m。

　　5.2.1　走廊和公共部位通道的净宽不应小于 1.20 m,局部净高不应低于 2.00 m。

　　5.4.2　住宅地下机动车库应符合下列规定:

　　1　库内坡道严禁将宽的单车道兼作双车道。

　　2　库内不应设置修理车位,并不应设置使用或存放易燃、易爆物品的房间。

　　3　库内车道净高不应低于 2.20 m。车位净高不应低于 2.00 m。

　　4　库内直通住宅单元的楼(电)梯间应设门,严禁利用楼(电)梯间进行自然通风。

　　5.4.3　住宅地下自行车库净高不应低于 2.00 m。

　　(5)以下是关于《托儿所、幼儿园建筑设计规范》(JGJ 39—1987)摘录。

　　第 3.1.5 条　生活用房的室内净高不应低于表 3.1.5 的规定。

表 3.1.5　生活用房室内最低净高　　　　　　　　　m

房间名称	净高
活动室、寝室、乳儿室	2.80
音体活动室	3.60

注:特殊形状的顶棚、最低处距地面净高不应低于 2.20 m。

3.1.3　楼梯

　　为了审查方便,现将规范对楼梯要求汇总如下(黑体部分为强制性条文)。

　　(1)以下是关于《住宅设计规范》(GB 50096—2011)摘录。

　　6.3.1　楼梯梯段净宽不应小于 1.10 m,不超过六层的住宅,一边设有栏杆的梯段净宽不应小于 1.00 m。

　　6.3.2　楼梯踏步宽度不应小于 0.26 m,踏步高度不应大于 0.175 m。扶手高度不应小于 0.90 m。楼梯水平段栏杆长度大于 0.50 m 时,其扶手高度不应小于 1.05 m。**楼梯栏杆垂直杆件间净空不应大于 0.11 m。**

6.3.3　楼梯平台净宽不应小于楼梯梯段净宽,且不得小于 1.20 m。楼梯平台的结构下缘至人行通道的垂直高度不应低于 2.00 m。入口处地坪与室外地面应有高差,并不应小于 0.10 m。

6.3.4　楼梯为剪刀梯时,楼梯平台的净宽不得小于 1.30 m。

6.3.5　楼梯井净宽大于 0.11 m 时,必须采取防止儿童攀滑的措施。

(2)以下是关于《中小学校设计规范》(GB 50099—2011)摘录。

8.7.1　中小学校建筑中疏散楼梯的设置应符合现行国家标准《民用建筑设计通则》GB 50352、《建筑设计防火规范》GB 50016 和《建筑抗震设计规范》GB 50011 的有关规定。

8.7.2　中小学校教学用房的楼梯梯段宽度应为人流股数的整数倍。梯段宽度不应小于 1.20 m,并应按 0.60 m 的整数倍增加梯段宽度。每个梯段可增加不超过 0.15 m 的摆幅宽度。

8.7.3　中小学校楼梯每个梯段的踏步级数不应少于 3 级,且不应多于 18 级,并应符合下列规定:

1　各类小学楼梯踏步的宽度不得小于 0.26 m,高度不得大于 0.15 m;

2　各类中学楼梯踏步的宽度不得小于 0.28 m,高度不得大于 0.16 m;

3　楼梯的坡度不得大于 30°。

8.7.4　疏散楼梯不得采用螺旋楼梯和扇形踏步。

8.7.5　楼梯两梯段间楼梯井净宽不得大于 0.11 m,大于 0.11 m 时,应采取有效的安全防护措施。两梯段扶手间的水平净距宜为 0.10 m~0.20 m。

8.7.6　中小学校的楼梯扶手的设置应符合下列规定:

1　楼梯宽度为 2 股人流时,应至少在一侧设置扶手;

2　楼梯宽度达 3 股人流时,两侧均应设置扶手;

3　楼梯宽度达 4 股人流时,应加设中间扶手,中间扶手两侧的净宽均应满足本规范第 8.7.2 条的规定;

4　中小学校室内楼梯扶手高度不应低于 0.90 m,室外楼梯扶手高度不应低于 1.10 m;水平扶手高度不应低于 1.10 m;

5　中小学校的楼梯栏杆不得采用易于攀登的构造和花饰;杆件或花饰的镂空处净距不得大于 0.11 m;

6　中小学校的楼梯扶手上应加装防止学生溜滑的设施。

8.7.7　除首层及顶层外,教学楼疏散楼梯在中间层的楼层平台与梯段接口处宜设置缓冲空间,缓冲空间的宽度不宜小于梯段宽度。

8.7.8　中小学校的楼梯两相邻梯段间不得设置遮挡视线的隔墙。

8.7.9　教学用房的楼梯间应有天然采光和自然通风。

(3)以下是关于《民用建筑设计通则》(GB 50352—2005)摘录。

6.7.3　梯段改变方向时,扶手转向端处的平台最小宽度不应小于梯段宽度,并不得小于 1.20 m,当有搬运大型物件需要时应适量加宽。

6.7.4　每个梯段的踏步不应超过 18 级,亦不应少于 3 级。

6.7.5　楼梯平台上部及下部过道处的净高不应小于 2 m,梯段净高不宜小于 2.20 m。

注:梯段净高为自踏步前缘(包括最低和最高一级踏步前缘线以外 0.30 m 范围内)量至上方突出物下缘间的垂直高度。

6.7.8　踏步应采取防滑措施。

6.7.10　楼梯踏步的高宽比应符合表 6.7.10 的规定。

表 6.7.10　楼梯踏步最小宽度和最大高度　　　　　　　　　m

楼梯类别	最小宽度	最大高度
住宅共用楼梯	0.26	0.175
幼儿园、小学校等楼梯	0.26	0.15
电影院、剧场、体育馆、商场、医院、旅馆和大中学校等楼梯	0.28	0.16
其他建筑楼梯	0.26	0.17
专用疏散楼梯	0.25	0.18
服务楼梯、住宅套内楼梯	0.22	0.20

注:无中柱螺旋楼梯和弧形楼梯离内侧扶手中心 0.25 m 处的踏步宽度不应小于 0.22 m。

(4)以下是关于《住宅建筑规范》(GB 50368—2005)摘录。

5.2.3　**楼梯梯段净宽不应小于 1.10 m。六层及六层以下住宅,一边设有栏杆的梯段净宽不应小于 1.00 m。楼梯踏步宽度不应小于 0.26 m,踏步高度不应大于 0.175 m。扶手高度不应小于 0.90 m。楼梯水平段栏杆长度大于 0.50 m 时,其扶手高度不应小于 1.05 m。楼梯栏杆垂直杆件间净距不应大于 0.11 m。楼梯井净宽大于 0.11 m 时,必须采取防止儿童攀滑的措施。**

(5)以下是关于《商店建筑设计规范》(JGJ 48—1988)摘录。

第3.1.6条　营业部分的公用楼梯,坡道应符合下列规定:

一、室内楼梯的每梯段净宽不应小于 1.40 m,踏步高度不应大于 0.16 m,踏步宽度不应小于 0.28 m;

二、室外台阶的踏步高度不应大于 0.15 m,踏步宽度不应小于 0.30 m;

三、供轮椅使用坡道的坡度不应大于 1:12,两侧应设高度为 0.65 m 的扶手,当其水平投影长度超过 15 m 时,宜设休息平台。

3.1.4　卫生间

为了审查方便,现将规范对卫生间要求汇总如下(**黑体部分**为强制性条文)。

(1)以下是关于《住宅设计规范》(GB 50096—2011)摘录。

5.4.1　每套住宅应设卫生间,至少应配置便器、洗浴器、洗面器三件卫生设备或为其预留位置。三件卫生设备集中配置的卫生间的使用面积不应小于 2.50 m²。

5.4.2　卫生间可根据使用功能要求组合不同的设备。不同组合的空间使用面积不应小于下列规定:

1　设便器、洗面器的为 1.80 m²;

2　设便器、洗浴器的为 2.00 m²;

3　设洗面器、洗浴器的为 2.00 m²;

4　设洗面器、洗衣机的为 1.80 m²;

5　单设便器的为 1.10 m²。

5.4.3　无前室的卫生间的门不应直接开向起居室(厅)或厨房。

5.4.4　卫生间不应直接布置在下层住户的卧室、起居室(厅)、厨房和餐厅的上层。

5.4.5　当卫生间布置在本套内的卧室、起居室(厅)、厨房和餐厅的上层时,均应有防水和便于检修的措施。

5.4.6　套内应设置洗衣机的位置。

(2)以下是关于《铁路旅客车站建筑设计规范(2011 年版)》(GB 50226—2007)摘录。

5.7.1　旅客站房应设厕所和盥洗间。

5.7.2　旅客站房厕所和盥洗间的设计应符合下列规定:

1　设置位置明显,标志易于识别。

2　厕位数宜按最高聚集人数或高峰小时发送量 2 个/100 人确定,男女人数比例应按 1:1、厕位按 1:1.5 确定,且男、女厕所大便器数量均不应少于 2 个,男厕应布置与大便器数量相同的小便器。

3　厕位间应设隔板和挂钩。

4　男女厕所宜分设盥洗间,盥洗间应设面镜,水龙头应采用卫生、节水型,数量宜按最高聚集人数或高峰小时发送量 1 个/150 人设置,并不得少于 2 个。

5　候车室内最远地点距厕所距离不宜大于 50 m。

6　厕所应有采光和良好通风。

7　厕所或盥洗间应设污水池。

5.7.3　特大型、大型站的厕所应分散布置。

(3)以下是关于《民用建筑设计通则》(GB 50352—2005)摘录。

6.5.1　厕所、盥洗室、浴室应符合下列规定:

1　建筑物的厕所、盥洗室、浴室不应直接布置在餐厅、食品加工、食品贮存、医药、医疗、变配电等有严格卫生要求或防水、防潮要求用房的上层;除本套住宅外,住宅卫生间不应直接布置在下层的卧室、起居室、厨房和餐厅的上层;

2　卫生设备配置的数量应符合专用建筑设计规范的规定,在公用厕所男女厕位的比例中,应适当加大女厕位比例;

3　卫生用房宜有天然采光和不向邻室对流的自然通风,无直接自然通风和严寒及寒冷地区用房宜设自然通风道;当自然通风不能满足通风换气要求时,应采用机械通风;

4　楼地面、楼地面沟槽、管道穿楼板及楼板接墙面处应严密防水、防渗漏;

5　楼地面、墙面或墙裙的面层应采用不吸水、不吸污、耐腐蚀、易清洗的材料;

6　楼地面应防滑,楼地面标高宜略低于走道标高,并应有坡度坡向地漏或水沟;

7　室内上下水管和浴室顶棚应防冷凝水下滴,浴室热水管应防止烫人;

8　公用男女厕所宜分设前室,或有遮挡措施;

9　公用厕所宜设置独立的清洁间。

6.5.2　厕所和浴室隔间的平面尺寸不应小于表 6.5.2 的规定。

表 6.5.2　厕所和浴室隔间平面尺寸

类别	平面尺寸(宽度×深度)/m
外开门的厕所隔间	0.90×1.20
内开门的厕所隔间	0.90×1.40
医院患者专用厕所隔间	1.10×1.40
无障碍厕所隔间	1.40×1.80(改建用 1.00×2.00)
外开门淋浴隔间	1.00×1.20
内设更衣凳的淋浴隔间	1.00×(1.00+0.60)
无障碍专用浴室隔间	盆浴(门扇向外开启)2.00×2.25 淋浴(门扇向外开启)1.50×2.35

6.5.3　卫生设备间距应符合下列规定：

1　洗脸盆或盥洗槽水嘴中心与侧墙面净距不宜小于 0.55 m；

2　并列洗脸盆或盥洗槽水嘴中心间距不应小于 0.70 m；

3　单侧并列洗脸盆或盥洗槽外沿至对面墙的净距不应小于 1.25 m；

4　双侧并列洗脸盆或盥洗槽外沿之间的净距不应小于 1.80 m；

5　浴盆长边至对面墙面的净距不应小于 0.65 m；无障碍盆浴间短边净宽度不小于 2 m；

6　并列小便器的中心距离不应小于 0.65 m；

7　单侧厕所隔间至对面墙面的净距：当采用内开门时，不应小于 1.10 m；当采用外开门时不应小于 1.30 m；双侧厕所隔间之间的净距：当采用内开门时，不应小于 1.10 m；当采用外开门时，不应小于 1.30 m；

8　单侧厕所隔间至对面小便器或小便槽外沿的净距：当采用内开门时，不应小于 1.10 m；当采用外开门时，不应小于 1.30 m。

(4)以下是关于《住宅建筑规范》(GB 50368—2005)摘录。

5.1.3　卫生间不应直接布置在下层住户的卧室、起居室(厅)、厨房、餐厅的上层。卫生间地面和局部墙面应有防水构造。

5.1.4　卫生间应设置便器、洗浴器、洗面器等设施或预留位置；布置便器的卫生间的门不应直接开在厨房内。

(5)以下是关于《旅馆建筑设计规范》(JGJ 62—1990)摘录。

第 3.2.3 条　卫生间

一、客房附设卫生间应符合表 3.2.3-1 的规定。

表 3.2.3-1　客房附设卫生间

建筑等级	一级	二级	三级	四级	五级	六级
净面积/m²	≥5.0	≥3.5	≥3.0	≥3.0	≥2.5	—
占客房总数百分比/%	100	100	100	50	25	—
卫生器具件数/件	不应少于 3			不应少于 2		—

二、对不设卫生间的客房,应设置集中厕所和淋浴室。每件卫生器具使用人数不应大于表3.2.3-2的规定。

表3.2.3-2　每件卫生器具使用人数

每件卫生器具使用人数 使用人数变化范围		洗脸盆或水龙头	大便器	小便器或0.6 m长小便槽	淋浴喷头	
					严寒地区 寒冷地区	温暖地区 炎热地区
男	使用人数60人以下	10	12	12	20	15
	超过60人部分	12	15	15	25	18
女	使用人数60人以下	8	10	—	15	10
	超过60人部分	10	12	—	18	12

三、当卫生间无自然通风时,应采取有效的通风排气措施。

四、卫生间不应设在餐厅、厨房、食品贮藏、变配电室等有严格卫生要求或防潮要求用房的直接上层。

五、卫生间不应向客房或走道开窗。

六、客房上下层直通的管道井,不应在卫生间内开设检修门。

七、卫生间管道应有可靠的防漏水、防结露和隔声措施,并便于检修。

(6)以下是关于《城市公共厕所设计标准》(CJJ 14—2005)摘录。

3.1.8　公共厕所应适当增加女厕的建筑面积和厕位数量。厕所男蹲(坐、站)位与女蹲(坐)位的比例宜为1:1~2:3。独立式公共厕所宜为1:1,商业区域内公共厕所宜为2:3。

3.4.2　公共厕所卫生洁具的使用空间应符合表3.4.2的规定。

表3.4.2　常用卫生洁具平面尺寸和使用空间

洁具	平面尺寸/mm	使用空间(宽×进深)/mm
洗手盆	500×400	800×600
坐便器(低位、整体水箱)	700×500	800×600
蹲便器	800×500	800×600
卫生间便盆(靠墙式或悬挂式)	600×400	800×600
碗型小便器	400×400	700×500
水槽(桶/清洁工用)	500×400	800×800
擦手器(电动或毛巾)	400×300	650×600

注:使用空间是指除了洁具占用的空间,使用者在使用时所需空间及日常清洁和维护所需空间。使用空间与洁具尺寸是相互联系的。洁具的尺寸将决定使用空间的位置。

3.2　公共建筑设计

3.2.1　地下室

为了审查方便,现将规范对地下室要求汇总如下(黑体部分为强制性条文)。

(1)以下是关于《人民防空地下室设计规范》(GB 50038—2005)摘录。

3.1.3　防空地下室距生产、储存易燃易爆物品厂房、库房的距离不应小于 50 m;距有害液体、重毒气体的贮罐不应小于 100 m。

3.2.13　在染毒区与清洁区之间应设置整体浇筑的钢筋混凝土密闭隔墙,其厚度不应小于 200 mm,并应在染毒区一侧墙面用水泥砂浆抹光。当密闭隔墙上有管道穿过时,应采取密闭措施。在密闭隔墙上开设门洞时,应设置密闭门。

3.2.15　顶板底面高出室外地平面的防空地下室必须符合下列规定。

1　上部建筑为钢筋混凝土结构的甲类防空地下室。其顶板底面不得高出室外地平面;上部建筑为砌体结构的甲类防空地下室,其顶板底面可高出室外地平面,但必须符合下列规定:

1)当地具有取土条件的核 5 级甲类防空地下室,其顶板底面高出室外地平面的高度不得大于 0.50 m,并应在临战时按下述要求在高出室外地平面的外墙外侧覆土,覆土的断面应为梯形,其上部水平段的宽度不得小于 1.0 m,高度不得低于防空地下室顶板的上表面,其水平段外侧为斜坡,其坡度不得大于 1∶3(高∶宽);

2)核 6 级、核 6B 级的甲类防空地下室,其顶板底面高出室外地平面的高度不得大于 1.00 m,且其高出室外地平面的外墙必须满足战时防常规武器爆炸、防核武器爆炸、密闭和墙体防护厚度等各项防护要求。

2　乙类防空地下室的顶板底面高出室外地平面的高度不得大于该地下室净高的 1/2,且其高出室外地平面的外墙必须满足战时防常规武器爆炸、密闭和墙体防护厚度等各项防护要求。

3.3.1　防空地下室战时使用的出入口,其设置应符合下列规定:

1　防空地下室的每个防护单元不应少于两个出入口(不包括竖井式出入口、防护单元之间的连通口),其中至少有一个室外出入口(竖井式除外)。战时主要出入口应设在室外出入口(符合第 3.3.2 条规定的防空地下室除外)。

3.3.6　防空地下室出入口人防门的设置应符合下列规定:

1　人防门的设置数量应符合表 3.3.6 的规定,并按由外到内的顺序.设置防护密闭门、密闭门;

表 3.3.6　出入口人防门设置数量

人防门	工程类别			
	医疗救护工程、专业队队员掩蔽部、一等人员掩蔽所、生产车间、食品站		二等人员掩蔽所、电站控制室、物资库、区域供水站	专业队装备掩蔽部、汽车库、电站发电机房
	主要口	次要口		
防护密闭门	1	1	1	1
密闭门	2	1	1	0

2　防护密闭门应向外开启。

3.3.18　设置在出入口的防护密闭门和防爆波活门,其设计压力值应符合下列规定:

1　乙类防空地下室应按表 3.3.18 - 1 确定;

表 3.3.18 - 1　乙类防空地下室出入口防护密闭门的设计压力值　　　　MPa

防常规武器抗力级别			常 5 级	常 6 级
室外出入口	直通式	通道长度≤15 m	0.30	0.15
		通道长度 >15 m	0.20	0.10
	单向式、穿廊式、楼梯式、竖井式			
室内出入口				

注:通道长度:直通式出入口按有防护顶盖段通道中心线在平面上的投影长计。

2　甲类防空地下室应按表 3.3.18 - 2 确定。

表 3.3.18 - 2　甲类防空地下室出入口防护密闭门的设计压力值　　　　MPa

防核武器抗力级别		核 4 级	核 4B 级	核 5 级	核 6 级	核 6B 级
室外出入口	直通式、单向式	0.90	0.60	0.30	0.15	0.10
	穿廊式、楼梯式、竖井式	0.60	0.40			
室内出入口						

3.6.6　柴油电站的贮油间应符合下列规定:

2　贮油间应设置向外开启的防火门,其地面应低于与其相连接的房间(或走道)地面 150 ~ 200 mm 或设门槛;

3　严禁柴油机排烟管、通风管、电线、电缆等穿过贮油间。

3.7.2　平战结合的防空地下室中,下列各项应在工程施工、安装时一次完成:

——现浇的钢筋混凝土和混凝土结构、构件;

——战时使用的及平战两用的出入口、连通口的防护密闭门、密闭门;

——战时使用的及平战两用的通风口防护设施;

——战时使用的给水引入管、排水出户管和防爆波地漏。

(2)以下是关于《地下工程防水技术规范》(GB 50108—2008)摘录。

3.1.4　地下工程迎水面主体结构应采用防水混凝土,并应根据防水等级的要求采取其他防水措施。

3.2.1　地下工程的防水等级应分为四级,各等级防水标准应符合表 3.2.1 的规定。

表 3.2.1　地下工程防水标准

防水等级	防水标准	适用范围
一级	不允许渗水,结构表面无湿渍	人员长期停留的场所;因有少量湿渍会使物品变质、失效的贮物场所及严重影响设备正常运转和危及工程安全运营的部位;极重要的战备工程、地铁车站
二级	不允许漏水,结构表面可有少量湿渍 房屋建筑地下工程:总湿渍面积不应大于总防水面积(包括顶板、端面、地面)的 1/1000;任意 100 m² 防水面积上的湿渍不超过 2 处,单个湿渍的最大面积不大于0.1 m² 其他地下工程:总湿渍面积不应大于总防水面积的2/1 000;任意 100 m² 砂防水面积上的湿渍不超过 3 处,单个湿渍的最大面积不大于 0.2 m²;其中,隧道工程平均渗水量不大于 0.05 L/(m²·d),任意 100 m² 防水面积上的渗水量不大于 0.15 L/(m²·d)	人员经常活动的场所;在有少量湿渍的情况下不会使物品变质、失效的贮物场所及基本不影响设备正常运转和工程安全运营的部位;重要的战备工程
三级	有少量漏水点,不得有线流和漏泥砂 任意 100 m² 防水面积上的漏水或湿渍点数不超过 7 处,单个漏水点的最大漏水量不大于 2.5 L/d,单个湿渍的最大面积不大于 0.3 m²	人员临时活动的场所;一般战备工程
四级	有漏水点,不得有线流和漏泥砂 整个工程平均漏水量不大于 2 L/(m²·d);任意 100 m² 防水面积上的平均漏水量不大于 4 L/(m²·d)	对渗漏水无严格要求的工程

3.2.2　地下工程不同防水等级的适用范围,应根据工程的重要性和使用中对防水的要求按表 3.2.2 选定。

表 3.2.2　不同防水等级的适用范围

防水等级	适用范围
一级	人员长期停留的场所;因有少量湿渍会使物品变质、失效的贮物场所及严重影响设备正常运转和危及工程安全运营的部位;极重要的战备工程、地铁车站
二级	人员经常活动的场所;在有少量湿渍的情况下不会使物品变质、失效的贮物场所及基本不影响设备正常运转和工程安全运营的部位;重要的战备工程
三级	人员临时活动的场所;一般战备工程
四级	对渗漏水无严格要求的工程

3.3.1 地下工程的防水设防要求,应根据使用功能、使用年限、水文地质、结构形式、环境条件、施工方法及材料性能等因素确定。

1 明挖法地下工程的防水设防应按表3.3.1-1选用。

表3.3.1-1 明挖法地下工程防水设防

工程部位	主体结构							施工缝							后浇带				变形缝(诱导缝)					
防水措施	防水混凝土	防水卷材	防水涂料	塑料防水板	膨润土防水材料	防水砂浆	金属板	遇水膨胀止水条(胶)	外贴式止水带	中埋式止水带	外抹防水砂浆	外涂防水涂料	水泥基渗透结晶型防水涂料	预埋注浆管	补偿收缩混凝土	外贴式止水带	预埋注浆管	遇水膨胀止水条(胶)	中埋式止水带	外贴式止水带	可卸式止水带	防水密封材料	外贴防水卷材	外涂防水涂料
防水等级 一级	应选	应选一种至二种						应选二种							应选	应选二种		应选	应选	应选二种				
防水等级 二级	应选	应选一种						应选一种至二种							应选	应选一种至二种		应选	应选	应选一种至二种				
防水等级 三级	应选	宜选一种						宜选一种至二种							应选	宜选一种至二种		应选	应选	宜选一种至二种				
防水等级 四级	宜选	—						宜选一种							应选	宜选一种		应选	应选	宜选一种				

2 暗挖法地下工程的防水设防应按表3.3.1-2选用。

表3.3.1-2 暗挖法地下工程防水设防

工程部位	衬砌结构							内衬砌施工缝						内衬砌变形缝、诱导缝			
防水措施	防水混凝土	防水卷材	防水涂料	塑料防水板	膨润土防水材料	防水砂浆	金属板	外贴式止水带	预埋注浆管	遇水膨胀止水条(胶)	防水密封材料	中埋式止水带	水泥基渗透结晶型防水涂料	中埋式止水带	外贴式止水带	可卸式止水带	防水密封材料
防水等级 一级	必选	应选一种至二种						应选一种至二种						应选	应选一种至二种		
防水等级 二级	应选	应选一种						应选一种						应选	应选一种		
防水等级 三级	宜选	宜选一种						宜选一种						应选	宜选一种		
防水等级 四级	宜选	宜选一种						宜选一种						应选	宜选一种		

3.3.2 处于侵蚀性介质中的工程,应采用耐侵蚀的防水混凝土、防水砂浆、防水卷材或

防水涂料等防水材料。

3.3.4　结构刚度较差或受振动作用的工程,宜采用延伸率较大的卷材、涂料等柔性防水材料。

(3)以下是关于《住宅建筑规范》(GB 50368—2005)摘录。

5.4.1　住宅的卧室、起居室(厅)、厨房不应布置在地下室。当布置在半地下室时,必须采取采光、通风、日照、防潮、排水及安全防护措施。

5.4.2　住宅地下机动车库应符合下列规定:

1　库内坡道严禁将宽的单车道兼作双车道。

2　库内不应设置修理车位,并不应设置使用或存放易燃、易爆物品的房间。

3　库内车道净高不应低于 2.20 m。车位净高不应低于 2.00 m。

4　库内直通住宅单元的楼(电)梯间应设门,严禁利用楼(电)梯间进行自然通风。

5.4.3　住宅地下自行车库净高不应低于 2.00 m。

5.4.4　住宅地下室应采取有效防水措施。

3.2.2　门窗、玻璃屋顶设计

为了审查方便,现将规范对门窗、玻璃屋顶设计要求汇总如下(**黑体部分**为强制性条文)。

(1)以下是关于《中小学校设计规范》(GB 50099—2011)摘录。

5.1.9　教学用房的窗应符合下列规定:

1　教学用房中,窗的采光应符合本规范第9.2节的规定。

2　教学用房及教学辅助用房的窗玻璃应满足教学要求,不得采用彩色玻璃。

3　教学用房及教学辅助用房中,外窗的可开启窗扇面积应符合本规范第9.1节及第10.1节通风换气的规定。

4　教学用房及教学辅助用房的外窗在采光、保温、隔热、散热和遮阳等方面的要求应符合国家现行有关建筑节能标准的规定。

5.1.11　教学用房的门应符合下列规定:

1　除音乐教室外,各类教室的门均宜设置上亮窗。

2　除心理咨询室外,教学用房的门扇均宜附设观察窗。

(2)以下是关于《民用建筑设计通则》(GB 50352—2005)摘录。

6.10.1　门窗产品应符合下列要求:

1　门窗的材料、尺寸、功能和质量等应符合使用要求,并应符合建筑门窗产品标准的规定;

2　门窗的配件应与门窗主体相匹配,并应符合各种材料的技术要求;

3　应推广应用具有节能、密封、隔声、防结露等优良性能的建筑门窗。

注:门窗加工的尺寸,应按门窗洞口设计尺寸扣除墙面装修材料的厚度,按净尺寸加工。

6.10.2　门窗与墙体应连接牢固,且满足抗风压、水密性、气密性的要求,对不同材料的门窗选择相应的密封材料。

6.10.3　窗的设置应符合下列规定:

1　窗扇的开启形式应方便使用。安全和易于维修、清洗;

2　当采用外开窗时应加强牢固窗扇的措施;

3　开向公共走道的窗扇,其底面高度不应低于 2 m;

4　临空的窗台低于 0.80 m 时,应采取防护措施,防护高度由楼地面起计算不应低于0.80 m;

5　防火墙上必须开设窗洞时,应按防火规范设置;

6　天窗应采用防破碎伤人的透光材料;

7　天窗应有防冷凝水产生或引泄冷凝水的措施;

8　天窗应便于开启、关闭、固定、防渗水,并方便清洗。

注:1　住宅窗台低于 0.90 m 时,应采取防护措施;

　　2　低窗台、凸窗等下部有能上人站立的宽窗台面时,贴窗护栏或固定窗的防护高度应从窗台面起计算。

6.10.4　门的设置应符合下列规定:

1　外门构造应开启方便,坚固耐用;

2　手动开启的大门扇应有制动装置,推拉门应有防脱轨的措施;

3　双面弹簧门应在可视高度部分装透明安全玻璃;

4　旋转门、电动门、卷帘门和大型门的邻近应另设平开疏散门,或在门上设疏散门;

5　开向疏散走道及楼梯间的门扇开启时,不应影响走道及楼梯平台的疏散宽度;

6　全玻璃门应选用安全玻璃或采取防护措施,并应设防撞提示标志;

7　门的开启不应跨越变形缝。

6.11.2　玻璃幕墙应符合下列规定:

1　玻璃幕墙适用于抗震地区和建筑高度应符合有关规范的要求。

2　玻璃幕墙应采用安全玻璃,并应具有抗撞击的性能。

3　玻璃幕墙分隔应与楼板、梁、内隔墙处连接牢固,并满足防火分隔要求。

4　玻璃窗扇开启面积应按幕墙材料规格和通风口要求确定,并确保安全。

(3)以下是关于《托儿所、幼儿园建筑设计规范》(JGJ 39—1987)摘录。

3.7.2　严寒、寒冷地区主体建筑的主要出入口应设挡风门斗,其双层门中心距离不应小于1.6 m。幼儿经常出入的门应符合下列规定:

1　在距地 0.60~1.20 m 高度内,不应装易碎玻璃。

2　在距地 0.70 m 处,宜加设幼儿专用拉手。

3　门的双面均宜平滑、无棱角。

4　不应设置门坎和弹簧门。

5　外门宜设纱门。

3.7.3　外窗应符合下列要求:

1　活动室、音体活动室的窗台距地面高度不宜大于 0.60 m。距地面 1.30 m 内不应设平开窗。楼层无室外阳台时应设护栏。

2　所有外窗均应加设纱窗。活动室、寝室、音体活动室及隔离室的窗应有遮光设施。

(4)以下是关于《建筑玻璃应用技术规程》(JGJ 113—2009)摘录。

7.2.1　活动门玻璃、固定门玻璃和落地窗玻璃的选用应符合下列规定:

1　有框玻璃应使用符合本规程表 7.1.1-1 的规定的安全玻璃。

2　无框玻璃应使用公称厚度不小于 12 mm 的钢化玻璃。

7.2.2　室内隔断应使用安全玻璃,且最大使用面积应符合本规程表 7.1.1 - 1 的规定。

7.2.3　人群集中的公共场所和运动场所中装配的室内隔断玻璃应符合下列规定:

1　有框玻璃应使用符合本规程表 7.1.1 - 1 的规定、且公称厚度不小于 5 mm 的钢化玻璃或公称厚度不小于 6.38 mm 的夹层玻璃。

2　无框玻璃应使用符合本规程表 7.1.1 - 1 的规定、且公称厚度不小于 10 mm 的钢化玻璃。

7.2.4　浴室用玻璃应符合下列规定:

1　淋浴隔断、浴缸隔断玻璃应使用符合本规程表 7.1.1 - 1 规定的安全玻璃。

2　浴室内无框玻璃应使用符合本规程表 7.1.1 - 1 的规定、且公称厚度不小于 5 mm 的钢化玻璃。

7.2.5　室内栏板用玻璃应符合下列规定:

1　不承受水平荷载的栏板玻璃应使用符合本规程表 7.1.1 - 1 的规定、且公称厚度不小于 5 mm 的钢化玻璃,或公称厚度不小于 6.38 mm 的夹层玻璃。

2　承受水平荷载的栏板玻璃应使用符合本规程表 7.1.1 - 1 的规定、且公称厚度不小于 12 mm 的钢化玻璃或公称厚度不小于 16.76 mm 钢化夹层玻璃。当栏板玻璃最低点离一侧楼地面高度在 3 m 或 3 m 以上、5 m 或 5 m 以下时,应使用公称厚度不小于 16.75 mm 钢化夹层玻璃。当栏板玻璃最低点离一侧楼地面高度大于 5 m 时,不得使用承受水平荷载的栏板玻璃。

7.2.6　室外栏板玻璃除应符合本规程第 7.2.5 条的规定外,尚应进行玻璃抗风压设计。对有抗震设计要求的地区,尚应考虑地震作用的组合效应。

(5)以下是关于《建筑安全玻璃管理规定》(发改运行[2003]2116 号)摘录。

建筑物需要以玻璃作为建筑材料的下列部位必须使用安全玻璃:

1　7 层及 7 层以上建筑物外开窗。

2　面积大于 1.5 m² 的窗玻璃或玻璃底边离最终装修面小于 500 mm 的落地窗。

3　幕墙(全玻幕除外)。

4　倾斜装配窗、各类天棚(含天窗、采光顶)、吊顶。

5　观光电梯及其外围护。

6　室内隔断、浴室围护和屏风。

7　楼梯、阳台、平台走廊的栏板和中庭内栏板。

8　用于承受行人行走的地面板。

9　水族馆和游泳池的观察窗、观察孔。

10　公共建筑物的出入口、门厅等部位。

11　易遭受撞击、冲击而造成人体伤害的其他部位。

3.2.3　屋面及女儿墙设计

为了审查方便,现将规范对屋面及女儿墙要求汇总如下(**黑体部分为强制性条文**)。

(1)以下是关于《屋面工程技术规范》(GB 50345—2012)摘录。

3.0.5　屋面防水工程应根据建筑物的类别、重要程度、使用功能要求确定防水等级,并

应按相应等级进行防水设防;对防水有特殊要求的建筑屋面,应进行专项防水设计。屋面防水等级和设防要求应符合表3.0.5的规定。

表3.0.5　屋面防水等级和设防要求

防水等级	建筑类别	设防要求
Ⅰ级	重要建筑和高层建筑	两道防水设防
Ⅱ级	一般建筑	一道防水设防

4.1.4　防水材料的选择应符合下列规定:

1　外露使用的防水层,应选用耐紫外线、耐老化、耐候性好的防水材料;

2　上人屋面,应选用耐霉变、拉伸强度高的防水材料;

3　长期处于潮湿环境的屋面,应选用耐腐蚀、耐霉变、耐穿刺、耐长期水浸等性能的防水材料;

4　薄壳、装配式结构、钢结构及大跨度建筑屋面,应选用耐候性好、适应变形能力强的防水材料;

5　倒置式屋面应选用适应变形能力强、接缝密封保证率高的防水材料;

6　坡屋面应选用与基层黏结力强、感温性小的防水材料;

7　屋面接缝密封防水,应选用与基材黏结力强和耐候性好、适应位移能力强的密封材料;

8　基层处理剂、胶黏剂和涂料,应符合现行行业标准《建筑防水涂料有害物质限量》JC 1066的有关规定。

4.4.5　屋面排气构造设计应符合下列规定:

1　找平层设置的分格缝可兼作排气道,排气道的宽度宜为40 mm;

2　排气道应纵横贯通,并应与大气连通的排气孔相通,排气孔可设在檐口下或纵横排气道的交叉处;

3　排气道纵横间距宜为6 m,屋面面积每36 m² 宜设置一个排气孔,排气孔应作防水处理;

4　在保温层下也可铺设带支点的塑料板。

4.5.1　卷材、涂膜屋面防水等级和防水做法应符合表4.5.1的规定。

表4.5.1　卷材、涂膜屋面防水等级和防水做法

防水等级	防水做法
Ⅰ级	卷材防水层和卷材防水层、卷材防水层和涂膜防水层、复合防水层
Ⅱ级	卷材防水层、涂膜防水层、复合防水层

注:在Ⅰ级屋面防水做法中,防水层仅作单层卷材时,应符合有关单层防水卷材屋面技术的规定。

4.5.3　防水涂料的选择应符合下列规定:

1　防水涂料可按合成高分子防水涂料、聚合物水泥防水涂料和高聚物改性沥青防水涂料选用,其外观质量和品种、型号应符合国家现行有关材料标准的规定。

2 应根据当地历年最高气温、最低气温、屋面坡度和使用条件等因素,选择耐热性、低温柔性相适应的涂料。

3 应根据地基变形程度、结构形式、当地年温差、日温差和振动等因素,选择拉伸性能相适应的涂料。

4 应根据屋面涂膜的暴露程度,选择耐紫外线、耐老化相适应的涂料。

5 屋面坡度大于25%时,应选择成膜时间较短的涂料。

4.5.5 每道卷材防水层最小厚度应符合表4.5.5的规定。

表4.5.5 每道卷材防水层最小厚度 mm

防水等级	合成高分子防水卷材	高聚物改性沥青防水卷材		
		聚酯胎、玻纤胎、聚乙烯胎	自粘聚酯胎	自粘无胎
Ⅰ级	1.2	3.0	2.0	1.5
Ⅱ级	1.5	4.0	3.0	2.0

4.5.6 每道涂膜防水层最小厚度应符合表4.5.6的规定。

表4.5.6 每道涂膜防水层最小厚度 mm

防水等级	合成高分子防水涂膜	聚合物水泥防水涂膜	高聚物改性沥青防水涂膜
Ⅰ级	1.5	1.5	2.0
Ⅱ级	2.0	2.0	3.0

4.5.7 复合防水层最小厚度应符合表4.5.7的规定。

表4.5.7 复合防水层最小厚度 mm

防水等级	合成高分子防水卷材+合成高分子防水涂膜	自粘聚合物改性沥青防水卷材(无胎)+合成高分子防水涂膜	高聚物改性沥青防水卷材+高聚物改性沥青防水涂膜	聚乙烯丙纶卷材+聚合物水泥防水膜结材料
Ⅰ级	1.2+1.5	1.5+1.5	3.0+2.0	(0.7+1.3)×2
Ⅱ级	1.0+1.0	1.2+1.0	3.0+1.2	0.7+1.3

4.5.9 附加层设计应符合下列规定:

1 檐沟、天沟与屋面交接处、屋面平面与立面交接处,以及水落口、伸出屋面管道根部等部位,应设置卷材或涂膜附加层;

2 屋面找平层分格缝等部位,宜设置卷材空铺附加层,其空铺宽度不宜小于100 mm;

3 附加层最小厚度应符合表4.5.9的规定。

表 4.5.9　附加层最小厚度　　　　　　　　　mm

附加层材料	最小厚度
合成高分子防水卷材	1.2
高聚物改性沥青防水卷材(聚酯胎)	3.0
合成高分子防水涂料、聚合物水泥防水涂料	1.5
高聚物改性沥青防水涂料	2.0

注:涂膜附加层应夹铺胎体增强材料。

4.6.3　密封材料的选择应符合下列规定:

1　应根据当地历年最高气温、最低气温、屋面构造特点和使用条件等因素,选择耐热度、低温柔性相适应的密封材料;

2　应根据屋面接缝变形的大小以及接缝的宽度,选择位移能力相适应的密封材料;

3　应根据屋面接缝黏结性要求,选择与基层材料相容的密封材料;

4　应根据屋面接缝的暴露程度,选择耐高低温、耐紫外线、耐老化和耐潮湿等性能相适应的密封材料。

4.8.1　瓦屋面防水等级和防水做法应符合表 4.8.1 的规定。

表 4.8.1　瓦屋面防水等级和防水做法

防水等级	防水做法
Ⅰ级	瓦 + 防水层
Ⅱ级	瓦 + 防水垫层

注:防水层厚度应符合本规范第 4.5.5 条和第 4.5.6 条Ⅱ级防水的规定。

4.9.1　金属板屋面防水等级和防水做法应符合表 4.9.1 的规定。

表 4.9.1　金属板屋面防水等级和防水做法

防水等级	防水做法
Ⅰ级	压型金属板 + 防水垫层
Ⅱ级	压型金属板、金属面绝热夹芯板

注:1. 当防水等级为Ⅰ级时,压型铝合金板基板厚度不应小于 0.9 mm;压型钢板基板厚度不应小于 0.6 mm;

2. 当防水等级为Ⅰ级时,压型金属板应采用 360°咬口锁边连接方式;

3. 在Ⅰ级屋面防水做法中,仅作压型金属板时,应符合《金属压型板应用技术规范》等相关技术的规定。

4.10.8　玻璃采光顶的玻璃应符合下列规定:

1　玻璃采光顶应采用安全玻璃,宜采用夹层玻璃或夹层中空玻璃;

2　玻璃原片应根据设计要求选用,且单片玻璃厚度不宜小于 6 mm;

3　夹层玻璃的玻璃原片厚度不宜小于 5 mm;

4　上人的玻璃采光顶应采用夹层玻璃;

5　点支承玻璃采光顶应采用钢化夹层玻璃;

6　所有采光顶的玻璃应进行磨边倒角处理。

4.10.9　玻璃采光顶所采用夹层玻璃应符合现行国家标准《建筑用安全玻璃　第 3 部

分:夹层玻璃》(GB 15763.)3 的有关规定外,尚应符合下列规定:

　　1　夹层玻璃宜为干法加工合成,夹层玻璃的两片玻璃厚度相差不宜大于 2 mm;

　　2　夹层玻璃的胶片宜采用聚乙烯醇缩丁醛胶片,聚乙烯醇缩丁醛胶片的厚度不应小于 0.76 mm;

　　3　暴露在空气中的夹层玻璃边缘应进行密封处理。

　　4.10.10　玻璃采光顶采用夹层中空玻璃除应符合第4.10.9条和现行国家标准《中空玻璃》(GB/T 11944)的有关规定外,尚应符合下列规定:

　　1　中空玻璃气体层的厚度不应小于 12 mm;

　　2　中空玻璃宜采用双道密封结构。隐框或半隐框中空玻璃的二道密封应采用硅酮结构密封胶;

　　3　中空玻璃的夹层面应在中空玻璃的下表面。

　　4.11.14　女儿墙的防水构造应符合下列规定:

　　1　女儿墙压顶可采用混凝土或金属制品。压顶向内排水坡度不应小于5%,压顶内侧下端应作滴水处理。

　　2　女儿墙泛水处的防水层下应增设附加层,附加层在平面和立面的宽度均不应小于 250 mm。

　　3　低女儿墙泛水处的防水层可直接铺贴或涂刷至压顶下,卷材收头应用金属压条钉压固定,并应用密封材料封严;涂膜收头应用防水涂料多遍涂刷(图4.11.14-1)。

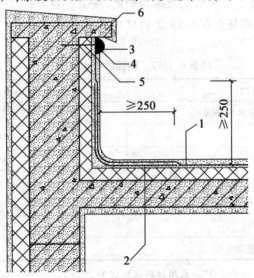

图 4.11.14-1　低女儿墙

1—防水层;2—附加层;3—密封材料;4—金属压条;5—水泥钉;6—压顶

　　4　高女儿墙泛水处的防水层泛水高度不应小于 250 mm,防水层收头应符合3的规定;泛水上部的墙体应作防水处理(图4.11.14-2)。

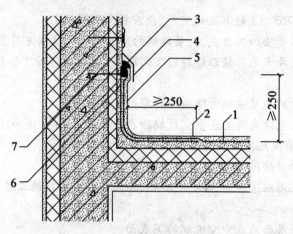

图4.11.14-2 高女儿墙

1—防水层；2—附加层；3—密封材料；4—金属盖板；5—保护层；6—金属压条；7—水泥钉

5 女儿墙泛水处的防水层表面，宜采用涂刷浅色涂料或浇筑细石混凝土保护。

(2)以下是关于《民用建筑设计通则》(GB 50352—2005)摘录。

6.13.1 屋面工程应根据建筑物的性质、重要程度、使用功能及防水层合理使用年限，结合工程特点、地区自然条件等，按不同等级进行设防。

6.13.2 屋面排水坡度应根据屋顶结构形式，屋面基层类别，防水构造形式，材料性能及当地气候等条件确定，并应符合表6.13.2的规定。

表6.13.2 屋面的排水坡度

屋面类别	屋面排水坡度/%
卷材防水、刚性防水的平屋面	2~5
平瓦	20~50
波形瓦	10~50
油毡瓦	≥20
网架、悬索结构金属板	≥4
压型钢板	5~35
种植土屋面	1~3

注:1.平屋面采用结构找坡不应小于3%，采用材料找坡宜为2%；

2.卷材屋面的坡度不宜大于25%，当坡度大于25%时应采取固定和防止滑落的措施；

3.卷材防水屋面天沟、檐沟纵向坡度不应小于1%，沟底水落差不得超过200 mm。天沟、檐沟排水不得流经变形缝和防火墙；

4.平瓦必须铺置牢固，地震设防地区或坡度大于50%的屋面，应采取固定加强措施；

5.架空隔热层屋面坡度不宜大于5%，种植屋面坡度不宜大于3%。

6.13.3 屋面构造应符合下列要求:

1 屋面面层应采用不燃烧体材料，包括屋面突出部分及屋顶加层，但一、二级耐火等级建筑物，其不燃烧体屋面基层上可采用可燃卷材防水层；

　　2　屋面排水宜优先采用外排水；高层建筑、多跨及集水面积较大的屋面宜采用内排水；屋面水落管的数量、管径应通过验(计)算确定；

　　3　天沟、檐沟、檐口、水落口、泛水、变形缝和伸出屋面管道等处应采取与工程特点相适应的防水加强构造措施，并应符合有关规范的规定；

　　4　当屋面坡度较大或同一屋面落差较大时，应采取固定加强和防止屋面滑落的措施；平瓦必须铺置牢固；

　　5　地震设防区或有强风地区的屋面应采取固定加强措施；

　　6　设保温层的屋面应通过热工验算，并采取防结露、防蒸汽渗透及施工时防保温层受潮等措施；

　　7　采用架空隔热层的屋面，架空隔热层的高度应按照屋面的宽度或坡度的大小变化确定，架空层不得堵塞；当屋面宽度大于 10 m 时，应设置通风屋脊；屋面基层上宜有适当厚度的保温隔热层；

　　8　采用钢丝网水泥或钢筋混凝土薄壁构件的屋面板应有抗风化、抗腐蚀的防护措施；刚性防水屋面应有抗裂措施；

　　9　当无楼梯通达屋面时，应设上屋面的检修人孔或低于 10 m 时可设外墙爬梯，并应有安全防护和防止儿童攀爬的措施；

　　10　闷顶应设通风口和通向闷顶的检修人孔；闷顶内应有防火分隔。

3.2.4　无障碍设计

　　为了审查方便，现将规范对无障碍设计要求汇总如下(**黑体部分**为强制性条文)。

　　以下是关于《无障碍设计规范》(GB 50763—2012)摘录。

　　8.2.2　为公众办理业务与信访接待的办公建筑的无障碍设计应符合下列规定：

　　1　建筑的主要出入口应为无障碍出入口；

　　2　建筑出入口大厅、休息厅、贵宾休息室、疏散大厅等人员聚集场所有高差或台阶时应设轮椅坡道，宜提供休息座椅和可以放置轮椅的无障碍休息区；

　　3　公众通行的室内走应为无障碍通道，走道长度大于 60.00 m 时，宜设休息区，休息区应避开行走路线；

　　4　供公众使用的楼梯宜为无障碍楼梯；

　　5　供公众使用的男、女公共厕所均应满足本规范第 3.9.1 条的有关规定或在男、女公共厕所附近设置 1 个无障碍厕所，且建筑内至少应设置 1 个无障碍厕所，内部办公人员使用的男、女公共厕所至少应各有 1 个满足本规范第 3.9.1 条的有关规定或在男、女公共厕所附近设置 1 个无障碍厕所；

　　6　法庭、审判庭及为公众服务的会议及报告厅等的公众坐席座位数为 300 座及以下时应至少设置 1 个轮椅席位，300 座以上时不应少于席位总数的 0.2%，且不少于 2 个轮椅席位。

　　8.2.3　其他办公建筑的无障碍设施应符合下列规定：

　　1　建筑物至少应有 1 处无障碍出入口，且宜位于主要出入口处；

　　2　男、女公共厕所至少各有 1 处应满足本规范第 3.9.1 条或第 3.9.2 条的有关规定；

　　3　多功能厅、报告厅等至少应设置 1 个轮椅坐席。

8.3.2　教育建筑的无障碍设施应符合下列规定：

1　凡教师、学生和婴幼儿使用的建筑物主要出入口应为无障碍出入口，宜设置为平坡出入口；

2　主要教学用房应至少设置1部无障碍楼梯；

3　公共厕所至少有1处应满足本规范第3.9.1条的有关规定。

8.3.3　接收残疾生源的教育建筑的无障碍设施应符合下列规定：

1　主要教学用房每层至少有1处公共厕所应满足本规范第3.9.1条的有关规定；

2　合班教室、报告厅以及剧场等应设置不少于2个轮椅坐席，服务报告厅的公共厕所应满足本规范第3.9.1条的有关规定或设置无障碍厕所；

3　有固定座位的教室、阅览室、实验教室等教学用房，应在靠近出入口处预留轮椅回转空间。

8.4.1　医疗康复建筑进行无障碍设计的范围应包括综合医院、专科医院、疗养院、康复中心、急救中心和其他所有与医疗、康复有关的建筑物。

8.4.2　医疗康复建筑中，凡病人、康复人员使用的建筑的无障碍设施应符合下列规定：

1　室外通行的步行道应满足本规范第3.5节有关规定的要求；

2　院区室外的休息座椅旁，应留有轮椅停留空间；

3　主要出入口应为无障碍出入口，宜设置为平坡出入口；

4　室内通道应设置无障碍通道，净宽不应小于1.80 m，并按照本规范第3.8节的要求设置扶手；

5　门应符合本规范第3.5节的要求；

6　同一建筑内应至少设置1部无障碍楼梯；

7　建筑内设有电梯时，每组电梯应至少设置1部无障碍电梯；

8　首层应至少设置1处无障碍厕所；各楼层至少有1处公共厕所应满足本规范第3.9.1条的有关规定或设置无障碍厕所；病房内的厕所应设置安全抓杆，并符合本规范第3.9.4条的有关规定；

9　儿童医院的门、急诊部和医技部，每层宜设置至少1处母婴室，并靠近公共厕所；

10　诊区、病区的护士站、公共电话台、查询处、饮水器、自助售货处、服务台等应设置低位服务设施；

11　无障碍设施应设符合我国国家标准的无障碍标志，在康复建筑的院区主要出入口处宜设置盲文地图或供视觉障碍者使用的语音导医系统和提示系统、供听力障碍者需要的手语服务及文字提示导医系统。

8.4.3　门、急诊部的无障碍设施还应符合下列规定：

1　挂号、收费、取药处应设置文字显示器以及语言广播装置和低位服务台或窗口；

2　候诊区应设轮椅停留空间。

8.4.4　医技部的无障碍设施应符合下列规定：

1　病人更衣室内应留有直径不小于1.50 m的轮椅回转空间，部分更衣箱高度应小于1.40 m；

2　等候区应留有轮椅停留空间，取报告处宜设文字显示器和语音提示装置。

8.4.7　办公、科研、餐厅、食堂、太平间用房的主要出入口应为无障碍出入口。

8.5.1　福利及特殊服务建筑进行无障碍设计的范围应包括福利院、敬(安、养)老院、老年护理院、老年住宅、残疾人综合服务设施、残疾人托养中心、残疾人体训中心及其他残疾人集中或使用频率较高的建筑等。

8.5.2　福利及特殊服务建筑的无障碍设施应符合下列规定:

1　室外通行的步行道应满足本规范第 3.5 节有关规定的要求;

2　室外院区的休息座椅旁应留有轮椅停留空间;

3　建筑物首层主要出入口应为无障碍出入口,宜设置为平坡出入口。主要出入口设置台阶时,台阶两侧宜设置扶手;

4　建筑出入口大厅、休息厅等人员聚集场所宜提供休息座椅和可以放置轮椅的无障碍休息区;

5　公共区域的室内通道,走道两侧墙面应设置扶手,并满足本规范 3.8 节的有关规定;室外的连通走道应选用平整、坚固、耐磨、不光滑的材料并宜设防风避雨设施;

6　楼梯应为无障碍楼梯;

7　电梯应为无障碍电梯;

8　居室户门净宽不应小于 900 mm;居室内走道净宽不应小于 1.20 m;卧室、厨房、卫生间门净宽不应小于 800 mm;

9　居室内宜留有直径不小于 1.5 m 的轮椅回转空间;

10　居室内的厕所应设置安全抓杆,并符合本规范第 3.9.4 条的有关规定;居室外的公共厕所应满足本规范第 3.9.1 条的有关规定或设置无障碍厕所;

11　公共浴室应满足本规范第 3.10 节的有关规定;居室内的淋浴间或盆浴间应设置安全抓杆,并符合本规范第 3.10.2 及 3.10.3 条的有关规定;

12　居室宜设置语音提示装置。

8.5.3　其他不同建筑类别应符合国家现行的有关建筑设计规范与标准的设计要求。

8.6.1　体育建筑进行无障碍设计的范围应包括作为体育比赛(训练)、体育教学、体育休闲的体育场馆和场地设施等。

8.6.2　体育建筑的无障碍设施应符合下列规定:

1　特级、甲级场馆基地内应设置不少于停车数量的 2%,且不少于 2 个无障碍机动车停车位,乙级、丙级场馆基地内应设置不少于 2 个无障碍机动车停车位;

2　建筑物的观众、运动员及贵宾出入口应至少各设 1 处无障碍出入口,其他功能分区的出入口可根据需要设置无障碍出入口;

3　建筑的检票口及无障碍出入口到各种无障碍设施的室内走道应为无障碍通道,通道长度大于 60.00 m 时宜设休息区,休息区应避开行走路线;

4　大厅、休息厅、贵宾休息室、疏散大厅等主要人员聚集场宜设放置轮椅的无障碍休息区;

5　供观众使用的楼梯应为无障碍楼梯;

6　特级、甲级场馆内各类观众看台区、主席台、贵宾区内如设置电梯应至少各设置 1 部无障碍电梯,乙级、丙级场馆内坐席区设有电梯时,至少应设置 1 部无障碍电梯,并应满足赛事和观众的需要;

7　特级、甲级场馆每处观众区和运动员区使用的男、女公共厕所均应满足本规范第

3.9.1条的有关规定或在每处男、女公共厕所附近设置1个无障碍厕所,且场馆内至少应设置1个无障碍厕所;主席台休息区、贵宾休息区应至少各设置1个无障碍厕所;乙级、丙级场馆的观众区和运动员区各至少有1处男、女公共厕所应满足本规范第3.9.1条的有关规定或各在男、女公共厕所附近设置1个无障碍厕所;

8 运动员浴室均应满足本规范第3.10节的有关规定;

9 场馆内各类观众看台的坐席区都应设置轮椅席位,并在轮椅席位旁或邻近的坐席处,设置1:1的陪护席位,轮椅席位数不应少于观众席位总数的0.2%。

8.7.1 文化建筑进行无障碍设计的范围应包括文化馆、活动中心、图书馆、档案馆、纪念馆、纪念塔、纪念碑、宗教建筑、博物馆、展览馆、科技馆、艺术馆、美术馆、会展中心、剧场、音乐厅、电影院、会堂、演艺中心等。

8.7.2 文化类建筑的无障碍设施应符合下列规定:

1 建筑物至少应有1处为无障碍出入口,且宜位于主要出入口处;

2 建筑出入口大厅、休息厅(贵宾休息厅)、疏散大厅等主要人员聚集场所有高差或台阶时应设轮椅坡道,宜设置休息座椅和可以放置轮椅的无障碍休息区;

3 公众通行的室内走道及检票口应为无障碍通道,走道长度大于60.00 m,宜设休息区,休息区应避开行走路线;

4 供公众使用的主要楼梯宜为无障碍楼梯;

5 供公众使用的男、女公共厕所每层至少有1处应满足本规范第3.9.1条的有关规定或在男、女公共厕所附近设置1个无障碍厕所;

6 公共餐厅应提供总用餐数2%的活动座椅,供乘轮椅者使用。

8.7.3 文化馆、少儿活动中心、图书馆、档案馆、纪念馆、纪念塔、纪念碑、宗教建筑、博物馆、展览馆、科技馆、艺术馆、美术馆、会展中心等建筑物的无障碍设施还应符合下列规定:

1 图书馆、文化馆等安有探测仪的出入口应便于乘轮椅者进入;

2 图书馆、文化馆等应设置低位目录检索台;

3 报告厅、视听室、陈列室、展览厅等设有观众席位时应至少设1个轮椅座位;

4 县、市级及以上图书馆应设盲人专用图书室(角),在无障碍入口、服务台、楼梯间和电梯间入口、盲人图书室前应设行进盲道和提示盲道;

5 宜提供语音导览机、助听器等信息服务。

8.8.1 商业服务建筑进行无障碍设计的范围包括各类百货店、购物中心、超市、专卖店、专业店、餐饮建筑、旅馆等商业建筑,银行、证券等金融服务建筑,邮局、电信局等邮电建筑,娱乐建筑等。

8.8.2 商业服务建筑的无障碍设计应符合下列规定:

1 建筑物至少应有1处为无障碍出入口,且宜位于主要出入口处;

2 公众通行的室内走道应为无障碍通道;

3 供公众使用的男、女公共厕所每层至少有1处应满足本规范第3.9.1条的有关规定或在男、女公共厕所附近设置1个无障碍厕所,大型商业建筑宜在男、女公共厕所满足本规范第3.9.1条的有关规定的同时且在附近设置1个无障碍厕所;

4 供公众使用的主要楼梯应为无障碍楼梯。

8.9.1 汽车客运站建筑进行无障碍设计的范围包括各类长途汽车站。

8.9.2　汽车客运站建筑的无障碍设计应符合下列规定：

1　站前广场人行通道的地面应平整、防滑、不积水,有高差时应做轮椅坡道;

2　建筑物至少应有 1 处为无障碍出入口,宜设置为平坡出入口,且宜位于主要出入口处;

3　门厅、售票厅、候车厅、检票口等旅客通行的室内走道应为无障碍通道;

4　供旅客使用的男、女公共厕所每层至少有 1 处应满足本规范第 3.9.1 条的有关规定或在男、女公共厕所附近设置 1 个无障碍厕所,且建筑内至少应设置 1 个无障碍厕所;

5　供公众使用的主要楼梯应为无障碍楼梯;

6　行包托运处(含小件寄存处)应设置低位窗口。

3.2.5　电梯、自动扶梯设计

为了审查方便,现将规范对电梯、自动扶梯设计要求汇总如下(**黑体部分**为强制性条文)。

3.2.5.1　普通电梯

(1)以下是关于《人民防空地下室设计规范》(GB 50038—2005)摘录。

3.3.26　当电梯通至地下室时。电梯必须设置在防空地下室的防护密闭区以外。

(2)以下是关于《住宅设计规范》(GB 50096—2011)摘录。

6.4.1　属于下列情况之一时,必须设置电梯:

1　七层及七层以上住宅或住户入口层楼面距室外设计地面的高度超过 16 m 时;

2　底层作为商店或其他用房的六层及六层以下住宅,其住户入口层楼面距该建筑物的室外设计地面高度超过 16 m 时;

3　底层做架空层或贮存空间的六层及六层以下住宅,其住户入口层楼面距该建筑物的室外设计地面高度超过 16 m 时;

4　顶层为两层一套的跃层住宅时,跃层部分不计层数,其顶层住户入口层楼面距该建筑物室外设计地面的高度超过 16 m 时。

6.4.2　十二层及十二层以上的住宅,每栋楼设置电梯不应少于两台,其中应设置一台可容纳担架的电梯。

6.4.3　十二层及十二层以上的住宅每单元只设置一部电梯时,从第十二层起应设置与相邻住宅单元联通的联系廊。联系廊可隔层设置,上下联系廊之间的间隔不应超过五层。联系廊的净宽不应小于 1.10 m,局部净高不应低于 2.00 m。

6.4.4　十二层及十二层以上的住宅由二个及二个以上的住宅单元组成,且其中有一个或一个以上住宅单元未设置可容纳担架的电梯时,从第十二层起应设置与可容纳担架的电梯联通的联系廊。联系廊可隔层设置,上下联系廊之间的间隔不应超过五层。联系廊的净宽不应小于 1.10 m,局部净高不应低于 2.00 m。

6.4.5　七层及七层以上住宅电梯应在设有户门和公共走廊的每层设站。住宅电梯宜成组集中布置。

6.4.6　候梯厅深度不应小于多台电梯中最大轿厢的深度,且不应小于 1.50 m。

6.4.7　电梯不应紧邻卧室布置。当受条件限制,电梯不得不紧邻兼起起居的卧室布置时,应采取隔声、减震的构造措施。

（3）以下是关于《铁路旅客车站建筑设计规范（2011 年版）》（GB 50226—2007）摘录。

5.2.3　特大型、大型站的站房内应设置自动扶梯和电梯，中型站的站房宜设置自动扶梯和电梯。

（4）以下是关于《民用建筑设计通则》（GB 50352—2005）摘录。

6.8.1　电梯设置应符合下列规定：

1　电梯不得计作安全出口；

2　以电梯为主要垂直交通的高层公共建筑和 12 层及 12 层以上的高层住宅，每栋楼设置电梯的台数不应少于 2 台；

3　建筑物每个服务区单侧排列的电梯不宜超过 4 台，双侧排列的电梯不宜超过 2×4 台；电梯不应在转角处贴邻布置；

4　电梯候梯厅的深度应符合表 6.8.1 的规定，并不得小于 1.50 m；

表 6.8.1　候梯厅深度

电梯类别	布置方式	候梯厅深度
住宅电梯	单台	$\geqslant B$
	多台单侧排列	$\geqslant B^*$
	多台双侧排列	$\geqslant$ 相对电梯 B^* 之和并 < 3.50 m
公共建筑电梯	单台	$\geqslant 1.5B$
	多台单侧排列	$\geqslant 1.5B^*$，当电梯群为 4 台时应 $\geqslant 2.40$ m
	多台双侧排列	$\geqslant$ 相对电梯 B^* 之和并 < 4.50 m
公共建筑电梯	单台	$\geqslant 1.5B$
	多台单侧排列	$\geqslant 1.5B^*$
	多台双侧排列	$\geqslant$ 相对电梯 B^* 之和

注：B 为轿厢深度，B^* 为电梯群中最大轿厢深度。

5　电梯井道和机房不宜与有安静要求的用房贴邻布置，否则应采取隔振、隔声措施；

6　机房应为专用的房间，其围护结构应保温隔热，室内应有良好通风、防尘，宜有自然采光，不得将机房顶板作水箱底板及在机房内直接穿越水管或蒸汽管；

7　消防电梯的布置应符合防火规范的有关规定。

（5）以下是关于《宿舍建筑设计规范》（JGJ 36—2005）摘录。

4.5.6　**七层及七层以上宿舍或居室最高入口层楼面距室外设计地面的高度大于 21 m 时，应设置电梯。**

（6）以下是关于《图书馆建筑设计规范》（JGJ 38—1999）摘录。

4.1.4　图书馆的四层及四层以上设有阅览室时，宜设乘客电梯或客货两用电梯。

（7）以下是关于《综合医院建筑设计规范》（JGJ 49—1988）摘录。

第 3.1.4 条　电梯

一、四层及四层以上的门诊楼或病房楼应设电梯，且不得少于二台；当病房楼高度超过 24 m 时，应设污物梯。

二、供病人使用的电梯和污物梯，应采用"病床梯"。

三、电梯井道不得与主要用房贴邻。

(8)以下是关于《剧场建筑设计规范》(JGJ 57—2000)摘录。

6.1.4　主台上空应设栅顶和安装各种滑轮的专用梁,并应符合下列规定:

4　由主台台面去栅顶的爬梯如超过2.00 m以上,不得采用垂直铁爬梯。甲、乙等剧场上栅顶的楼梯不得少于2个,有条件的宜设工作电梯,电梯可由台仓通往各层天桥直达栅顶;

7.1.1　化妆室应靠近舞台布置,主要化妆室应与舞台同层。当在其他层设化妆室时,应靠近出场口,甲、乙等剧场有条件的应设置电梯。

(9)以下是关于《办公建筑设计规范》(JGJ 67—2006)摘录。

4.1.3　五层及五层以上办公建筑应设电梯。

(10)以下是关于《汽车库建筑设计规范》(JGJ 100—1998)摘录。

4.1.17　三层以上的多层汽车库或二层以下地下汽车库应设置供载人电梯。

3.2.5.2　消防电梯

(1)以下是关于《建筑设计防火规范》(GB 50016—2012)摘录。

7.3.1　建筑高度大于36 m的住宅建筑,其他高层民用建筑应设置消防电梯。消防电梯应分别设在不同的防火分区内,且每个防火分区不应少于1台。

7.3.2　建筑高度大于32 m且设置电梯的高层厂房或高层仓库,每个防火分区内宜设置1台消防电梯。

符合下列条件的建筑可不设置消防电梯:

1　建筑高度大于32 m且设置电梯,任一层工作平台人数不超过2人的高层塔架;

2　局部建筑高度大于32 m,且局部高出部分的每层建筑面积不大于50 m^2 的丁、戊类厂房。

7.3.3　符合消防电梯要求的客梯或货梯可兼作消防电梯。

7.3.4　住宅与其他使用功能上下组合建造的建筑,可根据各自部分的高度按本规范第7.3.1条的规定设置消防电梯。

7.3.5　消防电梯应设置前室,并应符合下列规定:

1　前室的使用面积不应小于6 m^2;与防烟楼梯间合用的前室,应符合本规范第5.5.30条和第6.4.3条的规定,前室的门应采用乙级防火门;

注:设置在仓库连廊、冷库穿堂或谷物筒仓工作塔内的消防电梯,可不设置前室。

2　前室宜靠外墙设置,在首层应设置直通室外的安全出口或经过长度不大于30 m的通道通向室外。

7.3.6　消防电梯井、机房与相邻电梯井、机房之间,应采用耐火极限不低于2.00h的不燃烧体隔墙隔开;当在隔墙上开门时,应设置甲级防火门。

7.3.7　消防电梯的井底应设置排水设施,排水井的容量不应小于2 m^3,排水泵的排水量不应小于10 L/s。消防电梯间前室门口宜设置挡水设施。

7.3.8　消防电梯应符合下列规定:

1　应能每层停靠;

2　电梯的载重量不应小于800kg;

3　电梯从首层到顶层的运行时间不宜大于60s;

4　电梯的动力与控制电缆、电线、控制面板应采取防水措施;

5　在首层的消防电梯入口处应设置供消防队员专用的操作按钮；

6　电梯轿厢的内装修应采用不燃烧材料；

7　电梯轿厢内部应设置专用消防对讲电话。

(2)以下是关于《高层民用建筑设计防火规范(2005年版)》(GB 50045—1995)摘录,

6.3.1　下列高层建筑应设消防电梯：

6.3.1.1　一类公共建筑。

6.3.1.2　塔式住宅。

6.3.1.3　十二层及十二层以上的单元式住宅和通廊式住宅。

6.3.1.4　高度超过32 m的其他二类公共建筑。

6.3.2　高层建筑消防电梯的设置数量应符合下列规定：

6.3.2.1　当每层建筑面积不大于1500 m^2 时,应设1台。

6.3.2.2　当大于1500 m^2 但不大于4500 m^2 时,应设2台。

6.3.2.3　当大于4500 m^2 时,应设3台。

6.3.2.4　消防电梯可与客梯或工作电梯兼用,但应符合消防电梯的要求。

6.3.3　消防电梯的设置应符合下列规定：

6.3.3.1　消防电梯宜分别设在不同的防火分区内。

6.3.3.2　消防电梯间应设前室,其面积:居住建筑不应小于4.50 m^2;公共建筑不应小于6.00 m^2。当与防烟楼梯间合用前室时,其面积:居住建筑不应小于6.00 m^2;公共建筑不应小于10 m^2。

6.3.3.3　消防电梯间前室宜靠外墙设置,在首层应设直通室外的出口或经过长度不超过30 m的通道通向室外。

6.3.3.4　消防电梯间前室的门,应采用乙级防火门或具有停滞功能的防火卷帘。

6.3.3.5　消防电梯的载重量不应小于800kg。

6.3.3.6　消防电梯井、机房与相邻其他电梯井、机房之间,应采用耐火极限不低于2.00 h的隔墙隔开,当在隔墙上开门时,应设甲级防火门。

6.3.3.7　消防电梯的行驶速度,应按从首层到顶层的运行时间不超过60 s计算确定。

6.3.3.8　消防电梯轿厢的内装修应采用不燃烧材料。

6.3.3.9　动力与控制电缆、电线应采取防水措施。

6.3.3.10　消防电梯轿厢内应设专用电话;并应在首层设供消防队员专用的操作按钮。

6.3.3.11　消防电梯间前室门口宜设挡水设施。

消防电梯的井底应设排水设施,排水井容量不应小于2.00 m^3,排水泵的排水量不应小于10 L/s。

(3)以下是关于《住宅建筑规范》(GB 50368—2005)摘录。

9.8.3　12层及12层以上的住宅应设置消防电梯。

3.2.5.3　自动扶梯

(1)以下是关于《民用建筑设计通则》(GB 50352—2005)摘录。

6.8.2　自动扶梯、自动人行道应符合下列规定：

1　自动扶梯和自动人行道不得计作安全出口；

2　出入口畅通区的宽度不应小于2.50 m,畅通区有密集人流穿行时,其宽度应加大；

3　栏板应平整、光滑和无突出物;扶手带顶面距自动扶梯前缘、自动人行道踏板面或胶带面的垂直高度不应小于 0.90 m;扶手带外边至任何障碍物不应小于 0.50 m,否则应采取措施防止障碍物引起人员伤害;

4　扶手带中心线与平行墙面或楼板开口边缘间的距离、相邻平行交叉设置时两梯(道)之间扶手带中心线的水平距离不宜小于 0.50 m,否则应采取措施防止障碍物引起人员伤害;

5　自动扶梯的梯级、自动人行道的踏板或胶带上空,垂直净高不应小于 2.30 m;

6　自动扶梯的倾斜角不应超过 30°,当提升高度不超过 6 m,额定速度不超过 0.50 m/s 时,倾斜角允许增至 35°;倾斜式自动人行道的倾斜角不应超过 12°;

7　自动扶梯和层间相通的自动人行道单向设置时,应就近布置相匹配的楼梯;

8 设置自动扶梯或自动人行道所形成的上下层贯通空间,应符合防火规范所规定的有关防火分区等要求。

(2)以下是关于《建筑设计防火规范》(GB 50016—2012)摘录。

5.5.10　自动扶梯和电梯不应计作安全疏散设施。

3.3　居住建筑设计

3.3.1　室内环境

为了审查方便,现将规范对室内环境要求汇总如下(**黑体部分**为强制性条文)。

3.3.1.1　照明

(1)以下是关于《中小学校设计规范》(GB 50099—2011)摘录。

9.3.1　主要用房桌面或地面的照明设计值不应低于表 9.3.1 的规定,其照度均匀度不应低于 0.7 且不应产生眩光。

表 9.3.1　教学用房的照明标准

房间名称	规定照度的平面	维持平均照度/lx	统一眩光值 UGR	显色指数 Ra
普通教室、史地教室、书法教室、音乐教室、语言教室、合班教室、阅览室	课桌面	300	19	80
科学教室、实验室	实验桌面	300	19	80
计算机教室	机台面	300	19	80
舞蹈教室	地面	300	19	80
美术教室	课桌面	500	19	90
风雨操场	地面	300	—	65
办公室、保健室	桌面	300	19	80
走道、楼梯间	地面	100	—	—

9.3.2　主要用房的照明功率密度值及对应照度值应符合表 9.3.2 的规定及现行国家标

准《建筑照明设计标准》GB 50034 的有关规定。

表 9.3.2　教学用房的照明功率密度值及对应照度值

房间名称	照明功率密度/(W·m⁻²)		对应照度值/lx
	现行值	目标值	
普通教室、史地教室、书法教室、音乐教室、语言教室、合班教室、阅览室	11	9	300
科学教室、实验室、舞蹈教室	11	9	300
有多媒体设施教室	11	9	300
美术教室	18	15	500
办公室、保健室	11	9	300

（2）以下是关于《铁路旅客车站建筑设计规范（2011 年版）》（GB 50226—2007）摘录。

8.3.2　旅客车站主要场所的照明应符合下列要求：

5　旅客站台所采用的光源不应与站内的黄色信号灯的颜色相混。

8.3.4　旅客车站疏散和安全照明应有自动投入使用的功能，并应符合下列规定：

1　各候车区（室）、售票厅（室）、集散厅应设疏散和安全照明；重要的设备房间应设安全照明。

2　各出入口、楼梯、走道、天桥、地道应设疏散照明。

（3）以下是关于《托儿所、幼儿园建筑设计规范》（JGJ 39—1987）摘录。

4.3.3　照度标准不应低于表 4.3.3 的规定。

表 4.3.3　主要房间平均照度标准　　　　　　　　　　lx

房间名称	照度值	工作面
活动室、乳儿室、音体活动室	150	距地 0.5 m
医务保健室、隔离室、办公室	100	距地 0.80 m
寝室、喂奶室、配奶室、厨房	75	距地 0.80 m
卫生间、洗衣房	30	地面
门厅、烧火间、库房	20	地面

（4）以下是关于《体育场馆照明设计及检测标准》（JGJ 153—2007）摘录。

4.2.7　观众席和运动场地安全照明的平均水平照度值不应小于 20lx。

4.2.8　体育馆出口及其通道的疏散照明最小水平照度值不应小于 5lx。

3.3.1.2　隔声和噪声限值

（1）以下是关于《住宅设计规范》（GB 50096—2011）摘录。

7.3.1　卧室、起居室（厅）内噪声级，应符合下列规定：

1　昼间卧室内的等效连续 A 声级不应大于 45dB；

2　夜间卧室内的等效连续 A 声级不应大于 37dB；

3　起居室(厅)的等效连续 A 声级不应大于 45dB。

7.3.2　分户墙和分户楼板的空气声隔声性能应符合下列规定:

1　分隔卧室、起居室(厅)的分户墙和分户楼板,空气声隔声评价量($R_W + C$)应大于 45dB;

2　分隔住宅和非居住用途空间的楼板,空气声隔声评价量($R_W + C_{tr}$)应大于 51dB。

7.3.3　卧室、起居室(厅)的分户楼板的计权规范化撞击声压级宜小于 75dB。当条件受到限制时,分户楼板的计权规范化撞击声压级应小于 85dB,且应在楼板上预留可供今后改善的条件。

7.3.4　住宅建筑的体形、朝向和平面布置应有利于噪声控制。在住宅平面设计时,当卧室、起居室(厅)布置在噪声源一侧时,外窗应采取隔声降噪措施;当居住空间与可能产生噪声的房间相邻时,分隔墙和分隔楼板应采取隔声降噪措施;当内天井、凹天井中设置相邻户间窗口时,宜采取隔声降噪措施。

7.3.5　起居室(厅)不宜紧邻电梯布置。受条件限制起居室(厅)紧邻电梯布置时,必须采取有效的隔声和减振措施。

(2)以下是关于《中小学校设计规范》(GB 50099—2011)摘录

9.4.1　教学用房的环境噪声控制值应符合现行国家标准《民用建筑隔声设计规范》(GB 50118)的有关规定。

9.4.2　主要教学用房的隔声标准应符合表 9.4.2 的规定。

表 9.4.2　主要教学用房的隔声标准

房间名称	空气声隔声标准/dB	顶部楼板撞击声隔声单值评价量/dB
语言教室、阅览室	≥50	≤65
普通教室、实验室等与不产生噪声的房间之间	≥45	≤75
普通教室、实验室等与产生噪声的房间之间	≥50	≤65
音乐教室等产生噪声的房间之间	≥45	≤65

9.4.3　教学用房的混响时间应符合现行国家标准《民用建筑隔声设计规范》(GB 50118)的有关规定。

(3)以下是关于《民用建筑隔声设计规范》(GB 50118—2010)摘录。

4.1.1　卧室、起居室(厅)内的噪声级,应符合表 4.1.1 的规定。

表 4.1.1　卧室、起居室(厅)内的允许噪声级

房间名称	允许噪声级(A 声级)/dB	
	昼间	夜间
卧室	≤45	≤37
起居室(厅)	≤45	

4.1.2　高要求住宅的卧室、起居室(厅)内的噪声级,应符合表 4.1.2 的规定。

表4.1.2　高要求住宅的卧室、起居室(厅)内的允许噪声级

房间名称	允许噪声级(A 声级)/dB	
	昼间	夜间
卧室	≤40	≤30
起居室(厅)	≤40	

4.2.1　分户墙、分户楼板及分隔住宅和非居住用途空间楼板的空气声隔声性能,应符合表4.2.1 的规定。

表4.2.1　分户构件空气声隔声标准

构件名称	空气声隔声单值评价量 + 频谱修正量/dB	
分户墙、分户楼板	计权隔声量 + 粉红噪声频谱修正量 $R_w + C$	>45
分隔住宅和非居住用途空间的楼板	计权隔声量 + 交通噪声频谱修正量 $R_w + C_{tr}$	>51

4.2.2　相邻两户房间之间及住宅和非居住用途空间分隔楼板上下的房间之间的空气声隔声性能,应符合表4.2.2 的规定。

表4.2.2　房间之间空气声隔声标准

房间名称	空气声隔声单值评价量 + 频谱修正量/dB	
卧室、起居室(厅)与邻户房间之间	计权标准化声压级差 + 粉红噪声频谱修正量 $D_{nT,w} + C$	≥45
住宅和非居住用途空间分隔楼板上下的房间之间	计权标准化声压级差 + 交通噪声频谱修正量 $D_{nT,w} + C_{tr}$	≥51

4.2.3　高要求住宅的分户墙、分户楼板的空气声隔声性能,应符合表4.2.3 的规定。

表4.2.3　高要求住宅分户构件空气声隔声标准

构件名称	空气声隔声单值评价量 + 频谱修正量/dB	
分户墙、分户楼板	计权隔声量 + 粉红噪声频谱修正量 $R_w + C$	>50

4.2.4　高要求住宅相邻两户房间之间的空气声隔声性能,应符合表4.2.4 的规定。

表4.2.4　高要求住宅房间之间空气声隔声标准

房间名称	空气声隔声单值评价量 + 频谱修正量/dB	
卧室、起居室(厅)与邻户房间之间	计权标准化声压级差 + 粉红噪声频谱修正量 $D_{nT,w} + C$	≥50
相邻两户的卫生间之间	计权标准化声压级差 + 粉红噪声频谱修正量 $D_{nT,w} + C$	≥45

4.2.5 外窗(包括未封闭阳台的门)的空气声隔声性能,应符合表4.2.5的规定。

表4.2.5 外窗(包括未封闭阳台的门)的空气声隔声标准

构件名称	空气声隔声单值评价量+频谱修正量/dB	
交通干线两侧卧室、起居室(厅)的窗	计权隔声量+交通噪声频谱修正量R_w+C_{tr}	≥30
其他窗	计权隔声量+交通噪声频谱修正量R_w+C_{tr}	≥25

4.2.6 外墙、户(套)门和户内分室墙的空气声隔声性能,应符合表4.2.6的规定。

表4.2.6 外墙、户(套)门和户内分室墙的空气声隔声标准

构件名称	空气声隔声单值评价量+频谱修正量/dB	
外墙	计权隔声量+交通噪声频谱修正量R_w+C_{tr}	≥45
户(套)门	计权隔声量+粉红噪声频谱修正量R_w+C	≥25
户内卧室墙	计权隔声量+粉红噪声频谱修正量R_w+C	≥35
户内其他分室墙	计权隔声量+粉红噪声频谱修正量R_w+C	≥30

4.2.7 卧室、起居室(厅)的分户楼板的撞击声隔声性能,应符合表4.2.7的规定。

表4.2.7 分户楼板撞击声隔声标准

构件名称	空气声隔声单值评价量+频谱修正量/dB	
卧室、起居室(厅)的分户楼板	计权规范化撞击声压级$L_{n,w}$(实验室测量)	<75
	计权标准化撞击声压级$L'_{nT,w}$(现场测量)	≤75

注:当确有困难时,可允许住宅分户楼板的撞击声隔声单值评价量小于或等于85dB,但在楼板结构上应预留改善的可能条件。

4.2.8 高要求住宅卧室、起居室(厅)的分户楼板的撞击声隔声性能,应符合表4.2.8的规定。

表4.2.8 高要求住宅分户楼板撞击声隔声标准

构件名称	空气声隔声单值评价量+频谱修正量/dB	
卧室、起居室(厅)的分户楼板	计权规范化撞击声压级$L_{n,w}$(实验室测量)	<65
	计权标准化撞击声压级$L'_{nT,w}$(现场测量)	≤65

5.1.1　学校建筑中各种教学用房内的噪声级,应符合表5.1.1的规定。

表5.1.1　室内允许噪声级

房间名称	允许噪声级(A声级)/dB
语言教室、阅览室	≤40
普通教室、实验室、计算机房	≤45
音乐教室、琴房	≤45
舞蹈教室	≤50

5.1.2　学校建筑中教学辅助用房内的噪声级,应符合表5.1.2的规定。

表5.1.2　室内允许噪声级

房间名称	允许噪声级(A声级)/dB
教师办公室、休息室、会议室	≤45
健身房	≤50
教学楼中封闭的走廊、楼梯间	≤50

5.2.1　教学用房隔墙、楼板的空气声隔声性能,应符合表5.2.1的规定。

表5.2.1　教学用房隔墙、楼板的空气声隔声标准

构件名称	空气声隔声单值评价量＋频谱修正量/dB	
语言教室、阅览室的隔墙与楼板	计权隔声量＋粉红噪声频谱修正量 $R_w + C$	>50
普通教室与各种产生噪声的房间之间的隔墙、楼板	计权隔声量＋粉红噪声频谱修正量 $R_w + C$	>50
普通教室之间的隔墙与楼板	计权隔声量＋粉红噪声频谱修正量 $R_w + C$	>45
音乐教室、琴房之间的隔墙与楼板	计权隔声量＋粉红噪声频谱修正量 $R_w + C$	>45

注:产生噪声的房间系指音乐教室、舞蹈教室、琴房、健身房,以下相同。

5.2.2　教学用房与相邻房间之间的空气声隔声性能,应符合表5.2.2的规定。

表5.2.2　教学用房与相邻房间之间的空气声隔声标准

构件名称	空气声隔声单值评价量＋频谱修正量/dB	
语言教室、阅览室与相邻房间之间	计权标准化声压级差＋粉红噪声频谱修正量 $D_{nT,w} + C$	≥50
普通教室与各种产生噪声的房间之间	计权标准化声压级差＋粉红噪声频谱修正量 $D_{nT,w} + C$	≥50
普通教室之间	计权标准化声压级差＋粉红噪声频谱修正量 $D_{nT,w} + C$	≥45
音乐教室、琴房之间	计权标准化声压级差＋粉红噪声频谱修正量 $D_{nT,w} + C$	≥45

5.2.3　教学用房的外墙、外窗和门的空气声隔声性能,应符合表5.2.3的规定。

表5.2.3 教学用房的外墙、外窗和门的空气声隔声标准

构件名称	空气声隔声单值评价量 + 频谱修正量/dB	
外墙	计权隔声量 + 交通噪声频谱修正量 $R_w + C_{tr}$	≥45
临交通干线的外窗	计权隔声量 + 交通噪声频谱修正量 $R_w + C_{tr}$	≥30
其他外窗	计权隔声量 + 交通噪声频谱修正量 $R_w + C_{tr}$	≥25
产生噪声房间的门	计权隔声量 + 粉红噪声频谱修正量 $R_w + C$	≥25
其他门	计权隔声量 + 粉红噪声频谱修正量 $R_w + C$	≥20

5.2.4 教学用房楼板的撞击声隔声性能，应符合表5.2.4的规定。

表5.2.4 教学用房楼板的撞击声隔声标准

构件名称	撞击声隔声单值评价量/dB	
	计权规范化撞击声压级 $L_{n,w}$（实验室测量）	计权标准化撞击声压级 $L'_{nT,w}$（现场测量）
语言教室、阅览室与上层房间之间的楼板	<65	≤65
普通教室、实验室、计算机房与上层产生噪声的房间之间的楼板	<65	≤65
琴房、音乐教室之间的楼板	<65	≤65
普通教室之间的楼板	<75	≤75

注:当确有困难时,可允许普通教室之间楼板的撞击声隔声单值评价量小于或等于85dB,但在楼板结构上应预留改善的可能条件。

6.1.1 医院主要房间内的噪声级,应符合表6.1.1的规定。

表6.1.1 室内允许噪声级

房间名称	允许噪声级（A声级）/dB			
	高要求标准		低限标准	
	昼间	夜间	昼间	夜间
病房、医护人员休息室	≤40	≤35①	≤45	≤40
各类重症监护室	≤40	≤35	≤45	≤40
诊室	≤40	≤45		
手术室、分娩室	≤40	≤45		
洁净手术室	—	≤50		
人工生殖中心净化区	—	≤40		
听力测听室	—	≤25②		
化验室、分析实验室	—	≤40		
入口大厅、候诊厅	≤50	≤55		

注：① 对特殊要求的病房，室内允许噪声级应小于或等于30dB。

② 表中听力测听室允许噪声级的数值，适用于采用纯音气导和骨导听阈测听法的听力测听室。采用声场测听法的听力测听室的允许噪声级另有规定。

6.2.1 医院各类房间隔墙、楼板的空气声隔声性能，应符合表6.2.1的规定。

表6.2.1 各类房间隔墙、楼板的空气声隔声标准

构件名称	空气声隔声单值评价量+频谱修正量	高要求标准/dB	低限标准/dB
病房与产生噪声的房间之间的隔墙、楼板	计权隔声量+交通噪声频谱修正量 $R_w + C_{tr}$	>55	>50
手术室与产生噪声的房间之间的隔墙、楼板	计权隔声量+交通噪声频谱修正量 $R_w + C_{tr}$	>50	>45
病房之间及病房、手术室与普通房间之间的隔墙、楼板	计权隔声量+粉红噪声频谱修正量 $R_w + C$	>50	>45
诊室之间的隔墙、楼板	计权隔声量+粉红噪声频谱修正量 $R_w + C$	>45	>40
听力测听室的隔墙、楼板	计权隔声量+粉红噪声频谱修正量 $R_w + C$	—	>50
体外震波碎石室、核磁共振室的隔墙、楼板	计权隔声量+交通噪声频谱修正量 $R_w + C_{tr}$		>50

6.2.2 相邻房间之间的空气声隔声性能，应符合表6.2.2的规定。

表6.2.2 相邻房间之间的空气声隔声标准

构件名称	空气声隔声单值评价量+频谱修正量	高要求标准/dB	低限标准/dB
病房与产生噪声的房间之间	计权标准化声压级差+交通噪声频谱修正量 $D_{nT,w} + C_{tr}$	≥55	≥50
手术室与产生噪声的房间之间	计权标准化声压级差+交通噪声频谱修正量 $D_{nT,w} + C_{tr}$	≥50	≥45
病房之间及手术室、病房与普通房间之间	计权标准化声压级差+粉红噪声频谱修正量 $D_{nT,w} + C$	≥50	≥45
诊室之间	计权标准化声压级差+粉红噪声频谱修正量 $D_{nT,w} + C$	≥45	≥40
听力测听室与毗邻房间之间	计权标准化声压级差+粉红噪声频谱修正量 $D_{nT,w} + C$	—	≥50
体外震波碎石室、核磁共振室与毗邻房间之间	计权标准化声压级差+交通噪声频谱修正量 $D_{nT,w} + C_{tr}$		≥50

6.2.3　外墙、外窗和门的空气声隔声性能,应符合表6.2.3的规定。

表 6.2.3　外墙、外窗和门的空气声隔声标准

构件名称	空气声隔声单值评价量 + 频谱修正量/dB	
外墙	计权隔声量 + 交通噪声频谱修正量 $R_w + C_{tr}$	≥45
外窗	计权隔声量 + 交通噪声频谱修正量 $R_w + C_{tr}$	≥30(临街一侧病房)
		≥25(其他)
门	计权隔声量 + 粉红噪声频谱修正量 $R_w + C$	≥30(听力测听室)
		≥20(其他)

6.2.4　各类房间与上层房间之间楼板的撞击声隔声性能,应符合表6.2.4的规定。

表 6.2.4　各类房间与上层房间之间楼板的撞击声隔声标准

构件名称	撞击声隔声单值评价量	高要求标准/dB	低限标准/dB
病房、手术室与上层房间之间的楼板	计权规范化撞击声压级 $L_{n,w}$ (实验室测量)	<65	<75
	计权标准化撞击声压级 $L'_{nT,w}$ (现场测量)	≤65	≤75
听力测听室与上层房间之间的楼板	计权标准化撞击声压级 $L'_{nT,w}$ (现场测量)	—	≤60

注:当确有困难时,可允许上层为普通房间的病房、手术室顶部楼板的撞击声隔声单值评价量小于或等于
85dB,但在楼板结构上应预留改善的可能条件。

7.1.1　旅馆建筑各房间内的噪声级,应符合表7.1.1的规定。

表 7.1.1　室内允许噪声级

房间名称	允许噪声级(A声级)/dB					
	特级		一级		二级	
	昼间	夜间	昼间	夜间	昼间	夜间
客房	≤35	≤30	≤40	≤35	≤45	≤40
办公室、会议室	≤40		≤45		≤45	
多用途厅	≤40		≤45		≤50	
餐厅、宴会厅	≤45		≤50		≤55	

7.2.1　客房之间的隔墙或楼板、客房与走廊之间的隔墙、客房外墙(含窗)的空气声隔
声性能,应符合表7.2.1的规定。

表7.2.1　客房墙、楼板的空气声隔声标准

构件名称	空气声隔声单值评价量＋频谱修正量	特级/dB	一级/dB	二级/dB
客房之间的隔墙、楼板	计权隔声量＋粉红噪声频谱修正量 $R_w + C$	>50	>45	>40
客房与走廊之间的隔墙	计权隔声量＋粉红噪声频谱修正量 $R_w + C$	>45	>45	>40
客房外墙(含窗)	计权隔声量＋交通噪声频谱修正量 $R_w + C_{tr}$	>40	>35	>30

7.2.2　客房之间、走廊与客房之间,以及室外与客房之间的空气声隔声性能,应符合表7.2.2的规定。

表7.2.2　客房之间、走廊与客房之间以及室外与客房之间的空气声隔声标准

构件名称	空气声隔声单值评价量＋频谱修正量	特级/dB	一级/dB	二级/dB
客房之间	计权标准化声压级差＋粉红噪声频谱修正量 $D_{nT,w} + C$	≥50	≥45	≥40
走廊与客房之间	计权标准化声压级差＋粉红噪声频谱修正量 $D_{nT,w} + C$	≥40	≥40	≥35
室外与客房	计权标准化声压级差＋交通噪声频谱修正量 $D_{nT,w} + C_{tr}$	≥40	≥35	≥30

7.2.3　客房外窗与客房门的空气声隔声性能,应符合表7.2.3的规定。

表7.2.3　客房外窗与客房门的空气声隔声标准

构件名称	空气声隔声单值评价量＋频谱修正量	特级/dB	一级/dB	二级/dB
客房外窗	计权隔声量＋交通噪声频谱修正量 $R_w + C_{tr}$	≥35	≥30	≥25
客房门	计权隔声量＋粉红噪声频谱修正量 $R_w + C$	≥30	≥25	≥20

7.2.4　客房与上层房间之间楼板的撞击声隔声性能,应符合表7.2.4的规定。

表7.2.4　客房楼板撞击声隔声标准

构件名称	撞击声隔声单值评价量	特级/dB	一级/dB	二级/dB
客房与上层房间之间的楼板	计权规范化撞击声压级 $L_{n,w}$(实验室测量)	<55	<65	<75
	计权标准化撞击声压级 $L'_{nT,w}$(现场测量)	≤55	≤65	≤75

7.2.5　客房及其他对噪声敏感的房间与有噪声或振动源的房间之间的隔墙和楼板,其空气声隔声性能标准、撞击声隔声性能标准应根据噪声和振动源的具体情况确定,并应对噪声和振动源进行减噪和隔振处理,使客房及其他对噪声敏感的房间内的噪声级满足本规范表7.1.1的规定。

7.2.6　不同级别旅馆建筑的声学指标(包括室内允许噪声级、空气声隔声标准及撞击声隔声标准)所应达到的等级,应符合本规范表7.2.6的规定。

表 7.2.6　声学指标等级与旅馆建筑等级的对应关系

声学指标的等级	旅馆建筑的等级
特级	五星级以上旅游饭店及同档次旅馆建筑
一级	三、四星级旅游饭店及同档次旅馆建筑
二级	其他档次的旅馆建筑

8.1.1　办公室、会议室的噪声级,应符合表 8.1.1 的规定。

表 8.1.1　办公室、会议室内允许噪声级

房间名称	允许噪声级(A 声级)/dB	
	高要求标准	低限标准
单人办公室	≤35	≤40
多人办公室	≤40	≤45
电视电话会议室	≤35	≤40
普通会议室	≤40	≤45

8.2.1　办公室、会议室隔墙、楼板的空气声隔声性能,应符合表 8.2.1 的规定。

表 8.2.1　办公室、会议室隔墙、楼板的空气声隔声标准

构件名称	空气声隔声单值评价量+频谱修正量	高要求标准/dB	低限标准/dB
办公室、会议室与产生噪声的房间之间的隔墙、楼板	计权隔声量+交通噪声频谱修正量 $R_w + C_{tr}$	>50	>45
办公室、会议室与普通房间之间的隔墙、楼板	计权隔声量+粉红噪声频谱修正量 $R_w + C$	>50	>45

8.2.2　办公室、会议室与相邻房间之间的空气声隔声性能,应符合表 8.2.2 的规定。

表 8.2.2　办公室、会议室与相邻房间之间的空气声隔声标准

构件名称	空气声隔声单值评价量+频谱修正量	高要求标准/dB	低限标准/dB
办公室、会议室与产生噪声的房间之间	计权标准化声压级差+交通噪声频谱修正量 $D_{nT,w} + C_{tr}$	≥50	≥45
办公室、会议室与普通房间之间	计权标准化声压级差+粉红噪声频谱修正量 $D_{nT,w} + C$	≥50	≥45

8.2.3　办公室、会议室的外墙、外窗(包括未封闭阳台的门)和门的空气声隔声性能,应符合表 8.2.3 的规定。

表8.2.3　办公室、会议室的外墙、外窗和门的空气声隔声标准

构件名称	空气声隔声单值评价量 + 频谱修正量/dB	
外墙	计权隔声量 + 交通噪声频谱修正量 $R_w + C_{tr}$	≥45
临交通干线的办公室、会议室外窗	计权隔声量 + 交通噪声频谱修正量 $R_w + C_{tr}$	≥30
其他外窗	计权隔声量 + 交通噪声频谱修正量 $R_w + C_{tr}$	≥25
门	计权隔声量 + 粉红噪声频谱修正量 $R_w + C$	≥20

8.2.4　办公室、会议室顶部楼板的撞击声隔声性能,应符合表8.2.4的规定。

表8.2.4　办公室、会议室顶部楼板的撞击声隔声标准

构件名称	撞击声隔声单值评价量/dB			
	高要求标准		低限标准	
	计权规范化撞击声压级 $L_{n,w}$（实验室测量）	计权标准化撞击声压级 $L'_{nT,w}$（现场测量）	计权规范化撞击声压级 $L_{n,w}$（实验室测量）	计权标准化撞击声压级 $L'_{nT,w}$（现场测量）
办公室、会议室顶部的楼板	<65	≤65	<75	≤75

注:当确有困难时,可允许办公室、会议室顶部楼板的计权规范化撞击声压级或计权标准化撞击声压级小于或等于85dB,但在楼板结构上应预留改善的可能条件。

9.1.1　商业建筑各房间内空场时的噪声级,应符合表9.1.1的规定。

表9.1.1　室内允许噪声级

房间名称	允许噪声级（A 声级）/dB	
	高要求标准	低限标准
商场、商店、购物中心、会展中心	≤50	≤55
餐厅	≤45	≤55
员工休息室	≤40	≤45
走廊	≤50	≤60

9.3.1　噪声敏感房间与产生噪声房间之间的隔墙、楼板的空气声隔声性能应符合表9.3.1的规定。

表9.3.1　噪声敏感房间与产生噪声房间之间的隔墙、楼板的空气声隔声标准

构件名称	计权隔声量 + 交通噪声频谱修正量 $R_w + C_{tr}$/dB	
	高要求标准	低限标准
健身中心、娱乐场所等与噪声敏感房间之间的隔墙、楼板	>60	>55
购物中心、餐厅、会展中心等与噪声敏感房间之间的隔墙、楼板	>50	>45

9.3.2　噪声敏感房间与产生噪声房间之间的空气声隔声性能应符合表9.3.2的规定。

表9.3.2　噪声敏感房间与产生噪声房间之间的空气声隔声标准

构件名称	计权标准化声压级差 + 交通噪声频谱修正量 $D_{nT,w} + C_{tr}$/dB	
	高要求标准	低限标准
健身中心、娱乐场所等与噪声敏感房间之间	>60	>55
购物中心、餐厅、会展中心等与噪声敏感房间之间	>50	>45

9.3.3　噪声敏感房间的上一层为产生噪声房间时,噪声敏感房间顶部楼板的撞击声隔声性能应符合表9.3.3的规定。

表9.3.3　噪声敏感房间顶部楼板的撞击声隔声标准

构件名称	撞击声隔声单值评价量/dB			
	高要求标准		低限标准	
	计权规范化撞击声压级 $L_{n,w}$（实验室测量）	计权标准化撞击声压级 $L'_{nT,w}$（现场测量）	计权规范化撞击声压级 $L_{n,w}$（实验室测量）	计权标准化撞击声压级 $L'_{nT,w}$（现场测量）
健身中心、娱乐场所等与噪声敏感房间之间的楼板	<45	≤45	<50	≤50

（4）以下是关于《住宅建筑规范》（GB 50368—2005）摘录。

7.1.1　住宅应在平面布置和建筑构造上采取防噪声措施。卧室、起居室在关窗状态下的白天允许噪声级为50 dB（A 声级）,夜间允许噪声级为40 dB（A 声级）。

7.1.2　楼板的计权标准化撞击声压级不应大于75 dB。

应采取构造措施提高楼板的撞击声隔声性能。

7.1.3　空气声计权隔声量,楼板不应小于40 dB（分隔住宅和非居住用途空间的楼板不应小于55 dB）,分户墙不应小于40 dB,外窗不应小于30 dB,户门不应小于25 dB。应采取构造措施提高楼板、分户墙、外窗、户门的空气声隔声性能。

7.1.4　水、暖、电、气管线穿过楼板和墙体时,孔洞周边应采取密封隔声措施。

7.1.5　电梯不应与卧室、起居室紧邻布置。受条件限制需要紧邻布置时,必须采取有效的隔声和减振措施。

7.1.6　管道井、水泵房、风机房应采取有效的隔声措施,水泵、风机应采取减振措施。

（5）以下是关于《宿舍建筑设计规范》（JGJ 36—2005）摘录。

5.2.2　居室不应与电梯、设备机房紧邻布置;居室与公共楼梯间、公共盥洗室等有噪声的房间紧邻布置时,应采取隔声减振措施,其隔声量应达到国家相关规范要求。

3.3.2　无障碍设计

为了审查方便,现将规范对无障碍设计要求汇总如下（**黑体部分**为强制性条文）。

（1）以下是关于《住宅设计规范》（GB 50096—2011）摘录。

6.6.1 七层及七层以上的住宅，应对下列部位进行无障碍设计：

1 建筑入口；

2 入口平台；

3 候梯厅；

4 公共走道。

6.6.2 住宅入口及入口平台的无障碍设计应符合下列规定：

1 建筑入口设台阶时，应同时设置轮椅坡道和扶手；

2 坡道的坡度应符合表 6.6.2 的规定。

表 6.6.2 坡道的坡度

坡度	1:20	1:16	1:12	1:10	1:8
最大高度/m	1.50	1.00	0.75	0.60	0.35

3 供轮椅通行的门净宽不应小于 0.8 m；

4 供轮椅通行的推拉门和平开门，在门把手一侧的墙面，应留有不小于 0.5 m 的墙面宽度；

5 供轮椅通行的门扇，应安装视线观察玻璃、横执把手和关门拉手，在门扇的下方应安装高 0.35 m 的护门板；

6 门槛高度及门内外地面高差不应大于 0.15 m，并应以斜坡过渡。

（2）以下是关于《住宅建筑规范》（GB 50368—2005）摘录。

5.3.1 七层及七层以上的住宅，应对下列部位进行无障碍设计：

1 建筑入口；

2 入口平台；

3 候梯厅；

4 公共走道；

5 无障碍住房。

5.3.2 建筑入口及入口平台的无障碍设计应符合下列规定：

1 建筑入口设台阶时，应设轮椅坡道和扶手；

2 坡道的坡度应符合表 5.3.2 的规定；

表 5.3.2 坡道的坡度

高度/m	1.50	1.00	0.75	0.60	0.35
坡度	1:20	1:16	1:12	1:10	1:8

3 供轮椅通行的门净宽不应小于 0.80 m；

4 供轮椅通行的推拉门和平开门，在门把手一侧的墙面，应留有不小于 0.50 m 的墙面宽度；

5　供轮椅通行的门扇,应安装视线观察玻璃、横执把手和关门拉手,在门扇的下方应安装高 0.35 m 的护门板;

6　门槛高度及门内外地面高差不应大于 15 mm,并应以斜坡过渡。

5.3.3　七层及七层以上住宅建筑入口平台宽度不应小于 2.00 m。

5.3.4　供轮椅通行的走道和通道净宽不应小于 1.20 m。

(3)以下是关于《无障碍设计规范》(GB 50763—2012)摘录。

7.4.1　居住建筑进行无障碍设计的范围应包括住宅及公寓、宿舍建筑(职工宿舍、学生宿舍)等。

7.4.2　居住建筑的无障碍设计应符合下列规定:

1　设置电梯的居住建筑应至少设置 1 处无障碍出入口,通过无障碍通道直达电梯厅;未设置电梯的低层和多层居住建筑,当设置无障碍住房及宿舍时,应设置无障碍出入口;

2　设置电梯的居住建筑,每居住单元至少应设置 1 部能直达户门层的无障碍电梯。

7.4.3　居住建筑应按每 100 套住房设置不少于 2 套无障碍住房。

7.4.4　无障碍住房及宿舍宜建于底层。当无障碍住房及宿舍设在二层及以上且未设置电梯时,其公共楼梯应满足本规范第 3.6 节的有关规定。

7.4.5　宿舍建筑中,男女宿舍应分别设置无障碍宿舍,每 100 套宿舍各应设置不少于 1 套无障碍宿舍;当无障碍宿舍设置在二层以上且宿舍建筑设置电梯时,应设置不少于 1 部无障碍电梯,无障碍电梯应与无障碍宿舍以无障碍通道连接。

3.4　建筑节能设计

3.4.1　公共建筑节能

为了审查方便,现将规范对公共建筑节能要求汇总如下(**黑体部分为强制性条文**)。

以下是关于《公共建筑节能设计标准》(GB 50189—2005)摘录。

4.1.2　**严寒、寒冷地区建筑的体形系数应小于或等于 0.40。当不能满足本条文的规定时,必须按本标准第 4.3 节的规定进行权衡判断。**

4.2.1　各城市的建筑的气候分区应按表 4.2.1 确定。

表 4.2.1　主要城市所处气候分区

气候分区	代表性城市
严寒地区 A 区	海伦、博克图、伊春、呼玛、海拉尔、满洲里、齐齐哈尔、富锦、哈尔滨、牡丹江、克拉玛依、佳木斯、安达
严寒地区 B 区	长春、乌鲁木齐、延吉、通辽、通化、四平、呼和浩特、抚顺、大柴旦、沈阳、大同、本溪、阜新、哈密、鞍山、张家口、酒泉、伊宁、吐鲁番、西宁、银川、丹东
寒冷地区	兰州、太原、唐山、阿坝、喀什、北京、天津、大连、阳泉、平凉、石家庄、德州、晋城、天水、西安、拉萨、康定、济南、青岛、安阳、郑州、洛阳、宝鸡、徐州

续表 4.2.1

气候分区	代表性城市
夏热冬冷地区	南京、蚌埠、盐城、南通、合肥、安庆、九江、武汉、黄石、岳阳、汉中、安康、上海、杭州、宁波、宜昌、长沙、南昌、株洲、永州、赣州、韶关、桂林、重庆、达县、万州、涪陵、南充、宜宾、成都、贵阳、遵义、凯里、绵阳
夏热冬暖地区	福州、莆田、龙岩、梅州、兴宁、英德、河池、柳州、贺州、泉州、厦门、广州、深圳、湛江、汕头、海口、南宁、北海、梧州

4.2.2　根据建筑所处城市的建筑气候分区,围护结构的热工性能应符合表 4.2.2-1、表 4.2.2-2、表 4.2.2-3、表 4.2.2-4、表 4.2.2-5 以及表 4.2.2-6 的规定,其中外墙的传热系数为包括结构性热桥在内的平均值 K_m。当建筑所处城市属于温和地区时,应判断该城市的气象条件与表 4.2.1 中的哪个城市最接近,围护结构的热工性能应符合哪个城市所属气候分区的规定。当本条文的规定不能满足时,必须按本标准第 4.3 节的规定进行权衡判断。

表 4.2.2-1　严寒地区 A 区围护结构传热系数限值

围护结构部位		体形系数≤0.3 传热系数 $K/(W \cdot m^{-2} \cdot K^{-1})$	0.3<体形系数≤0.4 传热系数 $K/(W \cdot m^{-2} \cdot K^{-1})$]
屋面		≤0.35	≤0.30
外墙(包括非透明幕墙)		≤0.45	≤0.40
底面接触室外空气的架空或外挑楼板		≤0.45	≤0.40
非采暖房间与采暖房间的隔墙或楼板		≤0.6	≤0.6
单一朝向外窗(包括透明幕墙)	窗墙面积比≤0.2	≤3.0	≤2.7
	0.2<窗墙面积比≤0.3	≤2.8	≤2.5
	0.3<窗墙面积比≤0.4	≤2.5	≤2.2
	0.4<窗墙面积比≤0.5	≤2.0	≤1.7
	0.5<窗墙面积比≤0.7	≤1.7	≤1.5
屋顶透明部分		≤2.5	

表 4.2.2-2　严寒地区 B 区围护结构传热系数限值

围护结构部位	体形系数≤0.3 传热系数 $K/(W \cdot m^{-2} \cdot K^{-1})$	0.3<体形系数≤0.4 传热系数 $K/(W \cdot m^{-2} \cdot K^{-1})$
屋面	≤0.45	≤0.35
外墙(包括非透明幕墙)	≤0.50	≤0.45
底面接触室外空气的架空或外挑楼板	≤0.50	≤0.45

续表4.2.2-2

围护结构部位		体形系数≤0.3 传热系数 $K/(\mathrm{W}\cdot\mathrm{m}^{-2}\cdot\mathrm{K}^{-1})$	$0.3<$体形系数≤0.4 传热系数 $K/(\mathrm{W}\cdot\mathrm{m}^{-2}\cdot\mathrm{K}^{-1})$
非采暖房间与采暖房间的隔墙或楼板		≤0.8	≤0.8
单一朝向外窗（包括透明幕墙）	窗墙面积比≤0.2	≤3.2	≤2.8
	0.2<窗墙面积比≤0.3	≤2.9	≤2.5
	0.3<窗墙面积比≤0.4	≤2.6	≤2.2
	0.4<窗墙面积比≤0.5	≤2.1	≤1.8
	0.5<窗墙面积比≤0.7	≤1.8	≤1.6
屋顶透明部分		≤2.6	

表4.2.2-3 寒冷地区围护结构传热系数和遮阳系数限值

围护结构部位		体形系数≤0.3 传热系数 $K/(\mathrm{W}\cdot\mathrm{m}^{-2}\cdot\mathrm{K}^{-1})$		$0.3<$体形系数≤0.4 传热系数 $K/(\mathrm{W}\cdot\mathrm{m}^{-2}\cdot\mathrm{K}^{-1})$	
屋面		≤0.55		≤0.45	
外墙（包括非透明幕墙）		≤0.60		≤0.50	
底面接触室外空气的架空或外挑楼板		≤0.60		≤0.50	
非采暖空调房间与采暖空调房间的隔墙或楼板		≤1.5		≤1.5	
外窗（包括透明幕墙）		传热系数 $K/(\mathrm{W}\cdot\mathrm{m}^{-2}\cdot\mathrm{K}^{-1})$	遮阳系数 SC （东、南、西向/北向）	传热系数 $K/(\mathrm{W}\cdot\mathrm{m}^{-2}\cdot\mathrm{K}^{-1})$	遮阳系数 SC （东、南、西向/北向）
单一朝向外窗（包括透明幕墙）	窗墙面积比≤0.2	≤3.5	—	≤3.0	—
	0.2<窗墙面积比≤0.3	≤3.0	—	≤2.5	—
	0.3<窗墙面积比≤0.4	≤2.7	≤0.70/—	≤2.3	≤0.70/—
	0.4<窗墙面积比≤0.5	≤2.3	≤0.60/—	≤2.0	≤0.60/—
	0.5<窗墙面积比≤0.7	≤2.0	≤0.50/—	≤1.8	≤0.50/—
屋顶透明部分		≤2.7	≤0.50	≤2.7	≤0.50

注：有外遮阳时，遮阳系数＝玻璃的遮阳系数×外遮阳的遮阳系数；无外遮阳时，遮阳系数＝玻璃的遮阳系数。

表4.2.2-4 夏热冬冷地区围护结构传热系数和遮阳系数限值

围护结构部位	传热系数 $K/(\mathrm{W}\cdot\mathrm{m}^{-2}\cdot\mathrm{K}^{-1})$
屋面	≤0.70
外墙（包括非透明幕墙）	≤1.0
底面接触室外空气的架空或外挑楼板	≤1.0

续表 4.2.2-4

围护结构部位		传热系数 $K/(\mathrm{W \cdot m^{-2} \cdot K^{-1}})$	
外窗(包括透明幕墙)		传热系数 $K/[\mathrm{W/(m^2 \cdot K)}]$	遮阳系数 SC(东、南、西向/北向)
单一朝向外窗 (包括透明幕墙)	窗墙面积比≤0.2	≤4.7	—
	0.2<窗墙面积比≤0.3	≤3.5	≤0.55/—
	0.3<窗墙面积比≤0.4	≤3.0	≤0.50/0.60
	0.4<窗墙面积比≤0.5	≤2.8	≤0.45/0.55
	0.5<窗墙面积比≤0.7	≤2.5	≤0.40/0.50
屋顶透明部分		≤3.0	≤0.40

注:有外遮阳时,遮阳系数=玻璃的遮阳系数×外遮阳的遮阳系数;无外遮阳时,遮阳系数=玻璃的遮阳系数。

表 4.2.2-5　夏热冬暖地区围护结构传热系数和遮阳系数限值

围护结构部位		传热系数 $K/(\mathrm{W \cdot m^{-2} \cdot K^{-1}})$	
屋面		≤0.90	
外墙(包括非透明幕墙)		≤1.5	
底面接触室外空气的架空或外挑楼板		≤1.5	
外窗(包括透明幕墙)		传热系数 $K/(\mathrm{W \cdot m^{-2} \cdot K^{-1}})$	遮阳系数 SC(东、南、西向/北向)
单一朝向外窗 (包括透明幕墙)	窗墙面积比≤0.2	≤6.5	—
	0.2<窗墙面积比≤0.3	≤4.7	≤0.50/0.60
	0.3<窗墙面积比≤0.4	≤3.5	≤0.45/0.55
	0.4<窗墙面积比≤0.5	≤3.0	≤0.40/0.50
	0.5<窗墙面积比≤0.7	≤3.0	≤0.35/0.45
外窗(包括透明幕墙)		传热系数 $K/(\mathrm{W \cdot m^{-2} \cdot K^{-1}})$	遮阳系数 SC(东、南、西向/北向)
屋顶透明部分		≤3.5	≤0.35

注:有外遮阳时,遮阳系数=玻璃的遮阳系数×外遮阳的遮阳系数;无外遮阳时,遮阳系数=玻璃的遮阳系数。

表 4.2.2-6　不同气候区地面和地下室外墙热阻限值

气候分区	围护结构部位	热阻 $R/(\mathrm{W \cdot m^{-2} \cdot K^{-1}})$
严寒地区 A 区	地面:周边地面	≥2.0
	非周边地面	≥1.8
	采暖地下室外墙(与土壤接触的墙)	≥2.0
严寒地区 B 区	地面:周边地面	≥2.0
	非周边地面	≥1.8
	采暖地下室外墙(与土壤接触的墙)	≥1.8

续表 4.2.2 -6

气候分区	围护结构部位	热阻 $R/(\mathrm{W} \cdot \mathrm{m}^{-2} \cdot \mathrm{K}^{-1})$
寒冷地区	地面:周边地面 　　　非周边地面	≥1.5
	采暖地下室外墙(与土壤接触的墙)	≥1.5
夏热冬冷地区	地面	≥1.2
	地下室外墙(与土壤接触的墙)	≥1.2
夏热冬暖地区	地面	≥1.0
	地下室外墙(与土壤接触的墙)	≥1.0

注:周边地面系指距外墙内表面 2m 以内的地面。

　　地面热阻系指建筑基础持力层以上各层材料的热阻之和。

　　地下室外墙热阻系指土壤以内各层材料的热阻之和。

4.2.3　外墙与屋面的热桥部位的内表面温度不应低于室内空气露点温度。

4.2.4　建筑每个朝向的窗(包括透明幕墙)墙面积比均不应大于 0.70。当窗(包括透明幕墙)墙面积比小于 0.40 时,玻璃(或其他透明材料)的可见光透射比不应小于 0.4。当不能满足本条文的规定时,必须按本标准第 4.3 节的规定进行权衡判断。

4.2.5　夏热冬暖地区、夏热冬冷地区的建筑以及寒冷地区中制冷负荷大的建筑,外窗(包括透明幕墙)宜设置外部遮阳,外部遮阳的遮阳系数按本标准附录 A 确定。

4.2.6　屋顶透明部分的面积不应大于屋顶总面积的 20%,当不能满足本条文的规定时,必须按本标准第 4.3 节的规定进行权衡判断。

4.2.7　建筑中庭夏季应利用通风降温,必要时设置机械排风装置。

4.2.8　外窗的可开启面积不应小于窗面积的 30%;透明幕墙应具有可开启部分或设有通风换气装置。

4.2.9　严寒地区建筑的外门应设门斗,寒冷地区建筑的外门宜设门斗或应采取其他减少冷风渗透的措施。其他地区建筑外门也应采取保温隔热节能措施。

4.2.10　外窗的气密性不应低于《建筑外窗气密性能分级及其检测方法》(GB 7107)规定的 4 级。

4.2.11　透明幕墙的气密性不应低于《建筑幕墙物理性能分级》(GB/T 15225)规定的 3 级。

3.4.2　居住建筑节能

为了审查方便,现将规范对居住建筑节能要求汇总如下(**黑体部分为强制性条文**)。

(1)以下是关于《住宅建筑规范》(GB 50368—2005)摘录。

10.2.1　住宅节能设计的规定性指标主要包括:建筑物体形系数、窗墙面积比、各部分围护结构的传热系数、外窗遮阳系数等。各建筑热工设计分区的具体规定性指标应根据节能目标分别确定。

(2)以下是关于《严寒和寒冷地区居住建筑节能设计标准》(JGJ 26—2010)摘录。

4.1.3　严寒和寒冷地区居住建筑的体形系数不应大于表 4.1.3 规定的限值。当体形系

数大于表 4.1.3 规定的限值时,必须按照本标准第 4.3 节的要求进行围护结构热工性能的权衡判断。

表 4.1.3 严寒和寒冷地区居住建筑的体形系数限值

	建筑层数			
	≤3 层	(4~8)层	(9~13)层	≥14 层
严寒地区	0.50	0.30	0.28	0.25
寒冷地区	0.52	0.33	0.30	0.26

4.1.4 严寒和寒冷地区居住建筑的窗墙面积比不应大于表 4.1.4 规定的限值。当窗墙面积比大于表 4.1.4 规定的限值时,必须按照本标准第 4.3 节的要求进行围护结构热工性能的权衡判断,并且在进行权衡判断时,各朝向的窗墙面积比最大也只能比表 4.1.4 中的对应值大 0.1。

表 4.1.4 严寒和寒冷地区居住建筑的窗墙面积比限值

朝向	窗墙面积比	
	严寒地区	寒冷地区
北	0.25	0.30
东、西	0.30	0.35
南	0.45	0.50

注:1. 敞开式阳台的阳台上部透明部分应计入窗户面积,下部不透明部分不应计入窗户面积。

2. 表中的窗墙面积比应按开间计算。表中的"北"代表从北偏东小于 60°至北偏西小于 60°的范围;"东、西"代表从东或西偏北小于等于 30°至偏南小于 60°的范围;"南"代表从南偏东小于等于 30°至偏西小于等于 30°的范围。

4.2.2 根据建筑物所处城市的气候分区区属不同,建筑围护结构的传热系数不应大于表 4.2.2 - 1~4.2.2 - 5 规定的限值,周边地面和地下室外墙的保温材料层热阻不应小于表 4.2.2 - 1~4.2.2 - 5 规定的限值,寒冷(B)区外窗综合遮阳系数不应大于表 4.2.2 - 6 规定的限值。当建筑围护结构的热工性能参数不满足上述规定时,必须按照本标准第 4.3 节的规定进行围护结构热工性能的权衡判断。

表 4.2.2 - 1 严寒(A)区围护结构热工性能参数限值

围护结构部位	传热系数 $K/(W \cdot m^{-2} \cdot K^{-1})$		
	≤3 层建筑	(4~8)层的建筑	≥9 层建筑
屋面	0.20	0.25	0.25
外墙	0.25	0.40	0.50
架空或外挑楼板	0.30	0.40	0.40

续表 4.2.2-1

围护结构部位		传热系数 $K/(\mathrm{W \cdot m^{-2} \cdot K^{-1}})$		
		≤3 层建筑	(4~8) 层的建筑	≥9 层建筑
非采暖地下室顶板		0.35	0.45	0.45
分隔采暖与非采暖空间的隔墙		1.2	1.2	1.2
分隔采暖与非采暖空间的户门		1.5	1.5	1.5
阳台门下部门芯板		1.2	1.2	1.2
外窗	窗墙面积比≤0.2	2.0	2.5	2.5
	0.2<窗墙面积比≤0.3	1.8	2.0	2.2
	0.3<窗墙面积比≤0.4	1.6	1.8	2.0
	0.4<窗墙面积比≤0.45	1.5	1.6	1.8
围护结构部位		保温材料层热阻 $R/[(\mathrm{m^2 \cdot K})/\mathrm{W}]$		
周边地面		1.70	1.40	1.10
地下室外墙(与土壤接触的外墙)		1.80	1.50	1.20

表 4.2.2-2　严寒(B)区围护结构热工性能参数限值

围护结构部位		传热系数 $K/(\mathrm{W \cdot m^{-2} \cdot K^{-1}})$		
		≤3 层建筑	(4~8) 层的建筑	≥9 层建筑
屋面		0.25	0.30	0.30
外墙		0.30	0.45	0.55
架空或外挑楼板		0.30	0.45	0.45
非采暖地下室顶板		0.35	0.50	0.50
分隔采暖与非采暖空间的隔墙		1.2	1.2	1.2
分隔采暖与非采暖空间的户门		1.5	1.5	1.5
阳台门下部门芯板		1.2	1.2	1.2
外窗	窗墙面积比≤0.2	2.0	2.5	2.5
	0.2<窗墙面积比≤0.3	1.8	2.2	2.2
	0.3<窗墙面积比≤0.4	1.6	1.9	2.0
	0.4<窗墙面积比≤0.45	1.5	1.7	1.8
围护结构部位		保温材料层热阻 $R/(\mathrm{m^2 \cdot K \cdot W^{-1}})$		
周边地面		1.40	1.10	0.83
地下室外墙(与土壤接触的外墙)		1.50	1.20	0.91

表 4.2.2-3 严寒(C)区围护结构热工性能参数限值

围护结构部位		传热系数 $K/(\mathrm{W} \cdot \mathrm{m}^2 \cdot \mathrm{K}^{-1})$		
		≤3 层建筑	(4~8)层的建筑	≥9 层建筑
屋面		0.30	0.40	0.40
外墙		0.35	0.50	0.60
架空或外挑楼板		0.35	0.50	0.50
非采暖地下室顶板		0.50	0.60	0.60
分隔采暖与非采暖空间的隔墙		1.5	1.5	1.5
分隔采暖与非采暖空间的户门		1.5	1.5	1.5
阳台门下部门芯板		1.2	1.2	1.2
外窗	窗墙面积比≤0.2	2.0	2.5	2.5
	0.2<窗墙面积比≤0.3	1.8	2.2	2.2
	0.3<窗墙面积比≤0.4	1.6	2.0	2.0
	0.4<窗墙面积比≤0.45	1.5	1.8	1.8
围护结构部位		保温材料层热阻 $R/[(\mathrm{m}^2 \cdot \mathrm{K})/\mathrm{W}]$		
周边地面		1.10	0.83	0.56
地下室外墙(与土壤接触的外墙)		1.20	0.90	0.61

表 4.2.2-4 寒冷(A)区围护结构热工性能参数限值

围护结构部位		传热系数 $K/(\mathrm{W} \cdot \mathrm{m}^2 \cdot \mathrm{K}^{-1})$		
		≤3 层建筑	(4~8)层的建筑	≥9 层建筑
屋面		0.35	0.45	0.45
外墙		0.45	0.60	0.70
架空或外挑楼板		0.45	0.60	0.60
非采暖地下室顶板		0.50	0.65	0.65
分隔采暖与非采暖空间的隔墙		1.5	1.5	1.5
分隔采暖与非采暖空间的户门		2.0	2.0	2.0
阳台门下部门芯板		1.7	1.7	1.7
外窗	窗墙面积比≤0.2	2.8	3.1	3.1
	0.2<窗墙面积比≤0.3	2.5	2.8	2.8
	0.3<窗墙面积比≤0.4	2.0	2.5	2.5
	0.4<窗墙面积比≤0.5	1.8	2.0	2.3
周边地面		0.83	0.56	—
地下室外墙(与土壤接触的外墙)		0.91	0.61	—

表4.2.2-5　寒冷(B)区围护结构热工性能参数限值

围护结构部位		传热系数 $K/(W \cdot m^{-2} \cdot K^{-1})$		
		≤3 层建筑	(4~8)层的建筑	≥9 层建筑
屋面		0.35	0.45	0.45
外墙		0.45	0.60	0.70
架空或外挑楼板		0.45	0.60	0.60
非采暖地下室顶板		0.50	0.65	0.65
分隔采暖与非采暖空间的隔墙		1.5	1.5	1.5
分隔采暖与非采暖空间的户门		2.0	2.0	2.0
阳台门下部门芯板		1.7	1.7	1.7
外窗	窗墙面积比≤0.2	2.8	3.1	3.1
	0.2<窗墙面积比≤0.3	2.5	2.8	2.8
	0.3<窗墙面积比≤0.4	2.0	2.5	2.5
	0.4<窗墙面积比≤0.5	1.8	2.0	2.3
围护结构部位		保温材料层热阻 $R/(m^2 \cdot K \cdot W^{-1})$		
周边地面		0.83	0.56	—
地下室外墙(与土壤接触的外墙)		0.91	0.61	—

注:周边地面和地下室外墙的保温材料层不包括土壤和混凝土地面。

表4.2.2-6　寒冷(B)区外窗综合遮阳系数限值

围护结构部位		遮阳系数 SC(东、西向/南、北向)		
		≤3 层建筑	(4~8)层的建筑	≥9 层建筑
外窗	窗墙面积比≤0.2	—/—	—/—	—/—
	0.2<窗墙面积比≤0.3	—/—	—/—	—/—
	0.3<窗墙面积比≤0.4	0.45/—	0.45/—	0.45/—
	0.4<窗墙面积比≤0.5	0.35/—	0.35/—	0.35/—

4.2.6　外窗及敞开式阳台门应具有良好的密闭性能。严寒地区外窗及敞开式阳台门的气密性等级不应低于国家标准《建筑外门窗气密、水密、抗风压性能分级及检测方法》(GB/T 7106—2008)中规定的 6 级。寒冷地区 1~6 层的外窗及敞开式阳台门的气密性等级不应低于国家标准《建筑外门窗气密、水密、抗风压性能分级及检测方法》GB/T 7106—2008 中规定的 4 级,7 层及 7 层以上不应低于 6 级。

5.1.1　集中采暖和集中空气调节系统的施工图设计,必须对每一个房间进行热负荷和逐项逐时的冷负荷计算。

5.1.6　除当地电力充足和供电政策支持,或者建筑所在地无法利用其他形式能源外,严寒和寒冷地区的居住建筑内,不应设计直接电热采暖。

5.2.4　锅炉的选型,应与当地长期供应的燃料种类相适应。锅炉的设计效率不应低于

5.2.4 中规定的数值。

表 5.2.4　锅炉的最低设计效率　　　　　%

锅炉类型、燃料种类及发热值			在下列锅炉容量(MW)下的设计效率						
			0.7	1.4	2.8	4.2	7.0	14.0	>28.0
燃煤	烟煤	Ⅱ	—	—	73	74	78	79	80
		Ⅲ	—	—	74	76	78	80	82
	燃油、燃气		86	87	87	88	89	90	90

5.2.9　锅炉房和热力站的总管上,应设置计量总供热量的热量表(热量计量装置)。集中采暖系统中建筑物的热力入口处,必须设置楼前热量表,作为该建筑物采暖耗热量的热量结算点。

5.2.13　室外管网应进行严格的水力平衡计算。当室外管网通过阀门截流来进行阻力平衡时,各并联环路之间的压力损失差值,不应大于15%。当室外管网水力平衡计算达不到上述要求时,应在热力站和建筑物热力入口处设置静态水力平衡阀。

5.2.19　当区域供热锅炉房设计采用自动监测与控制的运行方式时,应满足下列规定:

1　应通过计算机自动监测系统,全面、及时地了解锅炉的运行状况。

2　应随时测量室外的温度和整个热网的需求,按照预先设定的程序,通过调节投入燃料量实现锅炉供热量调节,满足整个热网的热量需求,保证供暖质量。

3　应通过锅炉系统热特性识别和工况优化分析程序,根据前几天的运行参数、室外温度,预测该时段的最佳工况。

4　应通过对锅炉运行参数的分析,作出及时判断。

5　应建立各种信息数据库,对运行过程中的各种信息数据进行分析,并应能够根据需要打印各类运行记录,储存历史数据。

6　锅炉房、热力站的动力用电、水泵用电和照明用电应分别计量。

5.2.20　对于未采用计算机进行自动监测与控制的锅炉房和换热站,应设置供热量控制装置。

5.3.3　集中采暖(集中空调)系统,必须设置住户分室(户)温度调节、控制装置及分户热计量(分户热分摊)的装置或设施。

(3)以下是关于《夏热冬冷地区居住建筑节能设计标准》(JGJ 134—2010)摘录。

4.0.3　夏热冬冷地区居住建筑的体形系数不应大于表4.0.3规定的限值。当体形系数大于表4.0.3规定的限值时,必须按照本标准第5章的要求进行建筑围护结构热工性能的综合判断。

表 4.0.3　夏热冬冷地区居住建筑的体形系数限值

建筑层数	≤3层	(4~11)层	≥12层
建筑的体形系数	0.55	0.40	0.35

4.0.4　建筑围护结构各部分的传热系数和热惰性指标不应大于表 4.0.4 规定的限值。当设计建筑的围护结构中的屋面、外墙、架空或外挑楼板、外窗不符合表 4.0.4 的规定时，必须按照本标准第 5 章的规定时行建筑围护结构热工性能的综合判断。

表 4.0.4　建筑围护结构各部分的传热系数(K)和热惰性指标(D)的限值

围护结构部位		传热系数 $K/(\mathrm{W \cdot m^{-2} \cdot K^{-1}})$	
		热惰性指标 $D \leqslant 2.5$	热惰性指标 $D > 2.5$
体形系数≤0.40	屋面	0.8	1.0
	外墙	1.0	1.5
	底面接触室外空气的架空或外挑楼板	1.5	
	分户墙、楼板、楼梯间隔墙、外走廊隔墙	2.0	
	户门	3.0(通往封闭空间) 2.0(通往非封闭空间或户外)	
	外窗(含阳台门透明部分)	应符合表 4.0.5-1、表 4.0.5-2 的规定	
体形系数>0.40	屋面	0.5	0.6
	外墙	0.80	1.0
	底面接触室外空气的架空或外挑楼板	1.0	
	分户墙、楼板、楼梯间隔墙、外走廊隔墙	2.0	
	户门	3.0(通往封闭空间) 2.0(通往非封闭空间或户外)	
	外窗(含阳台门透明部分)	应符合表 4.0.5-1、表 4.0.5-2 的规定	

4.0.5　不同朝向外窗(包括阳台门的透明部分)的窗墙面积比不应大于表 4.0.5-1 规定的限值。不同朝向、不同窗墙面积比的外窗传热系数不应大于表 4.0.5-2 规定的限值；综合遮阳系数应符合表 4.0.5-2 的规定。当外窗为凸窗时，凸窗的传热系数限值应比表 4.0.5-2规定的限值小 10%；计算窗墙面积比时，凸窗的面积应按洞口面积计算。当设计建筑的窗墙面积比或传热系数、遮阳系数不符合表 4.0.5-1 和表 4.0.5-2 的规定时，必须按照本标准第 5 章的规定进行建筑围护结构热工性能的综合判断。

表 4.0.5-1　不同朝向外窗的窗墙面积比限值

朝向	窗墙面积比
北	0.40
东、西	0.35
南	0.45
每套房间允许一个房间(不分朝向)	0.60

表4.0.5-2　不同朝向、不同窗墙面积比的外窗传热系数和综合遮阳系数限值

建筑	窗墙面积比	传热系数 K/ $(W \cdot m^{-2} \cdot K^{-1})$	外窗综合遮阳系数 SC_w （东、西向/南向）
体形系数≤0.40	窗墙面积比≤0.20	4.7	—/—
	0.20＜窗墙面积比≤0.30	4.0	—/—
	0.30＜窗墙面积比≤0.40	3.2	夏季≤0.40/夏季≤0.45
	0.40＜窗墙面积比≤0.45	2.8	夏季≤0.35/夏季≤0.40
	0.45＜窗墙面积比≤0.60	2.5	东、西、南向设置外遮阳 夏季≤0.25　冬季≥0.60
体形系数＞0.40	窗墙面积比≤0.20	4.0	—/—
	0.20＜窗墙面积比≤0.30	3.2	—/—
	0.30＜窗墙面积比≤0.40	2.8	夏季≤0.40/夏季≤0.45
	0.40＜窗墙面积比≤0.45	2.5	夏季≤0.35/夏季≤0.40
	0.45＜窗墙面积比≤0.60	2.3	东、西、南向设置外遮阳 夏季≤0.25　冬季≥0.60

注：1. 表中的"东、西"代表从东或西偏北30°（含30°）至偏南60°（含60°）的范围；"南"代表从南偏东30°至偏西30°的范围。

　　2. 楼梯间、外走廊的窗不按本表规定执行。

　　5.0.1　当设计建筑不符合本标准第4.0.3、第4.0.4和第4.0.5条中的各项规定时，应按本章的规定对设计建筑进行围护结构热工性能的综合判断。

　　5.0.2　建筑围护结构热工性能的综合判断应以建筑物在本标准第5.0.6条规定的条件下计算得出的采暖和空调耗电量之和为判据。

　　5.0.6　设计建筑和参照建筑的采暖和空调年耗电量的计算应符合下列规定：

　　1　整栋建筑每套住宅室内计算温度，冬季应全天为18℃，夏季应全天为26℃；

　　2　采暖计算期应为当年12月1日至次年2月28日，空调计算期应为当年6月15日至8月31日；

　　3　室外气象计算参数应采用典型气象年；

　　4　采暖和空调时，换气次数应为1.0次/年；

　　5　采暖、空调设备为家用空气源热泵空调器，制冷时额定能效比应取2.3，采暖时额定能效比应取1.9；

　　6　室内得热平均强度应取4.3W/m²。

3.5　建筑安全及防火设计

3.5.1　建筑分类

　　为了审查方便，现将规范对建筑分类要求汇总如下（**黑体部分**为强制性条文）。

3.5.1.1 使用功能分类

以下是关于《民用建筑设计通则》(GB 50352—2005)摘录。

3.1.1 民用建筑按使用功能可分为居住建筑和公共建筑两大类。

3.5.1.2 建筑防火分类

(1)以下是关于《高层民用建筑设计防火规范(2005年版)》(GB 50045—1995)摘录。

3.0.1 高层建筑应根据其使用性质、火灾危险性、疏散和扑救难度等进行分类。并应符合表3.0.1的规定。

表3.0.1 建筑分类

名称	一类	二类
居住建筑	十九层及十九层以上的住宅	十至十八层的住宅
公共建筑	1. 医院 2. 高级旅馆 3. 建筑高度超过50 m或24 m以上部分的任一楼层的建筑面积超过1000 m² 的商业楼、展览楼、综合楼、电信楼、财贸金融楼 4. 建筑高度超过50 m或24 m以上部分的任一楼层的建筑面积超过1500 m² 的商住楼 5. 中央级和省级(含计划单列市)广播电视楼 6. 网局级和省级(含计划单列市)电力调试楼 7. 省级(含计划单列市)邮政楼、防灾指挥调试楼 8. 藏书超过100万册的图书馆、档案楼 9. 重要的办公楼、科研楼、档案楼 10. 建筑高度超过50 m的教学楼和普通的旅馆、办公楼、科研楼、档案楼等	1. 除一类建筑以外的商业楼、展览楼、综合楼、电信楼、财贸金融楼、商住楼、图书馆、书库 2. 省级以下的邮政楼、防灾指挥调度楼、广播电视楼、电力调度楼 3. 建筑高度不超过50 m的教学楼和普通的旅馆、办公楼、科研楼、档案楼等

(2)以下是关于《汽车库、修车库、停车场设计防火规范》(GB 50067—1997)摘录。

3.0.1 车库的防火分类应分为四类,并应符合表3.0.1的规定。

表3.0.1 车库的防火分类

名称 / 数量 / 类别	I	II	III	IV
汽车库	>300 辆	151~300 辆	51~150 辆	≤50 辆
修车库	>15 车位	6~15 车位	3~5 车位	≤2 车位
停车场	>400 辆	251~400 辆	101~250 辆	≤100 辆

注:汽车库的屋面亦停放汽车时,其停车数量应计算在汽车库的总车辆数内。

3.5.1.3 使用年限分类

以下是关于《民用建筑设计通则》(GB 50352—2005)摘录。

3.2.1 民用建筑的设计使用年限应符合表3.2.1的规定。

表 3.2.1　设计使用年限分类

类别	设计使用年限/年	示例
1	5	临时性建筑
2	25	易于替换结构构件的建筑
3	50	普通建筑和构筑物
4	100	纪念性建筑和特别重要的建筑

3.5.1.4　地下人防工程分类

以下是关于《人民防空地下室设计规范》(GB 50038—2005)摘录。

1.0.2　本规范适用于新建或改建的属于下列抗力级别范围内的甲、乙类防空地下室以及居住小区内的结合民用建筑易地修建的甲、乙类单建掘开式人防工程设计。

1　防常规武器抗力级别 5 级和 6 级(以下分别简称为常 5 级和常 6 级);

2　防核武器抗力级别 4 级、4B 级、5 级、6 级和 6B 级(以下分别简称为核 4 级、核 4B 级、核 5 级、核 6 级和核 6B 级)。

注:本规范中对"防空地下室"的各项要求和规定,除注明者外均适用于居住小区内的结合民用建筑易地修建的单建掘开式人防工程。

1.0.4　甲类防空地下室设计必须满足其预定的战时对核武器、常规武器和生化武器的各项防护要求。乙类防空地下室设计必须满足其预定的战时对常规武器和生化武器的各项防护要求。

3.5.2　耐火等级

为了审查方便,现将规范对耐火等级要求汇总如下(黑体部分为强制性条文)。

3.5.2.1　各类建筑的耐火等级

(1)以下是关于《锅炉房设计规范》(GB 50041—2008)摘录。

15.1.1　锅炉房的火灾危险性分类和耐火等级应符合下列要求:

1　锅炉间应属于丁类生产厂房,单台蒸汽锅炉额定蒸发量大于 4t/h 或单台热水锅炉额定热功率大于 2.8MW 时,锅炉间建筑不应低于二级耐火等级;单台蒸汽锅炉额定蒸发量小于等于 4t/h 或单台热水锅炉额定热功率小于等于 2.8MW 时,锅炉间建筑不应低于三级耐火等级。

设在其他建筑物内的锅炉房,锅炉间的耐火等级,均不应低于二级耐火等级;

2　重油油箱间、油泵间和油加热器及轻柴油的油箱间和油泵间应属于丙类生产厂房,其建筑均不应低于二级耐火等级,上述房间布置在锅炉房辅助间内时,应设置防火墙与其他房间隔开;

3　燃气调压间应属于甲类生产厂房,其建筑不应低于二级耐火等级,与锅炉房贴邻的调压间应设置防火墙与锅炉房隔开,其门窗应向外开启并不应直接通向锅炉房,地面应采用不产生火花地坪。

(2)以下是关于《高层民用建筑设计防火规范(2005 年版)》(GB 50045—1995)摘录。

3.0.4 一类高层建筑的耐火等级应为一级,二类高层建筑的耐火等级不应低于二级。裙房的耐火等级不应低于二级。高层建筑地下室的耐火等级应为一级。

(3)以下是关于《汽车库、修车库、停车场设计防火规范》(GB 50067—1997)摘录。

3.0.3 地下汽车库的耐火等级应为一级。

甲、乙类物品运输车的汽车库、修车库和Ⅰ、Ⅱ、Ⅲ类的汽车库、修车库的耐火等级不应低于二级。

Ⅳ类汽车库、修车库的耐火等级不应低于三级。

注:甲、乙类物品的火灾危险性分类应按现行的国家标准《建筑设计防火规范》的规定执行。

(4)以下是关于《人民防空工程设计防火规范》(GB 50098—2009)摘录。

4.3.2 人防工程的耐火等级应为一级,其出入口地面建筑物的耐火等级不应低于二级。

(5)以下是关于《医院洁净手术部建筑技术规范》(GB 50333—2002)摘录。

9.0.1 洁净手术部应设在耐火等级不低于二级的建筑物内。

(6)以下是关于《住宅建筑规范》(GB 50368—2005)摘录。

9.2.2 **四级耐火等级的住宅建筑最多允许建造层数为 3 层,三级耐火等级的住宅建筑最多允许建造层数为 9 层,二级耐火等级的住宅建筑最多允许建造层数为 18 层。**

(7)以下是关于《体育建筑设计规范》(JGJ 31—2003)摘录。

1.0.7 体育建筑等级应根据其使用要求分级,且应符合表 1.0.7 规定。

表 1.0.7 **体育建筑等级**

等级	主要使用要求
特级	举办亚运会、奥运会及世界级比赛主场
甲级	举办全国性和单项国际比赛
乙级	举办地区性和全国单项比赛
丙级	举办地方性、群众性运动会

1.0.8 **不同等级体育建筑结构设计使用年限和耐火等级应符合表 1.0.8 的规定。**

表 1.0.8 **体育建筑的结构设计使用年限和耐火等级**

建筑等级	主体结构设计使用年限	耐火等级
特级	>100 年	不低于一级
甲级、乙级	50～100 年	不低于二级
丙级	25～50 年	不低于二级

(8)以下是关于《图书馆建筑设计规范》(JGJ 38—1999)摘录。

6.1.2 藏书量超过 100 万册的图书馆、书库,耐火等级应为一级。

6.1.3 图书馆特藏库、珍善本书库的耐火等级均应为一级。

6.1.4 建筑高度超过 24.00 m,藏书量不超过 100 万册的图书馆、书库,耐火等级不应低于二级。

6.1.5　建筑高度不超过 24.00 m,藏书量超过 10 万册但不超过 100 万册的图书馆、书库,耐火等级不应低于二级。

6.1.6　建筑高度不超过 24.00 m,建筑层数不超过三层,藏书量不超过 10 万册的图书馆,耐火等级不应低于三级,但其书库和开架阅览室部分的耐火等级不得低于二级。

(9)以下是关于《疗养院建筑设计规范》(JGJ 40—1987)摘录。

第 3.6.2 条　疗养院建筑物耐火等级一般不应低于二级,若耐火等级为三级者,其层数不应超过 3 层。

(10)以下是关于《综合医院建筑设计规范》(JGJ 49—1988)摘录。

第 4.0.2 条　一般不应低于二级,不超过 3 层时可为三级。

(11)以下是关于《剧场建筑设计规范》(JGJ 57—2000)摘录。

1.0.5　剧场建筑的等级可分为特、甲、乙、丙四个等级。特等剧场的技术要求根据具体情况确定;甲、乙、丙等剧场应符合下列规定:

1　主体结构耐久年限:甲等 100 年以上,乙等 51～100 年,丙等 25～50 年;

2　耐火等级:甲、乙、丙等剧场均不应低于二级;

(12)以下是关于《电影院建筑设计规范》(JGJ 58—2008)摘录。

4.1.2　电影院建筑的等级可分为特、甲、乙、丙四个等级,其中特级、甲级和乙级电影院建筑的设计使用年限不应小于 50 年,丙级电影院建筑的设计使用年限不应小于 25 年。各等级电影院建筑的耐火等级不宜低于二级。

(13)以下是关于《办公建筑设计规范》(JGJ 61—2006)摘录。

1.0.3　办公建筑设计应依据使用要求分类,并应符合表 1.0.3 的规定。

表 1.0.3　办公建筑分类

类别	示例	设计使用年限	耐火等级
一类	特别重要的办公建筑	100 年或 50 年	一级
二类	重要办公建筑	50 年	不低于二级
三类	普通办公建筑	25 年或 50 年	不低于二级

3.5.2.2　建筑物构件的燃烧性能和耐火极限

(1)以下是关于《高层民用建筑设计防火规范(2005 年版)》(GB 50045—1995)摘录。

3.0.2　高层建筑的耐火等级应分为一、二两级,其建筑构件的燃烧性能和耐火极限不应低于表 3.0.2 的规定。各类建筑构件的燃烧性能和耐火极限可按附录 A 确定。

表 3.0.2　建筑物构件的燃烧性能和耐火极限

构件名称	燃烧性能和耐火极限/h	耐火等级	
		一级	二级
墙	防火墙	不燃烧体 3.00	不燃烧体 3.00
	承重墙、楼梯间的墙、电梯井的墙、住宅单元之间的墙、住宅分户墙	不燃烧体 2.00	不燃烧体 2.00
	非承重外墙、疏散走道两侧的隔墙	不燃烧体 1.00	不燃烧体 1.00
	房间隔墙	不燃烧体 0.75	不燃烧体 0.50
柱		不燃烧体 3.00	不燃烧体 2.50
梁		不燃烧体 2.00	不燃烧体 1.50
楼板、疏散楼梯、屋顶承重构件		不燃烧体 1.50	不燃烧体 1.00
吊顶		不燃烧体 0.25	难燃烧体 0.25

3.0.7　高层建筑内存放可燃物的平均重量超过 200 kg/m² 的房间,当不设自动灭火系统时,其柱、梁、楼板和墙的耐火极限应按本规范第 3.0.2 条的规定提高 0.50 h。

3.0.8　建筑幕墙的设置应符合下列规定:

3.0.8.1　窗槛墙、窗间墙的填充材料应采用不燃烧材料。当外墙采用耐火极限不低于 1.00 h 的不燃烧体时,其墙内填充材料可采用难燃烧材料。

3.0.8.2　无窗槛墙或窗槛墙高度小于 0.80 m 的建筑幕墙,应在每层楼板外沿设置耐火极限不低于 1.00 h、高度不低于 0.80 m 的不燃烧体裙墙或防火玻璃裙墙。

3.0.8.3　建筑幕墙与每层楼板、隔墙处的缝隙,应采用防火封堵材料封堵。

(2)以下是关于《汽车库、修车库、停车场设计防火规范》(GB 50067—1997)摘录。

3.0.2　汽车库、修车库的耐火等级应分为三级。各级耐火等级建筑物构件的燃烧性能和耐火极限均不应低于表 3.0.2 的规定。

表 3.0.2　各级耐火等级建筑物构件的燃烧性能和耐火极限

名称 构件		耐火等级		
		一级	二级	三级
墙	防火墙	不燃烧体 3.00	不燃烧体 3.00	不燃烧体 3.00
	承重墙、楼梯间的墙、防火隔墙	不燃烧体 2.00	不燃烧体 2.00	不燃烧体 2.00
	隔墙、框架填充墙	不燃烧体 0.75	不燃烧体 0.50	不燃烧体 0.50
柱	支承多层的柱	不燃烧体 3.00	不燃烧体 2.50	不燃烧体 2.50
	支承单层的柱	不燃烧体 2.50	不燃烧体 2.00	不燃烧体 2.00
梁		不燃烧体 2.00	不燃烧体 1.50	不燃烧体 1.00
楼板		不燃烧体 1.50	不燃烧体 1.00	不燃烧体 0.50
疏散楼梯、坡道		不燃烧体 1.50	不燃烧体 1.00	不燃烧体 1.00
屋顶承重构件		不燃烧体 1.50	不燃烧体 0.50	燃烧体
吊顶(包括吊顶搁栅)		不燃烧体 0.25	难燃烧体 0.25	难燃烧体 0.15

（3）以下是关于《人民防空工程设计防火规范》（GB 50098—2009）摘录。

4.2.3　电影院、礼堂的观众厅与舞台之间的墙，耐火极限不应低于 2.5h，观众厅与舞台之间的舞台口应符合本规范第 7.2.3 条的规定；电影院放映室（卷片室）应采用耐火极限不低于 1h 的隔墙与其他部位隔开，观察窗和放映孔应设置阻火闸门。

4.2.4　下列场所应采用耐火极限不低于 2h 的隔墙和 1.5h 的楼板与其他场所隔开，并应符合下列规定：

1　消防控制室、消防水泵房、排烟机房、灭火剂储瓶室、变配电室、通信机房、通风和空调机房、可燃物存放量平均值超过 30kg/m² 火灾荷载密度的房间等，墙上应设置常闭的甲级防火门；

2　柴油发电机房的储油间。墙上应设置常闭的甲级防火门，并应设置高 150 mm 的不燃烧、不渗漏的门槛，地面不得设置地漏；

3　同一防火分区内厨房、食品加工等用火用电用气场所，墙上应设置不低于乙级的防火门，人员频繁出入的防火门应设置火灾时能自动关闭的常开式防火门；

4　歌舞娱乐放映游艺场所，且一个厅、室的建筑面积不应大于 200 m²，隔墙上应设置不低于乙级的防火门。

（4）以下是关于《住宅建筑规范》（GB 50368—2005）摘录。

9.2.1　住宅建筑的耐火等级应划分为一、二、三、四级，其构件的燃烧性能和耐火极限不应低于表 9.2.1 的规定。

表 9.2.1　住宅建筑构件的燃烧性能和耐火极限

名称		耐火等级/h			
构件		一级	二级	三级	四级
墙	防火墙	不燃性 3.00	不燃性 3.00	不燃性 3.00	不燃性 3.00
	承重外墙	不燃性 3.00	不燃性 2.50	不燃性 2.00	难燃性 0.50
	非承重外墙	不燃性 1.00	不燃性 1.00	不燃性 0.50	难燃性 0.25
	楼梯间的墙、电梯井的墙、住宅单元之间的墙、住宅分户墙、住户内承重墙	不燃性 2.00	不燃性 2.00	不燃性 1.50	难燃性 0.50
	疏散走道两侧的隔墙	不燃性 1.00	不燃性 1.00	不燃性 0.50	难燃性 0.50
柱		不燃性 3.00	不燃性 2.50	不燃性 2.00	难燃性 0.50
梁		不燃性 2.00	不燃性 1.50	不燃性 1.00	难燃性 0.50

续表 9.2.1

名称	耐火等级/h			
构件	一级	二级	三级	四级
楼板	不燃性 1.50	不燃性 1.00	不燃性 0.50	难燃性 0.50
屋顶承重构件	不燃性 1.50	不燃性 1.00	难燃性 0.25	难燃性 0.25
疏散楼梯	不燃性 1.50	不燃性 1.00	不燃性 0.50	难燃性 0.25

注:表中的外墙指除外保温层外的主题结构。

(5)以下是关于《体育建筑设计规范》(JGJ 31—2003)摘录。

8.1.4　室内、外观众看台结构的耐火等级,应与本规范第1.0.8条规定的建筑等级和耐久年限相一致。室外观众看台上面的罩棚结构的金属构件可无防火保护,其屋面板可采用经阻燃处理的燃烧体材料。

8.1.5　用于比赛、训练部位的室内墙面装修和顶棚(包括吸声、隔热和保温处理),应采用不燃烧体材料。当此场所内设有火灾自动灭火系统和火灾自动报警系统时,室内墙面和顶棚装修可采用难燃烧体材料。

固定座位应采用烟密度指数50以下的难燃材料制作,地面可采用不低于难燃等级的材料制作。

8.1.6　比赛或训练部位的屋盖承重钢结构在下列情况中的一种时,承重钢结构可不做防火保护:

1　比赛或训练部位的墙面(含装修)用不燃烧体材料;

2　比赛或训练部位设有耐火极限不低于0.5h的不燃烧体材料的吊顶;

3　游泳馆的比赛或训练部位。

8.1.7　比赛训练大厅的顶棚内可根据顶棚结构、检修要求、顶棚高度等因素设置马道,其宽度不应小于0.65 m,马道应采用不燃烧体材料,其垂直交通可采用钢质梯。

8.1.8　比赛和训练建筑的灯控室、声控室、配电室、发电机房、空调机房、重要库房、消防控制室等部位,应采取下列措施中的一种作为防火保护:

1　采用耐火极限不低于2.0h的墙体和耐火极限不小于1.5h的楼板同其他部位分隔,门、窗的耐火极限不应低于1.2h。

2　设自动水喷淋灭火系统。当不宜设水系统时,可设气体自动灭火系统,但不得采用卤代烷1211或1301灭火系统。

(6)以下是关于《剧场建筑设计规范》(JGJ 57—2000)摘录。

8.1.3　舞台与后台部分的隔墙及舞台下部台仓的周围墙体均应采用耐火极限不低于2.5h的不燃烧体。

8.1.4　舞台(包括主台、侧台、后舞台)内的天桥、渡桥码头、平台板、栅顶应采用不燃烧体,耐火极限不应小于0.5h。

8.1.5　变电间之高、低压配电室与舞台、侧台、后台相连时,必须设置面积不小于6 m²

的前室,并应设甲级防火门。

8.1.6　甲等及乙等的大型、特大型剧场应设消防控制室,位置宜靠近舞台,并有对外的单独出入口,面积不应小于 12 m^2。

8.1.7　观众厅吊顶内的吸声、隔热、保温材料应采用不燃材料。观众厅(包括乐池)的天棚、墙面、地面装修材料不应低于 A_1 级,当采用 B_1 级装修材料时应设置相应的消防设施,并应符合本规范第 8.4.1 条规定。

8.1.8　剧场检修马道应采用不燃材料。

8.1.9　观众厅及舞台内的灯光控制室、面光桥及耳光室各界面构造均采用不燃材料。

8.1.11　舞台内严禁设置燃气加热装置,后台使用上述装置时,应用耐火极限不低于 2.5 h 的隔墙和甲级防火门分隔,并不应靠近服装室、道具间。

8.1.12　当剧场建筑与其他建筑合建或毗连时,应形成独立的防火分区,以防火墙隔开,并不得开门窗洞;当设门时,应设甲级防火门,上下楼板耐火极限不应低于 1.5 h。

8.1.13　机械舞台台板采用的材料不得低于 B_1 级。

8.1.14　舞台所有布幕均为 B_1 级材料。

(7)以下是关于《电影院建筑设计规范》(JGJ 58—2008)摘录。

6.1.3　观众厅内座席台阶结构应采用不燃材料。

6.1.4　观众厅、声闸和疏散通道内的顶棚材料应采用 A 级装修材料,墙面、地面材料不应低于 B1 级。各种材料均应符合现行国家标准《建筑内部装修设计防火规范》GB 50222 中的有关规定。

6.1.5　观众厅吊顶内吸声、隔热、保温材料与检修马道应采用 A 级材料。

6.1.6　银幕架、扬声器支架应采用不燃材料制作,银幕和所有幕帘材料不应低于 B_1 级。

6.1.8　电影院顶棚、墙面装饰采用的龙骨材料均应为 A 级材料。

3.5.3　建筑内部装修材料的燃烧性能等级

为了审查方便,现将规范对建筑内部装修材料的燃烧性能等级要求汇总如下(**黑体部分为强制性条文**)。

以下是关于《建筑内部装修设计防火规范(2001 年版)》(GB 50222—1995)摘录。

2.0.2　装修材料按其燃烧性能应划分为四级,并应符合表 2.0.2 的规定:

表 2.0.2　装修材料燃烧性能等级

等级	装修材料燃烧性能
A 级	不燃性
B_1 级	难燃性
B_2 级	可燃性
B_3 级	易燃性

2.0.3　装修材料的燃烧性能等级,应按本规范附录 A 的规定,由专业检测机构检测确定。B_3 级装修材料可不进行检测。

3.1.2 除地下建筑外,无窗房间的内部装修材料的燃烧性能等级,除A级外,应在本章规定的基础上提高一级。

3.1.3 图书室、资料室、档案室和存放文物的房间,其顶棚、墙面应采用A级装修材料,地面应采用不低于B_1级的装修材料。

3.1.4 大中型电子计算机房、中央控制室、电话总机房等放置特殊贵重设备的房间,其顶棚和墙面应采用A级装修材料,地面及其他装修应采用不低于B_1级的装修材料。

3.1.5 消防水泵房、排烟机房、固定灭火系统钢瓶间、配电室、变压器室、通风和空调机房等,其内部所有装修均应采用A级装修材料。

3.1.6 无自然采光楼梯间、封闭楼梯间、防烟楼梯间及其前室的顶棚、墙面和地面均应采用A级装修材料。

3.1.7 建筑物内设有上下层相连通的中庭、走马廊、开敞楼梯、自动扶梯时,其连通部位的顶棚、墙面应采用A级装修材料,其他部位应采用不低于B_1级的装修材料。

3.1.13 地上建筑的水平疏散走道和安全出口的门厅,其顶棚装饰材料应采用A级装修材料,其他部位应采用不低于B_1级的装修材料。

3.1.16 建筑物内的厨房,其顶棚、墙面、地面均应采用A级装修材料。

3.1.18 当歌舞厅、卡拉OK厅(含具有卡拉OK功能的餐厅)、夜总会、录像厅、放映厅、桑拿浴室(除洗浴部分外)、游艺厅(含电子游艺厅)、网吧等歌舞娱乐放映游艺场所(以下简称歌舞娱乐放映游艺场所)设置在一、二级耐火等级建筑的四层及四层以上时,室内装修的顶棚材料应采用A级装修材料,其他部分应采用不低于B_1级的装修材料;当设置在地下一层时,室内装修的顶棚、墙面材料应采用A级装修材料,其他部分应采用不低于B_1级的装修材料。

3.2.1 单层、多层民用内部各部位装修材料的燃烧性能等级,不应低于表3.2.1的规定。

表3.2.1 单层、多层民用建筑内部各部位装修材料的燃烧性能等级

建筑物及场所	建筑规模、性质	装修材料燃烧性能等级							
		顶棚	墙面	地面	隔断	固定家具	装饰织物窗帘	装饰织物帷幕	其他装饰材料
候机楼的候机大厅、商店、餐厅、贵宾候机室、售票厅等	建筑面积 >10000 m² 的候机楼	A	A	B_1	B_1	B_1	B_1		B_1
	建筑面积 ≤10000 m² 的候机楼	A	B_1	B_1	B_1	B_2	B_2		B_2
汽车站、火车站、轮船客运站的候车(船)室、餐厅、商场等	建筑面积 >10000 m² 的车站、码头	A	A	B_1	B_1	B_2	B_2		B_2
	建筑面积 ≤10000 m² 的车站、码头	B_1	B_1	B_1	B_2	B_2	B_2		B_2
影院、会堂、礼堂、剧院、音乐厅	>800 座位	A	A	B_1	B_1	B_1	B_1	B_1	B_1
	≤800 座位	A	B_1	B_1	B_1	B_1	B_1	B_1	B_2
体育馆	>3000 座位	A	A	B_1	B_1	B_1	B_1	B_2	B_2
	≤3000 座位	A	B_1	B_1	B_1	B_1	B_2	B_2	B_2

续表 3.2.1

建筑物及场所	建筑规模、性质	装修材料燃烧性能等级							
		顶棚	墙面	地面	隔断	固定家具	装饰织物		其他装饰材料
							窗帘	帷幕	
商场营业厅	每层建筑面积 > 3 000 m² 或总建筑面积 > 9 000 m² 的营业厅	A	B₁	A	A	B₁	B₁		B₂
	每层建筑面积 1 000 ~ 3 000 m² 或总建筑面积 3 000 ~ 9 000 m² 的营业厅	A	B₁	B₁	B₁	B₂	B₁		
	每层建筑面积 < 1 000 m² 或总建筑面积 < 3 000 m² 的营业厅	B₁	B₁	B₁	B₂	B₂	B₂		
饭店、旅馆的客房及公共活动用房等	设有中央空调系统的饭店、旅馆	A	B₁	B₁	B₁	B₂	B₂		B₂
	其他饭店、旅馆	B₁	B₁	B₂	B₂	B₂	B₂		
歌舞厅、餐馆等娱乐、餐饮建筑	营业面积 > 100 m²	A	B₁	B₁	B₁	B₂	B₂		B₂
	营业面积 ≤ 100 m²	B₁	B₁	B₁	B₂	B₂	B₂		
幼儿园、托儿所、中、小学、医院病房楼、疗养院、养老院		A	B₁	B₁	B₁	B₂	B₂		B₂
纪念馆、展览馆、博物馆、图书馆、档案馆、资料馆等	国家级、省级	A	B₁	B₁	B₁	B₂	B₂		B₂
	省级以下	B₁	B₁	B₂	B₂	B₂	B₂		B₂
办公楼、综合楼	设有中央空调系统的办公楼、综合楼	A	B₁	B₁	B₁	B₂	B₂		B₂
	其他办公楼、综合楼	B₁	B₁	B₂	B₂	B₂	B₂		
住宅	高级住宅	B₁	B₁	B₁	B₁	B₂	B₂		B₂
	普通住宅	B₁	B₂	B₂	B₂	B₂	B₂		

3.2.3　除每 3.1.18 条规定外,当单层、多层民用建筑内装有自动灭火系统时,除顶棚外,其内部装修材料的燃烧性能等级可在表 3.2.1 规定的基础上降低一级;当同时装有火灾自动报警装置和自动灭火系统时,其顶棚装修材料的燃烧性能等级可在表 3.2.1 规定的基础上降低一级,其他装修材料的燃烧性能等级可不限制。

3.3.1　高层民用建筑内部各部位装修材料的燃烧性能等级,不应低于表 3.3.1 的规定。

表 3.3.1　高层民用建筑内部各部位装修材料的燃烧性能等级

建筑物	建筑规模、性质	装修材料燃烧性能等级									
		顶棚	墙面	地面	隔断	固定家具	装饰织物				其他装饰材料
							窗帘	帷幕	床罩	家具包布	
高级旅馆	> 800 座位的观众厅、会议厅;顶层餐厅	A	B₁	B₁	B₁	B₁	B₁	B₁		B₁	B₁
	≤ 800 座位的观众厅、会议厅	A	B₁	B₁	B₁	B₁	B₁	B₁		B₁	B₁
	其他部位	A	B₁	B₁	B₂	B₂	B₁	B₂	B₁	B₂	B₁

续表 3.3.1

建筑物	建筑规模、性质	装修材料燃烧性能等级									
		顶棚	墙面	地面	隔断	固定家具	装饰织物				其他装饰材料
							窗帘	帷幕	床罩	家具包布	
商业楼、展览楼、综合楼、商住楼、医院病房楼	一类建筑	A	B_1	B_1	B_1	B_2	B_1	B_1		B_2	B_1
	二类建筑	B_1	B_1	B_2	B_2	B_2	B_2	B_2		B_2	B_2
电信楼、财贸金融楼、邮政楼、广播电视楼、电力调度楼、防灾指挥调度楼	一类建筑	A	A	B_1	B_1	B_1	B_1	B_1		B_2	B_1
	二类建筑	B_1	B_1	B_2	B_2	B_2	B_1	B_2		B_2	B_2
教学楼、办公楼、科研楼、档案楼、图书馆	一类建筑	A	B_1	B_1	B_1	B_1	B_1	B_1		B_2	B_1
	二类建筑	B_1	B_1	B_2	B_2	B_2	B_1	B_2		B_2	B_2
住宅、普通旅馆	一类普通旅馆高级住宅	A	B_1	B_1	B_1	B_1	B_1	B_1		B_2	B_1
	二类普通旅馆普通住宅	B_1	B_1	B_2	B_2	B_2	B_2	B_2		B_2	B_2

注:① "顶层餐厅"包括设在高空的餐厅、观光厅等;

　　② 建筑物的类别、规模、性质应符合国家现行标准《高层民用建筑设计防火规范》的有关规定。

3.3.2　除第 3.1.18 条所规定的场所和 100m 以上的高层民用建筑及大于 800 座位的观众厅、会议厅、顶层餐厅外,当设有火灾自动报警装置和自动灭火系统时,除顶棚外,其内部装修材料的燃烧性能等级可在表 3.3.1 规定的基础上降低一级。

3.3.3　高层民用建筑的裙房内面积小于 500m^2 的房间,当设有自动灭火系统,并且采用耐火等级不低于 2h 的隔墙、甲级防火门、窗与其他部位分隔时,顶棚、墙面、地面的装修材料的燃烧性能等级可在表 3.3.1 规定的基础上降低一级。

3.4.1　地下民用建筑内部各部位装修材料的燃烧性能等级,不应低于表 3.4.1 的规定。

注:地下民用建筑系指单层、多层、高层民用建筑的地下部分,单独建造在地下的民用建筑以及平战结合的地下人防工程。

表 3.4.1　地下民用建筑内部各部位装修材料的燃烧性能等级

建筑物及场所	装修材料燃烧性能等级						
	顶棚	墙面	地面	隔断	固定家具	装饰织物	其他装饰材料
休息室和办公室等旅馆和客房及公共活动用房等	A	B_1	B_1	B_1	B_1	B_2	B_2
娱乐场所、旱冰场等舞厅、展览厅等医院的病房、医疗用房等	A	A	B_1	B_1	B_1	B_1	B_2

续表3.4.1

建筑物及场所	装修材料燃烧性能等级						
	顶棚	墙面	地面	隔断	固定家具	装饰织物	其他装饰材料
电影院的观众厅商场的营业厅	A	A	A	B_1	B_1	B_1	B_2
停车库 人行通道 图书资料库、档案库	A	A	A	A			

3.4.2　地下民用建筑的疏散走道和安全出口的门厅,其顶棚、墙面和地面的装修材料应采用 A 级装修材料。

3.5.4　建筑总平面布局和平面布置

为了审查方便,现将规范对建筑总平面布局和平面布置要求汇总如下(**黑体部分**为强制性条文。

3.5.4.1　一般规定

(1)以下是关于《高层民用建筑设计防火规范(2005 年版)》(GB 50045—1995)摘录。

4.1.1　在进行总平面设计时,应根据城市规划,合理确定高层建筑的位置、防火间距、消防车道和消防水源等。

高层建筑不宜布置在火灾危险性为甲、乙类厂(库)房,甲、乙、丙类液体和可燃气体储罐以及可燃材料堆场附近。

注:厂房、库房的火灾危险性分类和甲、乙、丙类液体的划分,应按现行的国家标准《建筑设计防火规范》的有关规定执行。

4.1.2　燃油或燃气锅炉、油浸电力变压器、充有可燃油的高压电容器和多油开关等宜设置在高层建筑外的专用房间内。

当上述设备受条件限制需与高层建筑贴邻布置时,应设置在耐火等级不低于二级的建筑内,并应采用防火墙与高层建筑隔开,且不应贴邻人员密集场所。

当上述设备受条件限制需布置在高层建筑中时,不应布置在人员密集场所的上一层、下一层或贴邻,并应符合下列规定:

4.1.2.1　燃油和燃气锅炉房、变压器室应布置在建筑物的首层或地下一层靠外墙部位,但常(负)压燃油、燃气锅炉可设置在地下二层;当常(负)压燃气锅炉房距安全出口的距离大于 6.00m 时,可设置在屋顶上。

采用相对密度(与空气密度比值)大于或等于 0.75 的可燃气体作燃料的锅炉,不得设置在建筑物的地下室或半地下室。

4.1.2.2　锅炉房、变压器室的门均应直通室外或直通安全出口;外墙上的门、窗等开口部位的上方应设置宽度不小于 1.0m 的不燃烧体防火挑檐或高度不小于 1.20m 的窗槛墙。

4.1.2.3　锅炉房、变压器室与其他部位之间应采用耐火极限不低于 2.00h 的不燃烧体隔墙和 1.50h 的楼板隔开。在隔墙和楼板上不应开设洞口;当必须在隔墙上开门窗时,应设置耐火极限不低于 1.20h 的防火门窗。

4.1.2.4 当锅炉房内设置储油间时,其总储存量不应大于 $1.00m^3$,且储油间应采用防火墙与锅炉间隔开;当必须在防火墙上开门时,应设置甲级防火门。

4.1.2.5 变压器室之间、变压器室与配电室之间,应采用耐火极限不低于 $2.00h$ 的不燃烧体墙隔开。

4.1.2.6 油浸电力变压器、多油开关室、高压电容器室,应设置防止油品流散的设施。油浸电力变压器下面应设置储存变压器全部油量的事故储油设施。

4.1.2.7 锅炉的容量应符合现行国家标准《锅炉房设计规范》GB 50041 的规定。油浸电力变压器的总容量不应大于 1260kVA,单台容量不应大于 630kVA。

4.1.2.8 应设置火灾报警装置和除卤代烷以外的自动灭火系统。

4.1.2.9 燃气、燃油锅炉房应设置防爆泄压设施和独立的通风系统。采用燃气作燃料时,通风换气能力不小于 6 次/h,事故通风换气次数不小于 12 次/h;采用燃油作燃料时,通风换气能力不小于 3 次/h,事故通风换气能力不小于 6 次/h。

4.1.3 柴油发电机房布置在高层建筑和裙房内时,应符合下列规定:

4.1.3.1 可布置在建筑物的首层或地下一、二层,不应布置在地下三层及以下。柴油的闪点不应小于 55 ℃;

4.1.3.2 应采用耐火极限不低于 $2.00h$ 的隔墙和 $1.50h$ 的楼板与其他部位隔开,门应采用甲级防火门;

4.1.3.3 机房内应设置储油间,其总储存量不应超过 $8.00h$ 的需要量,且储油间应采用防火墙与发电机间隔开;当必须在防火墙上开门时,应设置能自动关闭的甲级防火门;

4.1.3.4 应设置火灾自动报警系统和除卤代烷 1 211、1 301 以外的自动灭火系统。

4.1.4 消防控制室宜设在高层建筑的首层或地下一层,且应采用耐火极限不低于 $2.00h$ 的隔墙和 $1.50h$ 的楼板与其他部位隔开,并应设直通室外的安全出口。

4.1.5 高层建筑内的观众厅、会议厅、多功能厅等人员密集场所,应设在首层或二、三层;当必须设在其他楼层时,除本规范另有规定外,尚应符合下列规定:

4.1.5.2 一个厅、室的安全出口不应少于两个。

4.1.5.3 必须设置火灾自动报警系统和自动喷水灭火系统。

4.1.5.4 幕布和窗帘应采用经阻燃处理的织物。

4.1.5A 高层建筑内的歌舞厅、卡拉 OK 厅(含具有卡拉 OK 功能的餐厅)、夜总会、录像厅、放映厅、桑拿浴室(除洗浴部分外)、游艺厅(含电子游艺厅)、网吧等歌舞娱乐放映游艺场所(以下简称歌舞娱乐放映游艺场所),应设在首层或二、三层;宜靠外墙设置,不应布置在袋形走道的两侧和尽端,其最大容纳人数按录像厅、放映厅为 1.0 人/m^2 ,其他场所为 0.5 人/m^2 计算,面积按厅室建筑面积计算;并应采用耐火极限不低于 $2.0h$ 的隔墙和 $1.00h$ 的楼板与其他场所隔开,当墙上必须开门时应设置不低于乙级的防火门。

当必须设置在其他楼层时,尚应符合下列规定:

4.1.5A.1 不应设置在地下二层及二层以下,设置在地下一层时,地下一层地面与室外出入口地坪的高差不应大于 10m;

4.1.5A.2 一个厅、室的建筑面积不应超过 $200m^2$;

4.1.5A.3 一个厅、室的出口不应少于两个,当一个厅、室的建筑面积小于 $50m^2$ 时,可设置一个出口;

4.1.5A.4　应设置火灾自动报警系统和自动喷水灭火系统；

4.1.5A.5　应设置防烟、排烟设施。并应符合本规范有关规定；

4.1.5A.6　疏散走道和其他主要疏散路线的地面或靠近地面的墙上，应设置发光疏散指示标志。

4.1.5B　地下商店应符合下列规定：

4.1.5B.1　营业厅不宜设在地下三层及三层以下；

4.1.5B.2　不应经营和储存火灾危险性为甲、乙类储存物品属性的商品；

4.1.5B.3　应设火灾自动报警系统和自动喷水灭火系统；

4.1.5B.4　当商店总建筑面积大于 $20000m^2$，应采用防火墙进行分隔，且防火墙上不得开设门窗洞口；

4.1.5B.5　应设防烟、排烟设施，并应符合本规范有关规定；

4.1.5B.6　疏散走道和其他主要疏散路线的地面或靠近地面的墙面上，应设置发光疏散指示标志。

4.1.6　托儿所、幼儿园、游乐厅等儿童活动场所不应设置在高层建筑内，当必须设置在高层建筑内时，应设置在建筑物的首层或二、三层，并应设置单独出入口。

4.1.7　高层建筑的底边至少有一个长边或周边长度的 1/4 且不小于一个长边长度，不应布置高度大于 5.0m、进深大于 4.0m 的裙房，且在此范围内必须设有直通室外的楼梯或直通楼梯间的出口。

4.1.8　设在高层建筑内的汽车停车库，其设计应符合现行国家标准《汽车库、修车库、停车场设计防火规范》GB 50067 的规定。

4.1.9　高层建筑内使用可燃气体作燃料时，应采用管道供气。使用可燃气体的房间或部位宜靠外墙设置。

4.1.10　高层建筑使用丙类液体作燃料时，应符合下列规定：

4.1.10.1　液体储罐总储量不应超过 $15m^3$，当直埋于高层建筑或裙房附近，面向油罐一面 4.00m 范围内的建筑物外墙为防火墙时，其防火间距可不限。

4.1.10.2　中间罐的容积不应大于 $1.00m^3$，并应设在耐火等级不低于二级的单独房间内，该房间的门应采用甲级防火门。

4.1.11　当高层建筑采用瓶装液化石油气作燃料时，应设集中瓶装液化石油气间，并应符合下列规定：

4.1.11.1　液化石油气总储量不超过 $1.00m^3$ 的瓶装液化石油气间，可与裙房贴邻建造。

4.1.11.2　总储量超过 $1.0m^3$、而不超过 $3.0m^3$ 的瓶装液化石油气间，应独立建造，且与高层建筑和裙房的防火间距不应小于 10m。

4.1.11.3　在总进气管道、总出气管道上应设有紧急事故自动切断阀。

4.1.11.4　应设有可燃气体浓度报警装置。

4.1.11.5　电气设计应按现行的国家标准《爆炸和火灾危险环境电力装置设计规范》的有关规定执行。

4.1.11.6　其他要求应按现行的国家标准《建筑设计防火规范》的有关规定执行。

4.1.12　设置在建筑物内的锅炉、柴油发电机，其燃料供给管道应符合下列规定：

4.1.12.1　应在进入建筑物前和设备间内设置自动和手动切断阀；

4.1.12.2 储油间的油箱应密闭,且应设置通向室外的通气管,通气管应设置带阻火器的呼吸阀。油箱的下部应设置防止油品流散的设施;

4.1.12.3 燃料供给管道的敷设应符合现行国家标准《城镇燃气设计规范》GB 50028的规定。

(2)以下是关于《汽车库、修车库、停车场设计防火规范》(GB 50067—1997)摘录。

4.1.1 车库不应布置在易燃、可燃液体或可燃气体的生产装置区和贮存区内。

4.1.2 汽车库不应与甲、乙类生产厂房、库房以及托儿所、幼儿园、养老院组合建造;当病房楼与汽车库有完全的防火分隔时,病房楼的地下可设置汽车库。

4.1.3 甲、乙类物品运输车的汽车库、修车库应为单层、独立建造。当停车数量不超过3辆时,可与一、二级耐火等级的Ⅳ类汽车库贴邻建造,但应采用防火墙隔开。

4.1.4 Ⅰ类修车库应单独建造;Ⅱ、Ⅲ、Ⅳ类修车库可设置在一、二级耐火等级的建筑物的首层或与其贴邻建造,但不得与甲、乙类生产厂房、库房、明火作业的车间或托儿所、幼儿园、养老院、病房楼及人员密集的公共活动场所组合或贴邻建造。

4.1.6 地下汽车库内不应设置修理车位、喷漆间、充电间、乙炔间和甲、乙类物品贮存室。

4.1.7 汽车库和修车库内不应设置汽油罐、加油机。

4.1.8 停放易燃液体、液化石油气罐车的汽车库内,严禁设置地下室和地沟。

4.1.10 车库区内的加油站、甲类危险物品仓库、乙炔发生器间不应布置在架空电力线的下面。

(3)以下是关于《人民防空工程设计防火规范》(GB 50098—2009)摘录。

3.1.2 人防工程内不得使用和储存液化石油气、相对密度(与空气密度比值)大于或等于0.75的可燃气体和闪点小于60℃的液体燃料。

3.1.6 地下商店应符合下列规定:

1 不应经营和储存火灾危险性为甲、乙类储存物品属性的商品;

2 营业厅不应设置在地下三层及三层以下。

3.1.10 柴油发电机房和燃油或燃气锅炉房的设置除应符合现行国家标准《建筑设计防火规范》GB 50016的有关规定外,尚应符合下列规定:

1 防火分区的划分应符合本规范第4.1.1条第3款的规定;

2 柴油发电机房与电站控制室之间的密闭观察窗除应符合密闭要求外,还应达到甲级防火窗的性能;

3 柴油发电机房与电站控制室之间的连接通道处,应设置一道具有甲级防火门耐火性能的门,并应常闭;

4 储油间的设置应符合本规范第4.2.4条的规定。

3.5.4.2 道路设置规定

(1)以下是关于《城市居住区规划设计规范(2002年版)》(GB 50180—1993)摘录。

8.0.2 居住区内道路可分为:居住区道路、小区路、组团路和宅间小路四级。其道路宽度,应符合下列规定:

8.0.2.1 居住区道路:红线宽度不宜小于20m;

8.0.2.2 小区路:路面宽6~9m,建筑控制线之间的宽度,需敷设供热管线的不宜小于

14m;无供热管线的不宜小于10m;

8.0.2.3　组团路:路面宽3~5m;建筑控制线之间的宽度,需敷设供热管线的不宜小于10m;无供热管线的不宜小于8m;

8.0.2.4　宅间小路:路面宽不宜小于2.5m;

8.0.2.5　在多雪地区,应考虑堆积清扫道路积雪的面积,道路宽度可酌情放宽,但应符合当地城市规划行政主管部门的有关规定。

8.0.3　居住区内道路纵坡规定,应符合下列规定:

8.0.3.1　居住区内道路纵坡控制指标应符合表8.0.3的规定:

表8.0.3　居住区内道路纵坡控制指标　　　　　　　　%

道路类别	最小纵坡	最大纵坡	多雪严寒地区最大纵坡
机动车道	≥0.2	≤8.0 L≤200m	≤5.0 L≤600m
非机动车道	≥0.2	≤3.0 L≤50m	≤2.0 L≤100m
步行道	≥0.2	≤8.0	≤4.0

注:L 为坡长(m)。

8.0.3.2　机动车与非机动车混行的道路,其纵坡宜按非机动车道要求,或分段按非机动车道要求控制。

8.0.5　居住区道路设置,应符合下列规定:

8.0.5.1　小区内主要道路至少应有两个出入口;居住区内主要道路至少应有两个方向与外围道路相连;机动车道对外出入口间距不应小于150m。沿街建筑物长度超过150m时,应设不小于4m×4m的消防车通道。人行出口间距不宜超过80m,当建筑物长度超过80m时,应在底层加设人行通道;

8.0.5.2　居住区内道路与城市道路相接时,其交角不宜小于75°;当居住区内道路坡度较大时,应设缓冲段与城市道路相接;

8.0.5.3　进入组团的道路,既应方便居民出行和利于消防车、救护车的通行,又应维护院落的完整性和利于治安保卫;

8.0.5.4　在居住区内公共活动中心,应设置为残疾人通行的无障碍通道。通行轮椅车的坡道宽度不应小于2.5m,纵坡不应大于2.5%;

8.0.5.5　居住区内尽端式道路的长度不宜大于120m,并应在尽端设不小于12m×12m的回车场地;

8.0.5.6　当居住区内用地坡度大于8%时,应辅以梯步解决竖向交通,并宜在梯步旁附设推行自行车的坡道;

8.0.5.7　在多雪严寒的山坡地区,居住区内道路路面应考虑防滑措施;在地震设防地区,居住区内的主要道路,宜采用柔性路面;

8.0.5.8　居住区内道路边缘至建筑物、构筑物的最小距离,应符合表8.0.5规定。

表 8.0.5　道路边缘至建、构筑物最小距离　　　　　　　　　　m

与建、构筑物关系		道路级别	居住区道路	小区路	组团路及宅间小路
建筑物面向道路	无出入口	高层	5.0	3.0	2.0
		多层	3.0	3.0	2.0
	有出入口		—	5.0	2.5
建筑物山墙面向道路		高层	4.0	2.0	1.5
		多层	2.0	2.0	1.5
围墙面向道路			1.5	1.5	1.5

注：居住区道路的边缘指红线；小区路、组团路及宅间小路的边缘指路面边线。当小区路设有人行便道时，其道路边缘指便道边线。

9.0.2　居住区竖向规划设计，应遵循下列原则：

9.0.2.1　合理利用地形地貌，减少土方工程量；

9.0.2.2　各种场地的适用坡度，应符合表 9.0.1 规定；

表 9.0.1　各种场地的适用坡度　　　　　　　　　　%

场地名称	适用坡度
密实性地面和广场	0.3 ~ 3.0
广场兼停车场	0.2 ~ 0.5
室外场地 1. 儿童游戏场 2. 运动场 3. 杂用场地	 0.3 ~ 2.5 0.2 ~ 0.5 0.3 ~ 2.9
绿地	0.5 ~ 1.0
湿陷性黄土地面	0.5 ~ 7.0

9.0.2.3　满足排水管线的埋设要求；

9.0.2.4　避免土壤受冲刷；

9.0.2.5　有利于建筑布置与空间环境的设计；

9.0.2.6　对外联系道路的高程应与城市道路标高相衔接。

9.0.3　当自然地形坡度大于 8%，居住区地面连接形式宜选用台地式，台式之间应用挡土墙或护坡连接。

9.0.4　居住区内地面水的排水系统，应根据地形特点设计。在山区和丘陵地区还必须考虑排洪要求。地面水排水方式的选择，应符合以下规定：

9.0.4.1　居住区内应采用暗沟（管）排除地面水；

9.0.4.2　在埋设地下暗沟（管）极不经济的陡坎、岩石地段，或在山坡冲刷严重，管沟易堵塞的地段，可采用明沟排水。

（2）以下是关于《民用建筑设计通则》（GB 50352—2005）摘录。

4.1.5　基地机动车出入口位置应符合下列规定：

1　与大中城市主干道交叉口的距离，自道路红线交叉点量起不应小于 70 m；

2　与人行横道线、人行过街天桥、人行地道（包括引道、引桥）的最边缘线不应小于 5 m；

3　距地铁出入口、公共交通站台边缘不应小于 15 m；

4　距公园、学校、儿童及残疾人使用建筑的出入口不应小于 20 m；

5　当地基道路坡度大于 8% 时，应设缓冲段与城市道路连接；

6　与立体交叉口的距离或其他特殊情况，应符合当地城市规划行政主管部门的规定。

5.2.2　建筑基地道路宽度应符合下列：

1　单车道路宽度不应小于 4 m，双车道路不应小于 7 m；

2　人行道路宽度不应小于 1.50 m；

3　利用道路边设停车位时，不应影响有效通行宽度；

4　车行道路改变方向时，应满足车辆最小转弯半径要求；消防车道路应按消防车最小转弯半径要求设置。

（3）以下是关于《住宅建筑规范》（GB 50368—2005）摘录。

4.3.1　每个住宅单元至少应有一个出入口可以通达机动车。

4.3.2　道路设置应符合下列规定：

1　双车道道路的路面宽度不应小于 6m；宅前路的路面宽度不应小于 2.5m；

2　当尽端式道路的长度大于 120m 时，应在尽端设置不小于 12m×12m 的回车场地；

3　当主要道路坡度较大时，应设缓冲段与城市道路相接；

4　在抗震设防地区，道路交通应考虑减灾、救灾的要求。

3.5.4.3　消防车道

（1）以下是关于《建筑设计防火规范》（GB 50016—2012）摘录。

7.1.1　街区内的道路应考虑消防车的通行，其道路中心线间的距离不宜大于 160 m。

当建筑物沿街道部分的长度大于 150 m 或总长度大于 220 m 时，应设置穿过建筑物的消防车道。当确有困难时，应设置环形消防车道。

7.1.3　工厂、仓库区内应设置消防车道。

占地面积大于 3 000 m² 的甲、乙、丙类厂房或占地面积大于 1 500 m² 的乙、丙类仓库，应设置环形消防车道，确有困难时，应沿建筑物的两个长边设置消防车道。

7.1.4　有封闭内院或天井的建筑物，当其短边长度大于 24 m 时，宜设置进入内院或天井的消防车道。

有封闭内院或天井的建筑物沿街时，应设置连通街道和内院的人行通道（可利用楼梯间），其间距不宜大于 80 m。

7.1.6　可燃材料露天堆场区，液化石油气储罐区，甲、乙、丙类液体储罐区和可燃气体储罐区，应设置消防车道。消防车道的设置应符合下列规定：

1　储量大于表 7.1.6 规定的堆场、储罐区，宜设置环形消防车道；

表 7.1.6　堆场、储罐区的储量

名称	棉、麻、毛、化纤/t	稻草、麦秸、芦苇/t	木材/m³	甲、乙、丙类液体储罐/m³	液化石油气储罐/m³	可燃气体储罐/m³
储量	1 000	5 000	5 000	1 500	500	30 000

2　占地面积大于 30 000 m² 的可燃材料堆场,应设置与环形消防车道相连的中间消防车道,消防车道的间距不宜大于 150 m。液化石油气储罐区,甲、乙、丙类液体储罐区,可燃气体储罐区,区内的环形消防车道之间宜设置连通的消防车道;

3　消防车道与材料堆场堆垛的最小距离不应小于 5 m;

4　中间消防车道与环形消防车道交接处应满足消防车转弯半径的要求。

7.1.7　供消防车取水的天然水源和消防水池应设置消防车道。消防车道边缘距离取水点不宜大于 2 m。

7.1.8　消防车道的净宽度和净空高度均不应小于 4.0 m,消防车道的坡度不宜大于8%,其转弯处应满足消防车转弯半径的要求。消防车道距高层建筑或大型公共建筑的外墙宜大于 5 m 且不宜大于 15 m。供消防车停留的操作场地,其坡度不宜大于 3%。

消防车道与厂(库)房、民用建筑之间不应设置妨碍消防车操作的架空高压电线、树木、车库出入口等障碍。

7.1.10　消防车道不宜与铁路正线平交。如必须平交,应设置备用车道,且两车道之间的间距不应小于一列火车的长度。

(2)以下是关于《高层民用建筑设计防火规范(2005 年版)》(GB 50045—1995)摘录。

4.3.1　高层建筑的周围,应设环形消防车道。当设环形车道有困难时,可沿高层建筑的两个长边设置消防车道,当建筑的沿街长度超过 150 m 或总长度超过 220 m 时,应在适中位置设置穿过建筑的消防车道。

有封闭内院或天井的高层建筑沿街时,应设置连通街道和内院的人行通道(可利用楼梯间),其距离不宜超过 80 m。

4.3.2　高层建筑的内院或天井,当其短边长度超过 24 m 时,宜设有进入内院或天井的消防车道。

4.3.3　供消防车取水的天然水源和消防水池,应设消防车道。

4.3.4　消防车道的宽度不应小于 4.00 m。消防车道距高层建筑外墙宜大于 5.00 m,消防车道上空 4.00 m 以下范围内不应有障碍物。

4.3.6　穿过高层建筑的消防车道,其净宽和净空高度均不应小于 4.00 m。

4.3.7　消防车道与高层建筑之间,不应设置妨碍登高消防车操作的树木、架空管线等。

(3)以下是关于《汽车库、修车库、停车场设计防火规范》(GB 50067—1997)摘录。

4.3.1　汽车库、修车库周围应设环形车道,当设环形车道有困难时,可沿建筑物的一个长边和另一边设置消防车道,消防车道宜利用交通道路。

4.3.2　消防车道的宽度不应小于 4 m,尽头式消防车道应设回车道或回车场,回车场不宜小于 12 m × 12 m。

4.3.3　穿过车库的消防车道,其净空高度和净宽均不应小于 4 m;当消防车道上空遇有障碍物时,路面与障碍物之间的净空不应小于 4 m。

（4）以下是关于《住宅建筑规范》（GB 50368—2005）摘录。

9.8.1　10 层及 10 层以上的住宅建筑应设置环形消防车道，或至少沿建筑的一个长边设置消防车道。

9.8.2　供消防车取水的天然水源和消防水池应设置消防车道，并满足消防车的取水要求。

3.5.4.4　防火间距

（1）以下是关于《建筑设计防火规范》（GB 50016—2012）摘录。

3.4.1　除本规范另有规定者外，厂房之间及其与乙、丙、丁、戊类仓库、民用建筑等之间的防火间距不应小于表 3.4.1 的规定。

表 3.4.1　厂房之间及其与乙、丙、丁、戊类仓库、民用建筑等之间的防火间距　　　m

名称		甲类厂房	乙类厂房（仓库）			丙、丁、戊类厂房（仓库）				民用建筑				
		单层或多层	单层或多层		高层	单层或多层			高层	裙房,单层或多层			高层	
名称		一、二级	一、二级	三级	一、二级	一、二级	三级	四级	一、二级	一、二级	三级	四级	一类	二类
甲类厂房	单层、多层 一、二级	12	12	14	13	12	14	16	13	25			50	
乙类厂房	单层、多层 一、二级	12	10	12	13	12	14	16	13	25			50	
	单层、多层 三级	14	12	14	15	12	14	16	15					
	高层 一、二级	13	13	15	13	13	15	17	13					
丙类厂房	单层、多层 一、二级	12	12	14	13	12	14	16	13	10	12	14	20	15
	单层、多层 三级	14	12	14	15	12	14	16	15	12	14	16	25	20
	单层、多层 四级	16	14	16	17	16	16	18	17	14	16	18		
	高层 一、二级	13	13	15	13	13	15	17	13	13	15	17	20	15
丁、戊类厂房	单层或多层 一、二级	12	10	12	13	10	12	14	13	10	12	14	15	13
	单层或多层 三级	14	12	14	15	12	14	16	15	12	14	16	18	15
	单层或多层 四级	16	14	16	17	16	16	18	17	14	16	18		
	高层 一、二级	13	13	15	13	13	15	17	13	13	15	17	15	13
室外变、配电站	变压器总油量（t） ≥5,≤10					12	15	20	12	15	20	25	20	
	>10,≤50	25	25	25	25	15	20	25	15	20	25	30	25	
	>50					20	25	30	20	25	30	35	30	

注：1. 乙类厂房与重要公共建筑之间的防火间距不宜小于 50 m，与明火或散发火花地点不宜小于 30 m。单层或多层戊类厂房之间及其与戊类仓库之间的防火间距，可按本表的规定减少 2 m。单层多层戊类厂房与民用建筑之间的防火间距可按本规范第 5.2.2 条的规定执行。为丙、丁、戊类厂房服务而单独设立的生活用房应按民用建筑确定，与所属厂房之间的防火间距不应小于 6 m。必须相邻建造时，应符合本表注 2、3 的规定。

2. 两座厂房相邻较高一面的外墙为防火墙时，其防火间距不限，但甲类厂房之间不应小于 4 m。两座丙、丁、戊类厂房相邻两面的外墙均为不燃烧体，当无外露的燃烧体屋檐，每面外墙上的门窗洞口面积之和各不大于该外墙面积的5%,且门窗洞口不正对开设时,其防火间距可按本表的规定减少25%。甲、乙类厂房(仓库)不应与本规范第3.3.5条规定外的其他建筑贴邻建造。

3.两座一、二级耐火等级的厂房,当相邻较低一面外墙为防火墙且较低一座厂房的屋顶耐火极限不低于1.00h,或相邻较高一面外墙的门窗等开口部位设置甲级防火门窗或防火分隔水幕或按本规范第6.5.2条的规定设置防火卷帘时,甲、乙类厂房之间的防火间距不应小于6 m;丙、丁、戊类厂房之间的防火间距不应小于4 m。

4.发电厂内的主变压器,其油量可按单台确定。

5.耐火等级低于四级的原有厂房,其耐火等级可按四级确定。

6.当丙、丁、戊类厂房与丙、丁、戊类仓库相邻时,应符合本表注2、3的规定。

3.4.2　甲类厂房与重要公共建筑之间的防火间距不应小于50 m,与明火或散发火花地点之间的防火间距不应小于30 m,与架空电力线的最小水平距离应符合本规范第12.2.1条的规定,与甲、乙、丙类液体储罐,可燃、助燃气体储罐,液化石油气储罐,可燃材料堆场的防火间距,应符合本规范第4章的有关规定。

3.4.3　散发可燃气体、可燃蒸气的甲类厂房与铁路、道路等的防火间距不应小于表3.4.3的规定,但甲类厂房所属厂内铁路装卸线当有安全措施时,其间距可不受表3.4.3规定的限制。

表3.4.3　甲类厂房与铁路、道路等的防火间距　　　　　　　　　　　　　　　m

名称	厂外铁路线中心线	厂内铁路线中心线	厂外道路路边	厂内道路路边	
				主要	次要
甲类厂房	30	20	15	10	5

3.4.4　高层厂房与甲、乙、丙类液体储罐,可燃、助燃气体储罐,液化石油气储罐,可燃材料堆场(煤和焦炭场除外)的防火间距,应符合本规范第4章的有关规定,且不应小于13 m。

3.4.5　当丙、丁、戊类厂房与民用建筑的耐火等级均为一、二级时,其防火间距可按下列规定执行:

1　当较高一面外墙为不开设门窗洞口的防火墙,可比相邻较低一座建筑屋面高15 m及以下范围内的外墙为不开设门窗洞口的防火墙时,其防火间距可不限。

2　相邻较低一面外墙为防火墙,且屋顶不设天窗,屋顶耐火极限不低于1.00 h,或相邻较高一面外墙为防火墙,且墙上开口部位采取了防火保护措施,其防火间距可适当减小,但不应小于4 m。

3.4.6　厂房外附设有化学易燃物品的设备时,其室外设备外壁与相邻厂房室外附设设备外壁或相邻厂房外墙之间的距离,不应小于本规范第3.4.1条的规定。用不燃烧材料制作的室外设备,可按一、二级耐火等级建筑确定。

总储量不大于15 m³的丙类液体储罐,当直埋于厂房外墙外,且面向储罐一面4.0 m范围内的外墙为防火墙时,其防火间距可不限。

3.4.7　同一座U形或山形厂房中相邻两翼之间的防火间距,不宜小于本规范第3.4.1条的规定,但当该厂房的占地面积小于本规范第3.3.1条规定的每个防火分区的最大允许建筑面积时,其防火间距可为6 m。

3.4.8　除高层厂房和甲类厂房外,其他类别的数座厂房占地面积之和小于本规范第3.3.1

条规定的防火分区最大允许建筑面积(按其中较小者确定,但防火分区的最大允许建筑面积不限者,不应超过 10 000 m²)时,可成组布置。当厂房建筑高度不大于 7 m 时,组内厂房之间的防火间距不应小于 4 m;当厂房建筑高度大于 7 m 时,组内厂房之间的防火间距不应小于 6 m。

组与组或组与相邻建筑之间的防火间距,应根据相邻两座耐火等级较低的建筑,按本规范第 3.4.1 条的规定确定。

3.4.9　一级汽车加油站、一级汽车液化石油气加气站和一级汽车加油加气合建站不应建在城市建成区内。

3.4.10　汽车加油、加气站和加油加气合建站的分级,汽车加油、加气站和加油加气合建站及其加油(气)机、储油(气)罐等与站外明火或散发火花地点、建筑、铁路、道路之间的防火间距,以及站内各建筑或设施之间的防火间距,应符合现行国家标准《汽车加油加气站设计与施工规范》GB 50156 的有关规定。

3.4.11　电力系统电压为 35～500 kV 且每台变压器容量在 10 MV·A 以上的室外变、配电站以及工业企业的变压器总油量大于 5 t 的室外降压变电站,与建筑之间的防火间距不应小于本规范第 3.4.1 条和第 3.5.1 条的规定。

3.4.12　厂区围墙与厂内建筑之间的间距不宜小于 5 m,且围墙两侧的建筑之间还应满足相应的防火间距要求。

3.5.1　甲类仓库之间及其与其他建筑、明火或散发火花地点、铁路、道路等的防火间距不应小于表 3.5.1 的规定,与架空电力线的最小水平距离应符合本规范第 12.2.1 条的规定。厂内铁路装卸线与设置装卸站台的甲类仓库的防火间距,可不受表 3.5.1 规定的限制。

表 3.5.1　甲类仓库之间及其与其他建筑、明火或散发火花地点、铁路等的防火间距　m

名称		甲类仓库及其储量/t			
		甲类储存物品第 3、4 项		甲类储存物品第 1、2、5、6 项	
		≤5	>5	≤10	>10
高层民用建筑、重要公共建筑		50			
裙房、其他民用建筑、明火或散发火花地点		30	40	25	30
甲类仓库		20			
厂房和乙、丙、丁、戊类仓库	一、二级耐火等级	15	20	12	15
	三级耐火等级	20	25	15	20
	四级耐火等级	25	30	20	25
电力系统电压为 35～500kV 且每台变压器容量在 10MV·A 以上的室外变、配电站 工业企业的变压器总油量大于 5 t 的室外降压变电站		30	40	25	30

续表 3.5.1

名称		甲类仓库及其储量/t			
		甲类储存物品第 3、4 项		甲类储存物品第 1、2、5、6 项	
		≤5	>5	≤10	>10
厂外铁路线中心线		40			
厂内铁路线中心线		30			
厂外道路路边		20			
厂内道路路边	主要	10			
	次要	5			

注:甲类仓库之间的防火间距,当第 3、4 项物品储量不大于 2t,第 1、2、5、6 项物品储量不大于 5 t 时,不应小于 12 m,甲类仓库与高层仓库之间的防火间距不应小于 13 m。

　　3.5.2　除本规范另有规定者外,乙、丙、丁、戊类仓库之间及其与民用建筑之间的防火间距,不应小于表 3.5.2 的规定。

表 3.5.2　乙、丙、丁、戊类仓库之间及其与民用建筑之间的防火间距　　　　m

名称			乙类仓库			丙类仓库				丁、戊类仓库			
			单层或多层		高层	单层或多层			高层	单层或多层			高层
			一、二级	三级	一、二级	一、二级	三级	四级	一、二级	一、二级	三级	四级	一、二级
乙、丙、丁、戊类仓库	单层或多层	一、二级	10	12	13	10	12	14	13	10	12	14	13
		三级	12	14	15	12	14	16	15	12	14	16	15
		四级	14	16	17	14	16	18	17	14	16	18	17
	高层	一、二级	13	15	13	13	15	17	13	13	15	17	13
民用建筑	裙房,单层或多层	一、二级	25			10	12	14	13	10	12	14	13
		三级	25			12	14	16	15	12	14	16	15
		四级	25			14	16	18	17	14	16	18	17
	高层	一类	50			20	25	25	20	20	25	25	20
		二类	50			15	20	20	15	13	15	15	13

注:1. 单层或多层戊类仓库之间的防火间距,可按本表减少 2 m。

　　2. 两座仓库相邻较高一面外墙为防火墙,且总占地面积不大于本规范第 3.3.2 条一座仓库的最大允许占地面积规定时,其防火间距不限。

　　3. 除乙类第 6 项物品外的乙类仓库,与民用建筑之间的防火间距不宜小于 25 m,与重要公共建筑之间的防火间距不应小于 50 m,与铁路、道路等的防火间距不宜小于表 3.5.1 中甲类仓库与铁路、道路等的防火间距。

　　3.5.3　当丁、戊类仓库与民用建筑的耐火等级均为一、二级时,其防火间距可按下列规定执行:

　　1　当较高一面外墙为不开设门窗洞口的防火墙,或比相邻较低一座建筑屋面高 15 m 及以下范围内的外墙为不开设门窗洞口的防火墙时,其防火间距可不限。

2 相邻较低一面外墙为防火墙,且屋顶不设天窗,屋顶耐火极限不低于 1.00 h,或相邻较高一面外墙为防火墙,且墙上开口部位采取了防火保护措施,其防火间距可适当减小,但不应小于 4 m。

3.5.4 粮食筒仓与其他建筑之间及粮食筒仓组与组之间的防火间距,不应小于表3.5.4的规定。

表3.5.4　粮食筒仓与其他建筑之间及粮食筒仓组与组之间的防火间距　　　　　　m

名称	粮食总储量 W/t	粮食立筒仓			粮食浅圆仓		建筑的耐火等级		
		$W \leqslant 40\,000$	$40\,000 < W \leqslant 50\,000$	$W > 50\,000$	$W \leqslant 50\,000$	$W > 50\,000$	一、二级	三级	四级
粮食立筒仓	$W > 50\,000$	15	20	25	20	25	10	15	20
	$10\,000 < W \leqslant 40\,000$						15	20	25
	$40\,000 < W \leqslant 50\,000$	20					20	25	30
	$W > 50\,000$	25					25	30	—
粮食浅圆仓	$W \leqslant 50\,000$	20	20	25	20	25	20	25	—
	$W > 50\,000$	25					25	30	—

注:1. 当粮食立筒仓、粮食浅圆仓与工作塔、接收塔、发放站为一个完整工艺单元的组群时,组内各建筑之间的防火间距不受本表限制。

2. 粮食浅圆仓组内每个独立的储量不应大于 10 000 t。

3.5.5 库区围墙与库区内建筑之间的间距不宜小于 5 m,且围墙两侧的建筑之间还应满足相应的防火间距要求。

5.2.2 民用建筑之间的防火间距不应小于表5.2.2的规定,与其他建筑物之间的防火间距除本节的规定外,应符合本规范其他章的有关规定。

表5.2.2　民用建筑之间的防火间距　　　　　　m

建筑类别		高层民用建筑	裙房和其他民用建筑		
		一、二级	一、二级	三级	四级
高层民用建筑	一、二级	13	9	11	14
裙房和其他民用建筑	一、二级	9	6	7	9
	三级	11	7	8	10
	四级	14	9	10	12

注:1. 相邻两座建筑物,当相邻外墙为不燃烧体且无外露的燃烧体屋檐,每面外墙上未设置防火保护措施的门窗洞口不正对开设,且面积之和不大于该外墙面积的5%时,其防火间距可按本表规定减少25%。

2. 通过裙房、连廊或天桥等连接的建筑物,其相邻两座建筑物之间的防火间距应符合本表规定。

3. 同一座建筑中两个不同防火分区的相对外墙之间的间距,应符合不同建筑之间的防火间距要求。

5.2.5 民用建筑与单独建造的终端变电所、单台蒸汽锅炉的蒸发量不大于 4t/h 或单台热水锅炉的额定热功率不大于 2.8MW 的燃煤锅炉房,其防火间距可按本规范第5.2.2条的规定执行。

民用建筑与单独建造的其他变电所,其防火间距应符合本规范第 3.4.1 条有关室外变、配电站的规定。

民用建筑与燃油或燃气锅炉房及蒸发量或额定热功率大于本条规定的燃煤锅炉房,其防火间距应符合本规范第 3.4.1 条有关丁类厂房的规定。

10kV 及以下的预装式变电站与建筑物的防火间距不应小于 3 m。

5.2.6　除高层民用建筑外,数座一、二级耐火等级的住宅建筑或办公建筑,当建筑物的占地面积总和不大于 2 500 m² 时,可成组布置,但组内建筑物之间的间距不宜小于 4 m。组与组或组与相邻建筑物之间的防火间距不应小于本规范第 5.2.2 条的规定。

(2)以下是关于《人民防空地下室设计规范》(GB 50038—2005)的规范条文原文。

3.1.3　**防空地下室距生产、储存易燃易爆物品厂房、库房的距离不应小于 50 m;距有害液体、重毒气体的贮罐不应小于 100 m。**

(3)以下是关于《高层民用建筑设计防火规范(2005 年版)》(GB 50045—1995)的规范条文原文。

4.2.1　高层建筑之间及高层建筑与其他民用建筑之间的防火间距,不应小于表 4.2.1 的规定。

表 4.2.1　高层建筑之间及高层建筑与其他民用建筑之间的防火间距　　　　　　m

建筑类别	高层建筑	裙房	其他民用建筑		
			耐火等级		
			一、二级	三级	四级
高层建筑	13	9	9	11	14
裙房	9	6	6	7	9

注:防火间距应按相邻建筑外墙的最近距离计算;当外墙有突出可燃构件时,应从其突出的部分外缘算起。

4.2.2　两座高层建筑或高层建筑与不低于二级耐火等级的单层、多层民用建筑相邻,当较高一面外墙为防火墙或比相邻较低一座建筑屋面高 15.00 m 及以下范围内的墙为不开设门、窗洞口的防火墙时,其防火间距可不限。

4.2.3　两座高层建筑或高层建筑与不低于二级耐火等级的单层、多层民用建筑相邻,当较低一座的屋顶不设天窗、屋顶承重构件的耐火极限不低于 1.00h,且相邻较低一面外墙为防火墙时,其防火间距可适当减小,但不宜小于 4.00 m。

4.2.4　两座高层建筑或高层建筑与不低于二级耐火等级的单层、多层民用建筑相邻,当相邻较高一面外墙耐火极限不低于 2.00h,墙上开口部位设有甲级防火门、窗或防火卷帘时,其防火间距可适当减小,但不宜小于 4.00 m。

4.2.5　高层建筑与小型甲、乙、丙类液体储罐、可燃气体储罐和化学易燃物品库房的防火间距,不应小于表 4.2.5 的规定。

表4.2.5　高层建筑与小型甲、乙、丙类液体储罐、可燃气体储罐和化学易燃物品库房的防火间距

名称和储量		防火间距/m	
		高层建筑	裙房
小型甲、乙类液体储罐	<30 m³	35	30
	30～60 m³	40	35
小型丙类液体储罐	<150 m³	35	30
	150～200 m³	40	35
可燃气体储罐	<100 m³	30	25
	100～500 m³	35	30
化学易燃物品库房	<1t	30	25
	1～5t	35	30

注：①储罐的防火间距应从距建筑物最近的储罐外壁算起。

②当甲、乙、丙类液体储罐直埋时，本表的防火间距可减少50%。

4.2.6　高层医院等的液氧储罐总容量不超过3.00 m³时，储罐间可一面贴邻所属高层建筑外墙建造，但应采用防火墙隔开，并应设直通室外的出口。

4.2.7　高层建筑与厂(库)房的防火间距，不应小于表4.2.7的规定。

表4.2.7　高层建筑与厂(库)房的防火间距　　　　　　　　　　　m

厂(库)房			一类		二类	
			高层建筑	裙房	高层建筑	裙房
丙类	耐火等级	一、二级	20	15	15	13
		三、四级	25	20	20	15
丁类、戊类		一、二级	15	10	13	10
		三、四级	18	12	15	10

4.2.8　高层民用建筑与燃气调压站、液化石油气气化站、混气站和城市液化石油气供应站瓶库之间的防火间距应按《城镇燃气设计规范》GB 50028中的有关规定执行。

(4)以下是关于《汽车库、修车库、停车场设计防火规范》(GB 50067—1997)摘录。

4.2.1　车库之间以及车库与除甲类物品库房外的其他建筑物之间的防火间距不应小于表4.2.1的规定。

表4.2.1　国库之间以及车库与除甲类物品库房外的其他建筑物之间的防火间距

国库名称和耐火等级	防火间距(m)	汽车库、修车库、厂房、库房、民用建筑耐火等级		
		一、二级	三级	四级
汽车库、修车库	一、二级	10	12	14
	三级	12	14	16
停车场		6	8	10

注：1.防火间距应按相邻建筑物外墙的最近距离算起，如外墙有凸出的可燃物构件时，则应从其凸出部分外

缘算起,停车场从靠近建筑物的最近停车位置边缘算起。

2.高层汽车库与其他建筑物之间,汽车库、修车库与高层民用建筑之间的防火间距应按本表规定值增加3 m。

3.汽车库、修车库与甲类厂房之间的防火间距应该按本表规定值增加2 m。

4.2.2　两座建筑物相邻较高一面外墙为不开设门、窗、洞口的防火墙或当较高一面外墙比较低建筑高15 m 及以下范围内的墙为不开门、窗、洞口的防火墙时,其防火间距可不限。

当较高一面外墙上,同较低建筑等高的以下范围内的墙为不开设门、窗、洞口的防火墙时,其防火间距可按本规范表4.2.1的规定值减小50%。

4.2.3　相邻的两座一、二级耐火等级建筑,当较高一面外墙耐火极限不低于2.00 h,墙上开口部位设有甲级防火门、窗或防火卷帘、水幕等防火设施时,其防火间距可减小,但不宜小于4 m。

4.2.4　相邻的两座一、二级耐火等级建筑,当较低一座的屋顶不设天窗,屋顶承重构件的耐火极限不低于1.00h,且较低一面外墙为防火墙时,其防火间距可减小,但不宜小于4 m。

4.2.5　甲、乙类物品运输车的车库与民用建筑之间的防火间距不应小于25 m,与重要公共建筑的防火间距不应小于50 m。甲类物品运输车的车库与明火或散发火花地点的防火间距不应小于30 m,与厂房、库房的防火间距应按本规范表4.2.1的规定值增加2 m。

4.2.6　车库与易燃、可燃液体储罐,可燃气体储罐,液化石油气储罐的防火间距,不应小于表4.2.6的规定。

表4.2.6　车库与易燃、可燃液体储罐,可燃气体储罐,液化石油气储罐的防火间距

名称	总贮量(m³)　防火间距(m)	汽车库、修车库		停车场
		一、二级	三级	
易燃液体储罐	1~50	12	15	12
	51~200	15	20	15
	201~1 000	20	25	20
	1 001~5 000	25	30	25
可燃液体储罐	5~250	12	15	12
	251~1 000	15	20	15
	1 001~5 000	20	25	20
	5 001~25 000	25	30	25
水槽式可燃气体储罐	≤1 000	12	15	12
	1 001~10 000	15	20	15
	>10 000	20	25	20
液化石油气储罐	1~30	18	20	18
	31~200	20	25	20
	201~500	25	30	25
	>500	30	40	30

注:1.防火间距应从距车库最近的储罐外壁算起,但设有防火堤的储罐,其防火堤外侧基脚线距车库的距离不应小于10 m。

2. 计算易燃、可燃液体储罐区总贮量时,1 m³ 的易燃液体按 5 m³ 的可燃液体计算。

3. 干式可燃气体储罐与车库的防火间距按本表规定值增加 25%。

4.2.8 车库与甲类物品库房的防火间距不应小于表 4.2.8 的规定。

表 4.2.8　车库与甲类物品库房的防火间距

名称	总贮量(t)	防火间距(m)	汽车库、修车库		停车场
			一、二级	三级	
甲类物品库房	3、4 项	≤5	15	20	15
		>5	20	25	20
	1、2、5、6 项	≤10	12	15	12
		>10	15	20	15

4.2.9　车库与可燃材料露天、半露天堆场的防火间距不应小于表 4.2.9 的规定。

表 4.2.9　汽车库与可燃材料露天、半露天堆场的防火间距

名称	总贮量(t)	防火间距(m)	汽车库、修车库		停车场
			一、二级	三级	
稻草、麦秸、芦苇等		10 ~ 500	15	20	15
		201 ~ 10000	20	25	20
		10001 ~ 20000	25	30	25
棉麻、毛、化纤、百货		10 ~ 500	10	15	10
		501 ~ 1000	15	20	15
		1001 ~ 5000	20	25	20
煤和焦炭		1000 ~ 5000	6	8	6
		>5000	8	10	8
粮食	筒仓	10 ~ 5000	10	15	10
		5001 ~ 20000	15	20	15
	席穴囤	10 ~ 5000	15	20	15
		5001 ~ 20000	20	25	20
木材等可燃材料		50 ~ 1000 m³	10	15	10
		1001 ~ 10000 m³	15	20	15

4.2.10　车库与煤气调压站之间,车库与液化石油气的瓶装供应站之间的防火间距,应按现行的国家标准《城镇燃气设计规范》的规定执行。

4.2.11　车库与石油库、小型石油库、汽车加油站的防火间距应按现行国家标准《石油

库设计规范》、《小型石油库及汽车加油站设计规范》的规定执行。

4.2.12　停车场的汽车宜分组停放,每组停车的数量不宜超过 50 辆,组与组之间的防火间距不应小于 6 m。

（5）以下是关于《人民防空工程设计防火规范》（GB 50098—2009）摘录。

3.2.2　人防工程的采光窗井与相邻地面建筑的最小防火间距,应符合表 3.2.2 的规定。

表3.2.2　采光窗井与相邻地面建筑的最小防火间距　　　　　　m

防火间距　　地面建筑类别和耐火等级 人防工程类别	民用建筑			丙、丁、戊类厂房、库房			高层民用建筑		甲、乙类厂房、库房
	一、二级	三级	四级	一、二级	三级	四级	主体	附属	—
丙、丁、戊类生产车间、物品库房	10	12	14	10	12	14	13	6	25
其他人防工程	6	7	9	10	12	14	13	6	25

注:1.防火间距按人防工程有窗外墙与相邻地面建筑外墙的最近距离计算;

　　2.当相邻的地面建筑物外墙为防火墙时,其防火间距不限。

（6）以下是关于《汽车加油加气站设计与施工规范》（GB 50156—2012）摘录。

5.0.13　加油加气站内设施之间的防火距离,不应小于表 5.0.13-1 和表 5.0.13-2 的规定。

表 5.0.13-1　站内设施的防火间距(m)

设施名称	汽油罐	柴油罐	汽油通气管管口	柴油通气管管口	LPG储罐 地上罐一级站	地上罐二级站	地上罐三级站	埋地罐一级站	埋地罐二级站	埋地罐三级站	CNG储气设施	CNG集中放散管管口	油品卸车点	LPG泵(房)、压缩机(间)	天然气压缩机(间)	天然气调压器(间)	天然气脱硫和脱水设备	加油机	LPG加气机	CNG加气机、加气枪和卸气柱	站房	消防泵房和消防水池取水口	自用燃煤锅炉房和燃煤厨房	自用有燃气(油)设备的房间	站区围墙
汽油罐	0.5	0.5	—	—	×	×	×	6	4	3	6	6	—	5	6	6	5	—	4	4	4	10	18.5	8	3
柴油罐	0.5	0.5	—	—	×	×	×	4	3	3	4	4	—	3.5	4	4	3.5	—	3	3	3	7	13	6	2
汽油通气管管口	—	—	—	—	×	×	×	8	6	3	6	3	3	8	6	6	5	—	8	8	4	10	18.5	8	3
柴油通气管管口	—	—	—	—	×	×	×	6	4	4	4	2	2	6	4	4	3.5	—	6	6	3.5	7	13	6	2
LPG储罐 地上罐一级站	×	×	×	×		D	D	×	×	×	×	×	12	12/10	×	×	×	12/10 12/10	12/10	×	12/10	40/30	45	18/14	6
地上罐二级站	×	×	×	×	D		D	×	×	×	×	×	10	10/8	×	×	×	10/8	10/8	×	10/8	30/20	38	16/12	5
地上罐三级站	×	×	×	×	D	D		2	2	2	×	×	8	8/6	×	×	×	8/6	8/6	×	8	30/20	33	16/12	4
埋地罐一级站	6	4	8	6	×	×	2		2	2	×	×	5	6	×	×	×	8	8	×	8	20	30	10	3
埋地罐二级站	4	3	6	4	×	×	2	2		2	×	×	3	5	×	×	×	6	6	×	6	15	25	8	3
埋地罐三级站	3	3	3	4	×	×	2	2	2		×	×	3	4	×	×	×	4	4	×	6	12	18	8	3
CNG储气设施	6	4	6	4	×	×	×	×	×	×	1.5(1)	—	6	×	×	×	×	6	×	—	5	15	25	14	3
CNG集中放散管管口	6	4	3	2	×	×	×	×	×	×	—	—	6	×	×	×	×	8	×	—	5	5	14	3	—
油品卸车点	—	—	3	2	12	10	8	5	3	3	6	6	—	5	×	×	5	6	8	4	6	10	15	8	—
LPG卸车点	5	3.5	8	6	10/8/6	8	3	3	3	3	4	—	4	5	×	×	5	6	5	4	6	8	25	12	3

续表 5.0.13-1

设施名称	汽油罐	柴油罐	汽油通气管管口	柴油通气管管口	LPG储罐 地上罐 一级站	LPG储罐 地上罐 二级站	LPG储罐 地上罐 三级站	LPG储罐 埋地罐 一级站	LPG储罐 埋地罐 二级站	LPG储罐 埋地罐 三级站	CNG储气设施	CNG集散放散管管口	油品卸车点	LPG卸车点	LPG泵（房）、压缩机（间）	天然气压缩机（间）	天然气调压器（间）	天然气脱硫和脱水设备	加油机	LPG加气机	CNG加气机、加气柱和卸气柱	站房	消防泵房和消防水池取水口	自用燃煤锅炉房和燃煤厨房	自用有燃气（油）设备的房间	站区围墙
LPG泵（房）、压缩机（间）	5	3.5	6	4	12/10	10/8	8/6	8	8	6	×	×	4	5	—	×	×	×	4	4	×	6	8	25	12	2
天然气压缩机（间）	6	4	6	4	×	×	×	×	×	×	—	—	6	×	×	—	—	—	4	6	—	5	8	25	12	2
天然气调压器（间）	6	4	6	4	×	×	×	×	×	×	—	—	6	×	×	—	—	—	6	6	—	5	8	25	12	2
天然气脱硫和脱水设备	5	3.5	5	3.5	×	×	×	×	×	×	6	6	5	×	×	×	×	—	5	4	4	5	15	25	12	—
加油机	—	—	—	—	12/10	10/8	8/6	8	8	6	6	6	—	6	4	4	6	5	—	—	4	5	6	15(10)	8(6)	—
LPG加气机	4	3	8	6	12/10	10/8	8/6	8	6	4	×	×	4	5	4	4	6	5	4	—	×	6	6	18	12	—
CNG加气机、加气柱和卸气柱	4	3	8	6	×	×	×	×	×	×	×	×	4	×	×	—	—	—	4	×	—	5	6	18	12	—
站房	4	3	4	3.5	12/10	10/8	8/6	8	8	6	5	5	5	6	6	5	5	5	5	5.5	5	—	—	—	—	—

续表 5.0.13 - 1

设施名称	汽油罐	柴油罐	汽油通气管管口	柴油通气管管口	LPG储罐 地上罐 一级站	地上罐 二级站	地上罐 三级站	埋地罐 一级站	埋地罐 二级站	埋地罐 三级站	CNG储气瓶设施	CNG集中放散管口	油品卸车点	LPG卸车点	LPG泵(房)、压缩机(间)	天然气压缩机(间)	天然气调压器(间)	天然气脱硫和脱水设备	加油机	LPG加气机	CNG加气机、加气柱和卸气柱	站房	消防泵房和消防水池取水口	自用燃煤锅炉房和燃煤煤厨房	自用燃气(油)设备的房间	站区围墙
消防泵房和消防水池取水口	10	7	10	7	40/30	30	30/20/20	20	15	12			10	8	8	8	8	15	6	6	6		—	12	—	—
自用燃煤锅炉房和燃煤煤厨房	18.5	13	18.5	13	45	38	33	30	25	18	25	15	15	25	25	25	25	25	15(10)	18	18		12	—	—	—
自用燃气(油)设备的房间	8	6	8	6	18/14	16/12	16/12	10	8	8	14	14	8	12	12	12	12	12	8(6)	12	12		—	—	—	—
站区围墙	3	2	3	2	6	5	5	4	3	3	3	3	—	3	2	2	2	2	—		12		—	—	—	—

注:1. 表中数据分子为 LPG 储罐无固定喷淋装置时的距离,分母为 LPG 储罐设有固定喷淋装置的距离。D 为 LPG 地上罐相邻较大罐的直径。

2. 括号内数值为储气井与储气瓶与自用有燃煤或燃气或燃油设备的房间的距离。

3. 提装式加油装置的油罐与站内设施之间的防火间距应按本表汽油罐增加 30%。

4. 当卸油采用油气回收系统时,汽油通气管管口与站区围墙之间距离不应小于 2m。

5. LPG 储罐放散管口与 LPG 储罐的防火间距不限,与站内其他设施的防火间距可按相应级别的 LPG 埋地罐确定。

6. LPG 泵和压缩机、天然气压缩机,调压器和天然气脱硫和脱水设备设在非开敞的室内时,起算点应为该设备所在的室外墙;LPG 泵和压缩机、天然气压缩机、天然气调压器设在非开敞的室内时,其储罐与站内其他设施的防火间距,不应低于本表三级站的地上储罐防火间距确定。

7. LPG 储罐的整体装配式加气站,其储罐与站内其他相应设备的防火间距,应按本表相应设备所在该类设备的防火间距确定。

8. CNG 加气站内其他设备与站内设备所在的房间的起算点应为门窗等洞口。

9. 站内燃煤或燃气(油)等明火设备一起算点的起算点应为门窗等洞口。站房内设置有变配电间时,变配电间的布置应符合本规范第 5.0.8 条的规定。

10. 表中"—"表示无防火间距要求,"×"表示该类设施不应合建。

表5.0.13-2 站内设施的防火间距（m）

设施名称	汽油罐、柴油罐	油罐通气管管口	LPG储罐一级站	LPG储罐二级站	LPG储罐三级站	CNG储气设施	天然气放散管管口CNG系统	天然气放散管管口LNG系统	油品卸车点	LNG卸车点	天然气压缩机(间)	天然气调压器(间)	天然气脱硫、脱水装置	加油机	CNG加气机	LNG加气机	LNG潜液泵池	LNG挂壁泵	LNG高压气化器	站房	消防泵房和消防水池取水口	有燃气(油)设备的房间	站区围墙
汽油罐、柴油罐	*	*	15	12	10	*	*	6	*	6	*	*	*	*	*	4	6	6	5	*	*	*	*
油罐通气管管口	*	*	12	10	8	*	*	6	*	8	*	*	*	*	*	8	8	8	5	*	*	*	*
LPG储罐 一级站	15	12	2	—	—	6	5	—	12	5	6	6	6	8	5	8	8	8	6	10	20	15	6
LPG储罐 二级站	12	10	—	2	—	4	4	—	10	3	4	4	4	8	4	4	—	2	4	8	15	12	5
LPG储罐 三级站	10	8	—	—	—	4	4	—	8	2	4	4	4	6	4	2	—	2	3	6	15	12	4
CNG储气设施	*	*	6	4	4	*	*	3	*	6	*	*	*	*	*	6	—	2	3	*	*	*	*
天然气放散管管口 CNG系统	*	*	5	4	4	*	*	—	*	4	*	*	*	*	—	6	6	6	—	*	*	*	*
天然气放散管管口 LNG系统	6	6	—	—	—	3	—	*	6	3	—	3	4	8	8	—	6	4	5	8	12	12	3
油品卸车点	*	*	12	10	8	*	*	6	*	6	*	*	*	*	*	6	—	—	4	*	*	*	*
LNG卸车点	6	8	5	3	2	6	4	3	6	*	3	3	6	6	6	—	6	6	6	6	15	12	2
天然气压缩机(间)	*	*	6	4	4	*	*	—	*	3	*	*	*	*	*	6	—	2	6	*	*	*	*
天然气调压器(间)	*	*	6	4	4	*	*	3	*	3	*	*	*	6	*	6	6	6	6	*	*	*	*
天然气脱硫、脱水装置	*	*	6	4	4	*	4	4	*	6	*	*	*	6	*	6	6	6	6	*	*	*	*
加油机	*	*	8	8	6	*	*	6	*	6	6	6	6	*	*	2	6	6	5	*	*	*	*
CNG加气机	*	*	8	6	4	6	4	6	6	6	6	6	6	*	*	2	6	6	5	*	*	*	*
LNG加气机	4	8	8	4	2	6	6	6	6	—	6	6	6	2	2	*	2	6	5	6	15	8	—
LNG潜液泵池	6	8	—	—	—	6	4	6	6	—	—	6	6	6	6	4	*	2	5	6	15	8	2

续表 5.0.13-2

设施名称	汽油罐、柴油罐	油罐通气管管口	LPG储罐			CNG储气设施	天然气放散管管口		油品卸车点	LNG卸车点	天然气压缩机（间）	天然气调压器（间）	天然气脱硫、脱水装置	加油机	CNG加气机	LNG加气机	LNG潜液泵池	LNG挂壁泵	LNG高压气化器	站房	消防泵房和消防水池取水口	有燃气（油）设备的房间	站区围墙
			一级站	二级站	三级站		CNG系统	LNG系统															
LNG挂壁泵	6	8	2	2	2	6	4	—	6	2	6	6	6	6	6	6	2	—	2	6	15	8	2
LNG高压气化器	5	5	6	4	3	3	—	—	5	4	6	6	6	6	5	5	5	2	—	8	15	8	2
站房	*	*	10	8	6	6	*	8	*	6	*	*	*	*	*	6	6	6	8	*	*	*	*
消防泵房和消防水池取水口	*	*	20	15	15	15	12	12	*	15	*	*	*	*	*	15	15	15	15	*	*	*	*
有燃气（油）设备的房间	*	*	15	12	12	*	*	12	*	12	*	*	*	*	*	8	8	8	8	*	*	*	*
站区围墙	*	*	6	5	4	4	3	3	*	2	*	*	*	*	*	—	2	2	2	*	*	*	*

注：1. 站房、有燃气（油）等明火设备的房间的起算点应为门窗等洞口。

2. 表中"—"表示无防火间距要求，"*"表示应符合表5.0.13-1的规定。

(7)以下是关于《住宅建筑规范》(GB 50368—2005)摘录。

9.3.1　住宅建筑与相邻建筑、设施之间的防火间距应根据建筑的耐火等级、外墙的防火构造、灭火救援条件及设施的性质等因素确定。

9.3.2　住宅建筑与相邻民用建筑之间的防火间距应符合表9.3.2的要求。当建筑相邻外墙采取必要的防火措施后，其防火间距可适当减少或贴邻。

表9.3.2　住宅建筑与住宅及其他民用建筑之间的防火间距　　　　　　　m

建筑类别			10 层及 10 层以上住宅、高层民用建筑		9 层及 9 层以下住宅、非高层民用建筑		
			高层建筑	裙房	耐火等级		
					一、二级	三级	四级
9 层及 9 层以下住宅	耐火等级	一、二级	9	6	6	7	9
		三级	11	7	7	8	10
		四级	14	9	9	10	12
10 层及 10 层以上住宅			13	9	9	11	14

3.5.4.5　其他建筑间距

以下是关于《住宅建筑规范》(GB 50368—2005)摘录。

4.1.2　住宅至道路边缘的最小距离，应符合表4.1.2的规定。

表4.1.2　住宅至道路边缘最小距离　　　　　　　　　m

与住宅距离		路面宽度	<6m	6~9m	>9m
住宅面向道路	无出入口	高层	2	3	5
		多层	2	3	3
	有出入口		2.5	5	—
住宅山墙面向道路		高层	1.5	2	4
		多层	1.5	2	2

注：1.当道路设有人行便道时，其道路边缘指便道边线。
　　2.其中"—"表示住宅不应向路面宽度大于9m的道路开设出入口。

4.5.2　住宅用地的防护工程设置应符合下列规定：

1　台阶式用地的台阶之间应用护坡或挡土墙连接，相邻台地间高差大于1.5m时，应在挡土墙或坡比值大于0.5的护坡顶面加设安全防护设施；

2　土质护坡的坡比值不应大于0.5；

3　高度大于2m的挡土墙和护坡的上缘与住宅间水平距离不应小于3m，其下缘与住宅间的水平距离不应小于2m。

3.5.5　防火分区

为了审查方便，现将规范对防火分区要求汇总如下(黑体部分为强制性条文)。

(1)以下是关于《建筑设计防火规范》(GB 50016—2012)摘录。

5.3.1 除本规范另有规定者外,建筑的防火分区允许面积和建筑最大允许层数应符合表 5.3.1 的规定。

表 5.3.1 建筑的耐火等级、允许层数和防火分区最大允许建筑面积

名称	耐火等级	建筑高度或允许层数	防火分区的最大允许建筑面积/m²	备注
高层民用建筑	一、二级	符合表5.1.1的规定	1500	1. 当高层建筑主体与其裙房之间设置防火墙等防火分隔设施时,裙房的防火分区最大允许建筑面积不应大于2500m² 2. 体育馆、剧场的观众厅,其防火分区最大允许建筑面积可适当放宽
单层或多层民用建筑	一、二级		2500	
	三级	5 层	1200	—
	四级	2 层	600	—
地下、半地下建筑(室)	一级	不宜超过 3 层	500	设备用房的防火分区最大允许建筑面积不应大于1000m²

注:表中规定的防火分区的最大允许建筑面积,当建筑内设置自动灭火系统时,可按本表的规定增加 1.0 倍。局部设置时,增加面积可按该局部面积的 1.0 倍计算。

5.3.2 当建筑物内设置自动扶梯、中庭、敞开楼梯等上下层相连通的开口时,其防火分区的建筑面积应按上下层相连通的建筑面积叠加计算,且不应大于本规范第 5.3.1 条的规定。

对于中庭,当相连通楼层的建筑面积之和大于一个防火分区的建筑面积时,应符合下列规定:

1 除首层外,建筑功能空间与中庭间应进行防火分隔,与中庭相通的门或窗,应采用火灾时可自行关闭的甲级防火门或甲级防火窗;

2 与中庭相通的过厅、通道等处,应设置甲级防火门或耐火极限不小于 3.00h 的防火分隔物;

3 高层建筑中的中庭回廊应设置自动喷水灭火系统和火灾自动报警系统;

4 中庭应按本规范第 8 章的规定设置排烟设施。

(2)以下是关于《高层民用建筑设计防火规范(2005 年版)》(GB 50045—1995)摘录。

5.1.1 高层建筑内应采用防火墙等划分防火分区,每个防火分区允许最大建筑面积,不应超过表 5.1.1 的规定。

表 5.1.1 每个防火分区的允许最大建筑面积

建筑类别	每个防火分区建筑面积/m²
一类建筑	1 000
二类建筑	1 500
地下室	500

注:1. 设有自动灭火系统的防火分区,其允许最大建筑面积可按本表增加 1.00 倍;当局部设置自动灭火系统时,增加面积可按该局部面积的 1.00 倍计算。

2. 一类建筑的电信楼,其防火分区允许最大建筑面积可按本表增加 50%。

5.1.2　高层建筑内的商业营业厅、展览厅等,当设有火灾自动报警系统和自动灭火系统,且采用不燃烧或难燃烧材料装修时,地上部分防火分区的允许最大建筑面积为4000m²;地下部分防火分区的允许最大建筑面积为2000m²。

5.1.3　当高层建筑与其裙房之间设有防火墙等防火分隔设施时,其裙房的防火分区允许最大建筑面积不应大于2500m²,当设有自动喷水灭火系统时,防火分区允许最大建筑面积可增加1.00倍。

5.1.4　高层建筑内设有上下层相连通的走廊、敞开楼梯、自动扶梯、传送带等开口部位时,应按上下连通层作为一个防火分区,其允许最大建筑面积之和不应超过本规范第5.1.1条的规定。当上下开口部位设有耐火极限大于3.00h的防火卷帘或水幕等分隔设施时,其面积可不叠加计算。

5.1.5　高层建筑中庭防火分区面积应按上、下层连通的面积叠加计算,当超过一个防火分区面积时,应符合下列规定:

5.1.5.1　房间与中庭回廊相通的门、窗,应设自行关闭的乙级防火门、窗。

5.1.5.2　与中庭相通的过厅、通道等,应设乙级防火门或耐火极限大于3.00h的防火卷帘分隔。

5.1.5.3　中庭每层回廊应设有自动喷水灭火系统。

5.1.5.4　中庭每层回廊应设火灾自动报警系统。

(3)以下是关于《汽车库、修车库、停车场设计防火规范》(GB 50067—1997)摘录。

5.1.1　汽车库应设防火墙划分防火分区。每个防火分区的最大允许建筑面积应符合表5.1.1的规定。

表5.1.1　汽车库防火分区最大允许建筑面积　　　　　　　　　　　　　　m²

耐火等级	单层汽车库	多层汽车库	地下汽车库或高层汽车库
一、二级	3 000	2 500	2 000
三级	1 000		

注:1.敞开式、错层式、斜楼板式的汽车库的上下连通层面积应叠加计算,其防火分区最大允许建筑面积可
　　按本表规定值增加一倍。

　　2.室内地坪低于室外地坪面高度超过该层汽车库净高1/3且不超过净高1/2的汽车库,或设在建筑物首
　　层的汽车库的防火分区最大允许建筑面积不应超过2500m²。

　　3.复式汽车库的防火分区最大允许建筑面积应按本表规定值减少35%。

5.1.4　甲、乙类物品运输车的汽车库、修车库,其防火分区最大允许建筑面积不应超过500 m²。

5.1.5　修车库防火分区最大允许建筑面积不应超过2 000 m²,当修车部位与相邻的使用有机溶剂的清洗和喷漆工段采用防火墙分隔时,其防火分区最大允许建筑面积不应超过4 000 m²。

设有自动灭火系统的修车库,其防火分区最大允许建筑面积可增加1倍。

(4)以下是关于《人民防空工程设计防火规范》(GB 50098—2009)摘录。

4.1.1　人防工程内应采用防火墙划分防火分区,当采用防火墙确有困难时,可采用防火卷帘等防火分隔设施分隔,防火分区划分应符合下列要求:

1　防火分区应在各安全出口处的防火门范围内划分;

2　水泵房、污水泵房、水池、厕所、盥洗间等无可燃物的房间,其面积可不计入防火分区的面积之内;

3　与柴油发电机房或锅炉房配套的水泵间、风机房、储油间等,应与柴油发电机房或锅炉房一起划分为一个防火分区;

4　防火分区的划分宜与防护单元相结合;

5　**工程内设置有旅店、病房、员工宿舍时,不得设置在地下二层及以下层,并应划分为独立的防火分区,且疏散楼梯不得与其他防火分区的疏散楼梯共用。**

4.1.2　每个防火分区的允许最大建筑面积,除本规定另有规定者外,不应大于 500 m^2。当设置有自动灭火系统时,允许最大建筑面积可增加 1 倍;局部设置时,增加的面积可按该局部面积的 1 倍计算。

4.1.3　商业营业厅、展览厅、电影院和礼堂的观众厅、溜冰馆、游泳馆、射击馆、保龄球馆等防火分区划分应符合下列规定:

1　商业营业厅、展览厅等,当设置有火灾自动报警系统和自动灭火系统,且采用 A 级装修材料装修时,防火分区允许最大建筑面积不应大于 2000m^2;

2　电影院、礼堂的观众厅,防火分区允许最大建筑面积不应大于 2000m^2。当设置有火灾自动报警系统和自动灭火系统时,其允许最大建筑面积也不得增加;

3　溜冰馆的冰场、游泳馆的游泳池、射击馆的靶道区、保龄球馆的球道区等,其面积可不计入溜冰馆、游泳馆、射击馆、保龄球馆的防火分区面积内。溜冰馆的冰场、游泳馆的游泳池、射击馆的靶道区等,其装修材料应采用 A 级。

4.1.4　丙、丁、戊类物品库房的防火分区允许最大建筑面积应符合表 4.1.4 的规定。当设置有火灾自动报警系统和自动灭火系统时,允许最大建筑面积可增加 1 倍;局部设置时,增加的面积可按该局部面积的 1 倍计算。

表4.1.4　丙、丁、戊类物品库房防火分区允许最大建筑面积　　　　　m^2

储存物品类别		防火分区最大允许建筑面积
丙	闪点≥60℃的可燃液体	150
	可燃固体	300
丁		500
戊		1000

4.1.5　人防工程内设置有内挑台、走马廊、开敞楼梯和自动扶梯等上下连通层时,其防火分区面积应按上下层相连通的面积计算,其建筑面积之和应符合本规范的有关规定,且连通的层数不宜大于 2 层。

4.1.6　当人防工程地面建有建筑物,且与地下一、二层有中庭相通或地下一、二层有中庭相通时,防火分区面积应按上下多层相连通的面积叠加计算;当超过本规范规定的防火分区最大允许建筑面积时,应符合下列规定:

1　房间与中庭相通的开口部位应设置火灾时能自行关闭的甲级防火门窗;

2　与中庭相通的过厅、通道等处,应设置甲级防火门或耐火极限不低于 3h 的防火卷帘;防火门或防火卷帘应能在火灾时自动关闭或降落;

3　中庭应按本规范第 6.3.1 条的规定设置排烟设施。

（5）以下是关于《铁路旅客车站建筑设计规范（2011 年版）》（GB 50226—2007）摘录。

7.1.2　其他建筑与旅客车站合建时必须划分防火分区。

7.1.4　特大型、大型和中型站内的集散厅、候车区（室）、售票厅和办公区、设备区、行李与包裹库，应分别设置防火分区。集散厅、候车区（室）、售票厅不应与行李及包裹库上下组合布置。

（6）以下是关于《住宅建筑规范》（GB 50368—2005）摘录。

9.1.2　住宅建筑中相邻套房之间应采取防火分隔措施。

9.1.3　当住宅与其他功能空间处于同一建筑内时，住宅部分与非住宅部分之间应采取防火分隔措施，且住宅部分的安全出口和疏散楼梯应独立设置。

经营、存放和使用火灾危险性为甲、乙类物品的商店、作坊和储藏间，严禁附设在住宅建筑中。

（7）以下是关于《体育建筑设计规范》（JGJ 31—2003）摘录。

8.1.3　防火分区应符合下列要求：

1　体育建筑的防火分区尤其是比赛大厅，训练厅和观众休息厅等大空间处应结合建筑布局、功能分区和使用要求加以划分，并应报当地公安消防部门认定；

2　观众厅、比赛厅或训练厅的安全出口应设置乙级防火门；

3　位于地下室的训练用房应按规定设置足够的安全出口。

（8）以下是关于《图书馆建筑设计规范》（JGJ 38—1999）摘录。

6.2.2　基本书库、非书库资料库，藏阅合一的阅览空间防火分区最大允许建筑面积：当为单层时，不应大于 1 500 m²；当为多层，建筑高度不超过 24.00 m 时，不应大于 1 000 m²；当高度超过 24.00 m 时，不应大于 700 m²；地下室或半地下室的书库，不应大于 300 m²。

当防火分区设有自动灭火系统时，其允许最大建筑面积可按上述规定增加 1.00 倍，当局部设置自动灭火系统时，增加面积可按该局部面积的 1.00 倍计算。

6.2.3　珍善本书库、特藏库，应单独设置防火分区。

6.2.4　采用积层书架的书库，划分防火分区时，应将书架层的面积合并计算。

（9）以下是关于《综合医院建筑设计规范》（JGJ 49—1988）摘录。

第 4.0.3 条　防火分区

一、医院建筑的防火分区应结合建筑布局和功能分区划分。

二、防火分区的面积除按建筑耐火等级和建筑物高度确定外；病房部分每层防火分区内，尚应根据面积大小和疏散路线进行防火在分隔；同层有二个及二个以上护理单元时，通向公共走道的单元入口处，应设乙级防火门。

三、防火分区内的病房、产房、手术部、精密贵重医疗装备用房等，均应采用耐火极限不低于 1 小时的非燃烧体与其他部分隔开。

（10）以下是关于《剧场建筑设计规范》（JGJ 57—2000）摘录。

8.1.12　当剧场建筑与其他建筑合建或毗连时，应形成独立的防火分区，以防火墙隔开，并不得开门窗洞；当设门时，应设甲级防火门，上下楼板耐火极限不应低于 1.5h。

（11）以下是关于《电影院建筑设计规范》（JGJ 58—2008）摘录。

6.1.2　当电影院建在综合建筑内时，应形成独立的防火分区。

（12）以下是关于《旅馆建筑设计规范》（JGJ 62—1990）摘录。

4.0.5　旅馆建筑内的商店、商品展销厅、餐厅、宴会厅等火灾危险性大、安全性要求高的功能区及用房,应独立划分防火分区或设置相应耐火极限的防火分隔,并设置必要的排烟设施。

3.5.6　安全疏散

为了审查方便,现将规范对安全疏散要求汇总如下(黑体部分为强制性条文)。

3.5.6.1　安全出口设置规定

(1)以下是关于《建筑设计防火规范》(GB 50016—2012)摘录。

3.8.1　仓库的安全出口应分散布置。每个防火分区、一个防火分区的每个楼层,其相邻2个安全出口最近边缘之间的水平距离不应小于5m。

3.8.2　每座仓库的安全出口不应少于2个,当一座仓库的占地面积不大于300 m² 时,可设置1个安全出口。仓库内每个防火分区通向疏散走道、楼梯或室外的出口不宜少于2个,当防火分区的建筑面积不大于100 m² 时,可设置1个出口。通向疏散走道或楼梯的门应为乙级防火门。

3.8.3　地下、半地下仓库或仓库的地下室、半地下室的安全出口不应少于2个;当建筑面积不大于100 m² 时,可设置1个安全出口。

地下、半地下仓库或仓库的地下室、半地下室当有多个防火分区相邻布置,并采用防火墙分隔时,每个防火分区可利用防火墙上通向相邻防火分区的甲级防火门作为第二安全出口,但每个防火分区必须至少有1个直通室外的安全出口。

5.5.2　当建筑设置多个安全出口时,安全出口应分散布置,并应符合双向疏散的要求。建筑内每个防火分区或一个防火分区的每个楼层,其相邻2个安全出口最近边缘之间的水平距离不应小于5 m。

5.5.3　公共建筑每个防火分区或一个防火分区的每个楼层,其安全出口的数量应经计算确定,且不应少于2个。公共建筑符合下列条件之一时,可设一个安全出口或一部疏散楼梯:

1　除托儿所、幼儿园外,建筑面积不大于200 m² 且人数不超过50人的单层建筑(或多层建筑的首层);

2　除医疗建筑、老年人建筑及托儿所、幼儿园的儿童用房和儿童游乐厅等儿童活动场所等外,符合表5.5.3规定的2、3层建筑。

表5.5.3　公共建筑可设置一部疏散楼梯的条件

耐火等级	最多层数	每层最大建筑面积/m²	人数
一、二级	3层	500	第二层和第三层的人数之和不超过100人
三级	3层	200	第二层和第三层的人数之和不超过50人
四级	2层	200	第二层人数不超过30人

3　防火分区的建筑面积不大于50m² 且经常停留人数不超过15人的地下、半地下建筑(室)。

注:1.建筑面积不大于500 m² 且使用人数不超过30人的地下、半地下建筑(室),其直通室外的金属竖向梯可作为第二安全出口。

2.地下、半地下歌舞娱乐放映游艺场所的安全出口不应少于2个。

5.5.6　设置不少于2部疏散楼梯的一、二级耐火等级多层公共建筑,如顶层局部升高,当高出部分的层数不超过 2 层、人数之和不超过 50 人且每层建筑面积不大于 200 m² 时,该高出部分可设置 1 部疏散楼梯,但至少应另外设置 1 个直通建筑主体上人平屋面的安全出口,且该上人屋面应符合人员安全疏散要求。

　　5.5.12　公共建筑中各房间疏散门的数量应经计算确定,且不应少于 2 个,该房间相邻 2 个疏散门最近边缘之间的水平距离不应小于 5 m。当符合下列条件之一时,可设置 1 个:

　　1　房间位于 2 个安全出口之间或袋形走道两侧,托儿所、幼儿园、老年人建筑、医疗建筑、教学建筑内房间建筑面积不大于 60 m²,其他建筑内房间建筑面积不大于 120 m²;

　　2　除托儿所、幼儿园、老年人建筑、医疗建筑外,房间位于走道尽端,且由房间内任一点到疏散门的直线距离不大于 15 m、房间建筑面积不大于 200 m²,其疏散门的净宽度不小于 1.4 m;当建筑面积小于 50 m² 时,疏散门的净宽度不小于 0.90 m;

　　3　歌舞娱乐放映游艺场所内建筑面积不大于 50 m² 且经常停留人数不超过 15 人的厅室或房间;

　　4　建筑面积不大于 50 m² 且经常停留人数不超过 15 人的地下、半地下房间,建筑面积不大于 100 m² 的地下、半地下设备用房。

　　(2)以下是关于《高层民用建筑设计防火规范(2005 年版)》(GB 50045—95)摘录。

　　6.1.1　高层建筑每个防火分区的安全出口不应少于两个。但符合下列条件之一的,可设一个安全出口:

　　6.1.1.1　十八层及十八层以下,每层不超过 8 户、建筑面积不超过 650m²,且设有一座防烟楼梯间和消防电梯的塔式住宅。

　　6.1.1.2　每个单元设有一座通向屋顶的疏散楼梯,单元与单元之间设有防火墙,单元之间的楼梯能通过屋顶连通、且户门为甲级防火门,窗间墙宽度、窗槛墙高度为大于 1.2 m 的实体墙的单元式住宅。

　　6.1.1.3　除地下室外,相邻两个防火分区之间的防火墙上有防火门连通时,且相邻两个防火分区的建筑面积之和不超过表 6.1.1 规定的公共建筑。

　　6.1.2　塔式高层建筑,两座疏散楼梯宜独立设置,当确有困难时,可设置剪刀楼梯,并应符合下列规定:

　　6.1.2.1　剪刀楼梯间应为防烟楼梯间。

　　6.1.2.2　剪刀楼梯的梯段之间,应设置耐火极限不低于 1.00 h 的不燃烧体墙分隔。

　　6.1.2.3　剪刀楼梯应分别设置前室。塔式住宅确有困难时可设置一个前室,但两座楼梯应分别设加压送风系统。

　　6.1.3A　商住楼中住宅的疏散楼梯应独立设置。

　　6.1.4　高层公共建筑的大空间设计,必须符合双向疏散或袋形走道的规定。

　　6.1.12　高层建筑地下室、半地下室的安全疏散应符合下列规定:

　　6.1.12.1　每个防火分区的安全出口不应少于两个。当有两个或两个以上防火分区,且相邻防火分区之间的防火墙上设有防火门时,每个防火分区可分别设一个直通室外的安全出口。

　　6.1.12.2　房间面积不超过 50 m²,且经常停留人数不超过 15 人的房间,可设一个门。

　　6.1.12.3　人员密集的厅、室疏散出口总宽度,应按其通过人数每 100 人不小于 1.00 m 计算。

（3）以下是关于《汽车库、修车库、停车场设计防火规范》（GB 50067—1997）摘录。

6.0.1　汽车库、修车库的人员安全出口和汽车疏散出口应分开设置。设在工业与民用建筑内的汽车库，其车辆疏散出口应与其他部分的人员安全出口分开设置。

6.0.2　汽车库、修车库的每个防火分区内，其人员安全出口不应少于两个，但符合下列条件之一的可设一个：

6.0.2.1　同一时间的人数不超过25人；

6.0.2.2　Ⅳ类汽车库。

6.0.6　汽车库、修车库的汽车疏散出口不应少于两个，但符合下列条件之一的可设一个：

6.0.6.1　Ⅳ类汽车库

6.0.6.2　汽车疏散坡道为双车道的Ⅲ类地上汽车库和停车数少于100辆的地下汽车库；

6.0.6.3　Ⅱ、Ⅲ、Ⅳ类修车库。

6.0.7　Ⅰ、Ⅱ类地上汽车库和停车数大于100辆的地下汽车库，当采用错层或斜楼板式且车道、坡道为双车道时，其首层或地下一层至室外的汽车疏散出口不应少于两个，汽车库内的其他楼层汽车疏散坡道可设一个。

6.0.8　除机械式立体汽车库外，Ⅳ类的汽车库在设置汽车坡道有困难时，可采用垂直升降梯作汽车疏散出口，其升降梯的数量不应少于两台，停车数少于10辆的可设一台。

6.0.10　两个汽车疏散出口之间的间距不应小于10 m；两个汽车坡道毗邻设置时应采用防火隔墙隔开。

6.0.11　停车场的汽车疏散出口不应少于两个。停车数量不超过50辆的停车场可设一个疏散出口。

（4）以下是关于《人民防空工程设计防火规范》（GB 50098—2009）摘录。

5.1.1　每个防火分区安全出口设置的数量，应符合下列规定之一：

1　每个防火分区的安全出口数量不应少于2个；

2　当有2个或2个以上防火分区相邻，且将相邻防火分区之间防火墙上设置的防火门作为安全出口时，防火分区安全出口应符合下列规定：

1）防火分区建筑面积大于1 000 m² 的商业营业厅、展览厅等场所，设置通向室外、直通室外的疏散楼梯间或避难走道的安全出口个数不得少于2个；

2）防火分区建筑面积不大于1 000 m² 的商业营业厅、展览厅等场所，设置通向室外、直通室外的疏散楼梯间或避难走道的安全出口个数不得少于1个；

3）在一个防火分区内，设置通向室外、直通室外的疏散楼梯间或避难走道的安全出口宽度之和，不宜小于本规范第5.1.6条规定的安全出口总宽度的70%；

3　建筑面积不大于500 m²，且室内地面与室外出入口地坪高差不大于10 m，容纳人数不大于30人的防火分区。当设置有仅用于采光或进风用的竖井，且竖井内有金属梯直通地面、防火分区通向竖井处设置有不低于乙级的常闭防火门时，可只设置一个通向室外、直通室外的疏散楼梯间或避难走道的安全出口；也可设置一个与相邻防火分区相通的防火门；

4　建筑面积不大于200 m²，且经常停留人数不超过3人的防火分区，可只设置一个通向相邻防火分区的防火门。

5.1.2　房间建筑面积不大于50 m²，且经常停留人数不超过15人时，可设置一个疏散出口。

5.1.3　歌舞娱乐放映游艺场所的疏散应符合下列规定：

1　不宜布置在袋形走道的两侧或尽端，当必须布置在袋形走道的两侧或尽端时，最远房间的疏散门到最近安全出口的距离不应大于 9 m；一个厅、室的建筑面积不应大于 200 m²；

2　建筑面积大于 50 m² 的厅、室，疏散出口不应少于 2 个。

5.1.4　每个防火分区的安全出口，宜按不同方向分散设置；当受条件限制需要同方向设置时，两个安全出口最近边缘之间的水平距离不应小于 5 m。

（5）以下是关于《中小学校设计规范》（GB 50099—2011）摘录。

8.3.1　中小学校的校园应设置 2 个出入口。出入口的位置应符合教学、安全、管理的需要，出入口的布置应避免人流、车流交叉。有条件的学校宜设置机动车专用出入口。

8.3.2　中小学校校园出入口应与市政交通衔接，但不应直接与城市主干道连接。校园主要出入口应设置缓冲场地。

（6）以下是关于《民用建筑设计通则》（GB 50352—2005）摘录。

5.2.4　建筑基地内地下车库的出入口设置应符合下列要求：

1　地下车库出入口距基地道路的交叉路口或高架路的起坡点不应小于 7.50 m；

2　地下车库出入口与道路垂直时，出入口与道路红线应保持不小于 7.50 m 安全距离；

3　地下车库出入口与道路平行时，应经不小于 7.50 m 长的缓冲车道汇入基地道路。

（7）以下是关于《住宅建筑规范》（GB 50368—2005）摘录。

9.5.1　住宅建筑应根据建筑的耐火等级、建筑层数、建筑面积、疏散距离等因素设置安全出口，并应符合下列要求：

1　10 层以下的住宅建筑，当住宅单元任一层的建筑面积大于 650 m²，或任一套房的户门至安全出口的距离大于 15 m 时，该住宅单元每层的安全出口不应少于 2 个。

2　10 层及 10 层以上但不超过 18 层的住宅建筑，当住宅单元任一层的建筑面积大于 650 m²，或任一套房的户门至安全出口的距离大于 10 m 时，该住宅单元每层的安全出口不应少于 2 个。

3　19 层及 19 层以上的住宅建筑，每个住宅单元每层的安全出口不应少于 2 个。

4　安全出口应分散布置，两个安全出口之间的距离不应小于 5 m。

5　楼梯间及前室的门应向疏散方向开启；安装有门禁系统的住宅，应保证住宅直通室外的门在任何时候能从内部徒手开启。

（8）以下是关于《体育建筑设计规范》（JGJ 31—2003）摘录。

4.3.8　看台安全出口和走道应符合下列要求：

1　安全出口应均匀布置，独立的看台至少应有二个安全出口，且体育馆每个安全出口的平均疏散人数不宜超过 400 ~ 700 人，体育场每个安全出口的平均疏散人数不宜超过 1 000 ~ 2 000 人。

注：设计时，规模较小的设施宜采用接近下限值；规模较大的设施宜采用接近上限值。

2　观众席走道的布局应与观众席各分区容量相适应，与安全出口联系顺畅。通向安全出口的纵走道设计总宽度应与安全出口的设计总宽度相等。经过纵横走道通向安全出口的设计人流股数应与安全出口的设计通行人流股数相等。

8.2.1　体育建筑应合理组织交通路线，并应均匀布置安全出口，内部和外部的通道，使分区明确。路线短捷合理。

（9）以下是关于《图书馆建筑设计规范》（JGJ 38—1999）摘录。

6.4.1 图书馆的安全出口不应少于两个，并应分散设置。

6.4.2 书库、非书资料库、藏阅合一的藏书空间，每个防火分区的安全出口不应少于两个。但符合下列条件之一的，可设一个安全出口：

1 建筑面积不超过 100.00 m² 的特藏库、胶片库和珍善本书库；

2 建筑面积不超过 100.00 m² 的地下室或半地下室书库；

3 除建筑面积超过 100.00 m² 的地下室外的相邻两个防火分区，当防火墙上有防火门连通，且两个防火分区的建筑面积之和不超过本规范第 6.2.2 条规定的一个防火分区面积的1.40 倍时；

4 占地面积不超过 300.00 m² 的多层书库。

6.4.3 书库、非书资料库的疏散楼梯，应设计为封闭楼梯间或防烟楼梯间，宜在库门外邻近设置。

（10）以下是关于《疗养院建筑设计规范》（JGJ 40—1987）摘录。

第3.6.3条 疗养院主要建筑物安全出口或疏散楼梯不应少于两个，并应分散布置，室内疏散楼梯应设置楼梯间。

第3.6.4条 建筑物内人流使用集中的楼梯，其净宽不应小于 1.65 m。

（11）以下是关于《综合医院建筑设计规范》（JGJ 49—1988）摘录。

第4.0.5条 安全出口

一、在一般情况下，每个护理单元应有二个不同方向的安全出口。

二、尽端式护理单元，或"自成一区"的治疗用房，其最远一个房间门至外部安全出口的距离和房间内最远一点到房门的距离，如均未超过建筑设计防火规范规定时，可设一个安全出口。

（12）以下是关于《剧场建筑设计规范》（JGJ 57—2000）摘录。

8.2.1 观众厅出口应符合下列规定：

1 出口均匀布置，主要出口不宜靠近舞台；

2 楼座与池座应分别布置出口。楼座至少有两个独立的出口，不足 50 座时可设一个出口。楼座不应穿越池座疏散。当楼座与池座疏散无交叉并不影响池座安全疏散时，楼座可经池座疏散。

8.2.2 观众厅出口门、疏散外门及后台疏散门应符合下列规定：

1 应设双扇门，净宽不小于 1.40 m，向疏散方向开启；

2 紧靠门不应设门槛，设置踏步应在 1.40 m 以外；

3 严禁用推拉门、卷帘门、转门、折叠门、铁栅门；

4 宜采用自动门闩，门洞上方应设疏散指示标志。

8.2.3 观众厅外疏散通道应符合下列规定：

1 坡度：室内部分不应大于 1:8，室外部分不应大于 1:10，并应加防滑措施，室内坡道采用地毯等不应低于 B1 级材料。为残疾人设防的通道坡度不应大于 1:12；

2 地面以上 2 m 内不得有任何突出物。不得设置落地镜子及装饰性假门；

3 疏散通道穿行前厅及休息厅时，设置在前厅、休息厅的小卖部及存衣处不得影响疏散的畅通；

4 疏散通道的隔墙耐火极限不应小于 1.00 h；

5 疏散通道内装修材料：天棚不低于 A 级，墙面和地面不低于 B1 级，不得采用在燃烧

时产生有毒气体的材料;

　　6　疏散通道宜有自然通风及采光;当没有自然通风及采光时应设人工照明,超过 20 m 长时应采用机械通风排烟。

　　8.2.5　后台应有不少于两个直接通向室外的出口。

　　8.2.6　乐池和台仓出口不应少于两个。

　　8.2.7　舞台天桥、栅顶的垂直交通,舞台至面光桥、耳光室的垂直交通应采用金属梯或钢筋混凝土梯,坡度不应大于 60°,宽度不应小于 0.60 m,并有坚固、连续的扶手。

　　(13)以下是关于《电影院建筑设计规范》(JGJ 58—2008)摘录。

　　6.2.2　观众厅疏散门不应设置门槛,在紧靠门口 1.40m 范围内不应设置踏步。疏散门应为自动推闩式外开门,严禁采用推拉门、卷帘门、折叠门、转门等。

　　6.2.3　观众厅疏散门的数量应经计算确定,且不应少于 2 个,门的净宽度应符合现行国家标准《建筑设计防火规范》GB 50016 及《高层民用建筑设计防火规范》GB 50045 的规定,且不应小于 0.90 m。应采用甲级防火门,并应向疏散方向开启。

　　6.2.4　观众厅外的疏散走道、出口等应符合下列规定:

　　1　电影院供观众疏散的所有内门、外门、楼梯和走道的各自总宽度均应符合现行国家标准《建筑设计防火规范》GB 50016 及《高层民用建筑设计防火规范》GB 50045 的规定;

　　2　穿越休息厅或门厅时,厅内存衣、小卖部等活动陈设物的布置不应影响疏散的通畅;2 m 高度内应无突出物、悬挂物;

　　3　当疏散走道有高差变化时宜做成坡道;当设置台阶时应有明显标志、采光或照明;

　　4　疏散走道室内坡道不应大于 1:8,并应有防滑措施;为残疾人设王的坡道坡度不应大于 1:12;

　　(14)以下是关于《办公建筑设计规范》(JGJ 67—2006)摘录。

　　5.0.3　综合楼内的办公部分的疏散出入口不应与同一楼内对外的商场、营业厅、娱乐、餐饮等人员密集场所的疏散出入口共用。

　　(15)以下是关于《汽车库建筑设计规范》(JGJ 100—1998)摘录。

　　3.2.4　大中型汽车库的库址,车辆出入口不应少于 2 个;特大型汽车库库址,车辆出入口不应少于 3 个,并应设置人流专用出入口。各汽车出入口之间的净距应大于 15m。出入口的宽度,双向行驶时不应小于 7m,单向行驶时不应小于 5m。

　　3.2.8　汽车库库址的车辆出入口,距离城市道路的规划红线不应小于 7.5m,并在距出入口边线内 2m 处作视点的 120° 范围内至边线外 7.5m 以上不应有遮挡视线障碍物(图 3.2.8)。

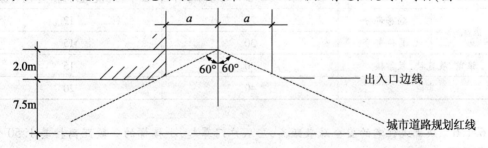

图 3.2.8　汽车库库址车辆出入口的通视要求

a—为视点至出口两侧的距离

3.2.9　库址车辆出入口与城市人行过街天桥、地道、桥梁或隧道等引道口的距离应大于50m;距离道路交叉口应大于80m。

3.5.6.2　疏散距离规定

(1)以下是关于《建筑设计防火规范》(GB 50016—2012)摘录。

5.5.15　公共建筑的安全疏散距离应符合下列规定:

1　直通疏散走道的房间疏散门至最近安全出口的距离应符合表5.5.15的规定;

表5.5.15　直通疏散走道的房间疏散门至最近安全出口的最大距离　　　　　m

名称		位于两个安全出口之间的疏散门			位于袋形走道两侧或尽端的疏散门		
		耐火等级			耐火等级		
		一、二级	三级	四级	一、二级	三级	四级
托儿所、幼儿园		25	20	15	20	15	12
歌舞娱乐游艺场所		25	20	15	20	15	12
单层或多层医疗建筑		35	30	25	20	15	12
高层医疗建筑	病房部分	24	—	—	12	—	—
	其他部分	30	—	—	15	—	—
单层或多层教学建筑		35	30	—	22	20	—
高层旅馆、展览建筑、教学建筑		30	—	—	15	—	—
其他建筑	单层或多层	40	35	25	22	20	15
	高层	40	—	—	20	—	—

注:1. 设置敞开式外廊的建筑,开向该外廊的房间疏散门至安全出口的最大距离可按本表增加5 m。

2. 建筑物内全部设置自动喷水灭火系统时,其安全疏散距离可按本表及表注1的规定增加25%。

(2)以下是关于《高层民用建筑设计防火规范(2005年版)》(GB 50045—1995)摘录。

6.1.5　高层建筑的安全出口应分散布置,两个安全出口之间的距离不应小于5.00 m。安全疏散距离应符合表6.1.5的规定。

表6.1.5　安全疏散距离

高层建筑		房间门或住宅户门至最近的外部出口或楼梯间的最大距离(m)	
		位于两个安全出口之间的房间	位于袋形走道两侧或尽端的房间
医院	病房部分	24	12
	其他部分	30	15
旅馆、展览楼、教学楼		30	15
其他		40	20

6.1.6　跃廊式住宅的安全疏散距离,应从户门算起,小楼梯的一段距离按其1.50倍水平投影计算。

6.1.7　高层建筑内的观众厅、展览厅、多功能厅、餐厅、营业厅和阅览室等,其室内任何一点至最近的疏散出口的直线距离,不宜超过30 m;其他房间内最远一点至房门的直线距离不宜超过15 m。

（3）以下是关于《汽车库、修车库、停车场设计防火规范》（GB 50067—1997）摘录。

6.0.5　汽车库室内最远工作地点至楼梯间的距离不应超过45 m，当设有自动灭火系统时，其距离不应超过60 m。单层或设在建筑物首层的汽车库，室内最远工作地点至室外出口的距离不应超过60 m。

（4）以下是关于《人民防空工程设计防火规范》（GB 50098—2009）摘录。

5.1.5　安全疏散距离应满足下列规定：

1　房间内最远点至该房间门的距离不应大于15m；

2　房间门至最近安全出口的最大距离：医院应为24m；旅馆应为30m；其他工程应为40m。位于袋形走道两侧或尽端的房间，其最大距离应为上述相应距离的一半；

3　观众厅、展览厅、多功能厅、餐厅、营业厅和阅览室等。其室内任意一点到最近安全出口的直线距离不宜大于30m；当该防火分区设置有自动喷水灭火系统时，疏散距离可增加25%。

5.2.5　避难走道的设置应符合下列规定：

1　避难走道直通地面的出口不应少于2个，并应设置在不同方向；当避难走道只与一个防火分区相通时，避难走道直通地面的出口可设置一个，但该防火分区至少应有一个不通向该避难走道的安全出口；

2　通向避难走道的各防火分区人数不等时，避难走道的净宽不应小于设计容纳人数最多一个防火分区通向避难走道各安全出口最小净宽之和；

3　避难走道的装修材料燃烧性能等级应为A级；

4　防火分区至避难走道入口处应设置前室，前室面积不应小于$6m^2$，前室的门应为甲级防火门；其防烟应符合本规范第6.2节的规定；

5　避难走道的消火栓设置应符合本规范第7章的规定；

6　避难走道的火灾应急照明应符合本规范第8.2节的规定；

7　避难走道应设置应急广播和消防专线电话。

（5）以下是关于《住宅建筑规范》（GB 50368—2005）摘录。

9.5.2　每层有2个及2个以上安全出口的住宅单元，套房户门至最近安全出口的距离应根据建筑的耐火等级、楼梯间的形式和疏散方式确定。

9.5.3　住宅建筑的楼梯间形式应根据建筑形式、建筑层数、建筑面积以及套房户门的耐火等级等因素确定。在楼梯间的首层应设置直接时外的出口，或将对外出口设置在距离楼梯间不超过15m处。

（6）以下是关于《办公建筑设计规范》（JGJ 67—2006）摘录。

5.0.2　办公建筑的开放式、半开放式办公室，其室内任何一点至最近的安全出口的直线距离不应超过30 m。

3.5.6.3　疏散宽度规定

（1）以下是关于《建筑设计防火规范》（GB 50016—2012）摘录。

5.5.18　剧院、电影院、礼堂、体育馆等人员密集场所的疏散走道、疏散楼梯、疏散门、安全出口的各自总宽度，应根据其通过人数和疏散净宽度指标计算确定，并应符合下列规定：

1　观众厅内疏散走道的净宽度应按每100人不小于0.60 m的净宽度计算，且不应小于1.00 m；边走道的净宽度不宜小于0.80 m。

在布置疏散走道时,横走道之间的座位排数不宜超过 20 排;纵走道之间的座位数:剧院、电影院、礼堂等,每排不宜超过 22 个;体育馆,每排不宜超过 26 个;前后排座椅的排距不小于 0.90 m 时,可增加 1.0 倍,但不得超过 50 个;仅一侧有纵走道时,座位数应减少一半;

2　剧院、电影院、礼堂等场所供观众疏散的所有内门、外门、楼梯和走道的各自总宽度,应按表 5.8.18 - 1 的规定计算确定;

表 5.5.18 - 1　剧场、电影院、礼堂等场所每 100 人所需最小疏散净宽度　　　　　m

观众厅座位数/座			≤2 500	≤1 200
耐火等级			一、二级	三级
疏散部分	门和走道	平坡地面	0.65	0.85
		阶梯地面	0.75	1.00
	楼梯		0.75	1.00

3　体育馆供观众疏散的所有内门、外门、楼梯和走道的各自总宽度,应按表 5.5.18 - 2 的规定计算确定;

表 5.5.18 - 2　体育馆每 100 人所需最小疏散净宽度　　　　　m

观众厅座位数/座			3 000 ~ 5 000	5 001 ~ 10 000	10 001 ~ 20 000
疏散部分	门和走道	平坡地面	0.43	0.37	0.32
		阶梯地面	0.50	0.43	0.37
	楼梯		0.50	0.43	0.37

注:表 5.5.18 - 2 中较大座位数范围按规定计算的疏散总宽度,不应小于相邻较小座位数范围按其最多座位数计算的疏散总宽度。

4　有等场需要的入场门不应作为观众厅的疏散门。

(2)以下是关于《高层民用建筑设计防火规范(2005 年版)》(GB 50045—1995)摘录。

6.1.8　公共建筑中位于两个安全出口之间的房间,当其建筑面积不超过 60m² 时,可设置一个门,门的净宽不应小于 0.90m;公共建筑中位于走道尽端的房间,当其建筑面积不超过 75m² 时,可设置一个门,门的净宽不应小于 1.40m。

6.1.9　高层建筑内走道的净宽,应按通过人数每 100 人不小于 1.00m 计算;高层建筑首层疏散外门的总宽度,应按人数最多的一层每 100 个不小于 1.00m 计算。首层疏散外门和走道的净宽不应小于表 6.1.9 的规定。

表 6.1.9　首层疏散外门和走道的净宽　　　　　m

高层建筑	每个外门的净宽	走道净宽	
		单面布房	双面布房
医院	1.30	1.40	1.50
居住建筑	1.10	1.20	1.30
其他	1.20	1.30	1.40

6.1.10 疏散楼梯间及其前室的门的净宽应按通过人数每100人不小于1.00 m 计算，但最小净宽不应小于0.90 m。单面布置房间的住宅。其走道出垛处的最小净宽不应小于0.90 m。

6.1.11 高层建筑内设有固定座位的观众厅、会议厅等人员密集场所，其疏散走道、出口等应符合下列规定：

6.1.11.1 厅内的疏散走道的净宽应按通过人数每100人不小于0.80 m 计算，且不宜小于1.00 m；边走道的最小净宽不宜小于0.80 m。

6.1.11.2 厅的疏散出口和厅外疏散走道的总宽度，平坡地面应分别按通过人数每100人不小于0.65 m 计算，阶梯地面应分别按通过人数每100人不小于0.80 m 计算。疏散出口和疏散走道的最小净宽均不应小于1.40 m。

6.1.11.3 疏散出口的门内、门外1.40 m 范围内不应设踏步，且门必须向外开，并不应设置门槛。

6.1.11.4 厅内座位的布置，横走道之间的排数不宜超过20排，纵走道之间每排座位不宜超过22个；当前后排座位的排距不小于0.90 m 时，每排座位可为44个；只一侧有纵走道时，其座位数应减半。

6.1.11.5 厅内每个疏散出口的平均疏散人数不应超过250人。

6.1.11.6 厅的疏散门，应采用推闩式外开门。

(3)以下是关于《汽车库、修车库、停车场设计防火规范》(GB 50067—1997)摘录。

6.0.3 汽车库、修车库的室内疏散楼梯应设置封闭楼梯间。建筑高度超过32m的高层汽车库的室内疏散楼梯应设置防烟楼梯间，楼梯间和前室的门应向疏散方向开启。地下汽车库和高层汽车库以及设在高层建筑裙房内的汽车库。其楼梯间、前室的门应采用乙级防火门。

疏散楼梯的宽度不应小于1.1 m。

6.0.9 汽车疏散坡道的宽度不应小于4 m，双车道不宜小于7 m。

(4)以下是关于《住宅设计规范》(GB 50096—2011)摘录。

5.8.7 各部位门洞的最小尺寸应符合表5.8.7的规定。

表5.8.7 门洞最小尺寸

类别	洞口宽度(m)	洞口高度(m)
共用外门	1.20	2.00
户(套)门	1.00	2.00
起居室(厅)门	0.90	2.00
卧室门	0.90	2.00
厨房门	0.80	2.00
卫生间门	0.70	2.00
阳台门(单扇)	0.70	2.00

注:1.表中门洞口高度不包括门上亮子高度,宽度以平开门为准。

2.洞口两侧地面有高低差时,以高地面为起算高度。

(5)以下是关于《人民防空工程设计防火规范》(GB 50098—2009)摘录。

5.1.6 疏散宽度的计算和最小净宽应符合下列规定:

1 每个防火分区安全出口的总宽度,应按该防火分区设计容纳总人数乘以疏散宽度指标计算确定,疏散宽度指标应按下列规定确定:

1)室内地面与室外出入口地坪高差不大于10 m的防火分区,疏散宽度指标应为每100人不小于0.75 m;

2)室内地面与室外出入口地坪高差大于10 m的防火分区,疏散宽度指标应为每100人不小于1.00 m;

3)人员密集的厅、室以及歌舞娱乐放映游艺场所,疏散宽度指标应为每100人不小于1.00 m;

2 安全出口、疏散楼梯和疏散走道的最小净宽应符合表5.1.6的规定。

表5.1.6　安全出口、疏散楼梯和疏散走道的最小净宽　　　　　　　m

工程名称	安全出口和疏散楼梯净宽	疏散走道净宽	
		单面布置房间	双面布置房间
商场、公共娱乐场所、健身体育场所	1.40	1.50	1.60
医院	1.30	1.40	1.50
旅馆、餐厅	1.10	1.20	1.30
车间	1.10	1.20	1.50
其他民用建筑	1.10	1.20	—

5.1.7 设置有固定座位的电影院、礼堂等的观众厅,其疏散走道、疏散出口等应符合下列规定:

1 厅内的疏散走道净宽应按通过人数每100人不小于0.80 m计算,且不宜小于1.00 m;边走道的净宽不应小于0.80 m;

2 厅的疏散出口和厅外疏散走道的总宽度,平坡地面应分别按通过人数每100人不小于0.65 m计算,阶梯地面应分别按通过人数每100人不小于0.80 m计算;疏散出口和疏散走道的净宽均不应小于1.40 m;

3 观众厅座位的布置,横走道之间的排数不宜大于20排,纵走道之间每排座位不宜大于22个;当前后排座位的排距不小于0.90 m时,每排座位可为44个;只一侧有纵走道时,其座位数应减半;

4 观众厅每个疏散出口的疏散人数平均不应大于250人;

5 观众厅的疏散门,宜采用推闩式外开门。

5.1.8 公共疏散出口处内、外1.40 m范围内不应设置踏步,门必须向疏散方向开启,且不应设置门槛。

(6)以下是关于《中小学校设计规范》(GB 50099—2011)摘录。

8.2.1 中小学校内,每股人流的宽度应按0.60 m计算。

8.2.2　中小学校建筑的疏散通道宽度最少应为 2 股人流,并应按 0.60 m 的整数倍增加疏散通道宽度。

8.2.4　房间疏散门开启后,每幢门净通行宽度不应小于 0.90 m。

8.5.3　教学用建筑物出入口净通行宽度不得小于 1.40 m,门内与门外各 1.50 m 范围内不宜设置台阶。

8.7.2　中小学校教学用房的楼梯梯段宽度应为人流股数的整数倍。梯段宽度不应小于 1.20 m,并应按 0.60 m 的整数倍增加梯段宽度。每个梯段可增加不超过 0.15 m 的摆幅宽度。

(7)以下是关于《铁路旅客车站建筑设计规范(2011 年版)》(GB 50226—2007)摘录。

7.1.5　疏散安全出口、走道和楼梯的净宽度除应符合现行国家标准《建筑设计防火规范》GB 50016 的有关规定外,尚应符合下列要求:

1　站房楼梯净宽度不得小于 1.6 m;

2　安全出口和走道净宽度不得小于 3 m。

(8)以下是关于《住宅建筑规范》(GB 50368—2005)摘录。

5.2.1　走廊和公共部位通道的净宽不应小于 1.20 m,局部净高不应低于 2.00 m。

5.2.3　楼梯梯段净宽不应小于 1.10 m。六层及六层以下住宅,一边设有栏杆的梯段净宽不应小于 1.00 m。楼梯踏步宽度不应小于 0.26 m,踏步高度不应大于 0.175 m。扶手高度不应小于 0.90 m。楼梯水平段栏杆长度大于 0.50 m 时,其扶手高度不应小于 1.05 m。楼梯栏杆垂直杆件间净距不应大于 0.11 m。楼梯井净宽大于 0.11 m 时,必须采取防止儿童攀滑的措施。

(9)以下是关于《剧场建筑设计规范》(JGJ 57—2000)摘录。

8.2.4　主要疏散楼梯应符合下列规定:

1　踏步宽度不应小于 0.28 m,踏步高度不应大于 0.16 m,连续踏步不超过 18 级,超过 18 级时,应加设中间休息平台,楼梯平台宽度不应小于梯段宽度,并不得小于 1.10 m;

2　不得采用螺旋楼梯,采用扇形梯段时,离踏步窄端扶手水平距离 0.25 m 处踏步宽度不应小于 0.22 m,宽端扶手处不应大于 0.50 m,休息平台窄端不小于 1.20 m;

3　楼梯应设置坚固、连续的扶手,高度不应低于 0.85 m。

(10)以下是关于《电影院建筑设计规范》(JGJ 58—2008)摘录。

6.2.3　观众厅疏散门的数量应经计算确定,且不应少于 2 个,门的净宽度应符合现行国家标准《建筑设计防火规范》GB 50016 及《高层民用建筑防火规范》GB 50045 的规定,且不应小于 0.90 m。应采用甲级防火门,并应向疏散方向开启。

6.2.5　疏散楼梯应符合下列规定:

2　疏散楼梯踏步宽度不应小于 0.28 m,踏步高度不应大于 0.16 m,楼梯最小宽度不得小于 1.20 m,转折楼梯平台深度不应小于楼梯宽度;直跑楼梯的中间平台深度不应小于 1.20 m;

3　疏散楼梯不得采用螺旋楼梯和扇形踏步;当踏步上下两级形成的平面角度不超过 10°,且每级离扶手 0.25 m 处踏步宽度超过 0.22 m 时,可不受此限;

4　室外疏散梯净宽不应小于 1.10 m;下行人流不应妨碍地面人流。

6.2.7　观众厅内疏散走道宽度除应符合计算外,还应符合下列规定:

1　中间纵向走道净宽不应小于1.0 m;

2　边走道净宽不应小于0.8 m;

3　横向走道除排距尺寸以外的通行净宽不应小于1.0 m。

3.6　工业厂房设计

为了审查方便,现将规范对工业厂房设计要求汇总如下(**黑体部分**为强制性条文)。

3.6.1　生产的火灾危险性类别的定性

以下是关于《建筑设计防火规范》(GB 50016—2012)摘录。

3.1.1　生产的火灾危险性应根据生产中使用或产生的物质性质及其数量等因素,分为甲、乙、丙、丁、戊类,并应符合表3.1.1的规定。

表3.1.1　生产的火灾危险性分类

生产类别	使用或产生下列物质生产的火灾危险性特征
甲	1. 闪点小于28℃的液体 2. 爆炸下限小于10%的气体 3. 常温下能自行分解或在空气中氧化能导致迅速自燃或爆炸的物质 4. 常温下受到水或空气中水蒸气的作用,能产生可燃气体并引起燃烧或爆炸的物质 5. 遇酸、受热、撞击、摩擦、催化以及遇有机物或硫磺等易燃的无机物,极易引起燃烧或爆炸的强氧化剂 6. 受撞击、摩擦或与氧化剂、有机物接触时能引起燃烧或爆炸的物质 7. 在密闭设备内操作温度大于等于物质本身自燃点的生产
乙	1. 闪点大于等于28℃,但小于60℃的液体 2. 爆炸下限大于等于10%的气体 3. 不属于甲类的氧化剂 4. 不属于甲类的化学易燃危险固体 5. 助燃气体 6. 能与空气形成爆炸性混合物的浮游状态的粉尘、纤维、闪点大于等于60℃的液体雾滴
丙	1. 闪点大于等于60℃的液体 2. 可燃固体
丁	1. 对不燃烧物质进行加工,并在高温或熔化状态下经常产生强辐射热、火花或火焰的生产 2. 利用气体、液体、固体作为燃料或将气体、液体进行燃烧作其他用的各种生产 3. 常温下使用或加工难燃烧物质的生产
戊	常温下使用或加工不燃烧物质的生产

3.1.2　同一座厂房或厂房的任一防火分区内有不同火灾危险性生产时,该厂房或防火分区内的生产火灾危险性分类应按火灾危险性较大的部分确定。当生产过程中使用或产生

易燃、可燃物的量较少,不足以构成爆炸或火灾危险时,可按实际情况确定其生产的火灾危险性类别。当符合下述条件之一时,可按火灾危险性较小的部分确定:

　　1　火灾危险性较大的生产部分占本层或本防火分区面积的比例小于5%或丁、戊类厂房内的油漆工段小于10%,且发生火灾事故时不足以蔓延到其他部位或火灾危险性较大的生产部分采取了有效的防火措施。

　　2　丁、戊类厂房内的油漆工段,当采用封闭喷漆工艺,封闭喷漆空间内保持负压、油漆工段设置可燃气体自动报警系统或自动抑爆系统,且油漆工段占其所在防火分区面积的比例小于等于20%。

　　3.1.3　储存物品的火灾危险性应根据储存物品的性质和储存物品中的可燃物数量等因素,分为甲、乙、丙、丁、戊类,并应符合表3.1.3的规定。

表 3.1.3　储存物品的火灾危险性分类

生产类别	储存物品的火灾危险性特征
甲	1. 闪点小于28℃的液体 2. 爆炸下限小于10%的气体,以及受到水或空气中水蒸气的作用,能产生爆炸下限小于10%气体的固体物质 3. 常温下能自行分解或在空气中氧化能导致迅速自燃或爆炸的物质 4. 常温下受到水或空气中水蒸气的作用,能产生可燃气体并引起燃烧或爆炸的物质 5. 遇酸、受热、撞击、摩擦以及遇有机物或硫磺等易燃的无机物,极易引起燃烧或爆炸的强氧化剂 6. 受撞击、摩擦或与氧化剂、有机物接触时能引起燃烧或爆炸的物质
乙	1. 闪点大于等于28℃,但小于60℃的液体 2. 爆炸下限大于等于10%的气体 3. 不属于甲类的氧化剂 4. 不属于甲类的化学易燃危险固体 5. 助燃气体 6. 常温下与空气接触能缓慢氧化,积热不散引起自燃的物品
丙	1. 闪点大于等于60℃的液体 2. 可燃固体
丁	难燃烧物品
戊	不燃烧物品

　　3.1.4　同一座仓库或仓库的任一防火分区内储存不同火灾危险性物品时,该仓库或防火分区的火灾危险性应按其中火灾危险性最大的类别确定。

　　3.1.5　丁、戊类储存物品的可燃包装重量大于物品本身重量1/4或可燃包装体积大于物品本身体积的1/2的仓库,其火灾危险性应按丙类确定。

3.6.2　按要求确定厂房的耐火等级

以下是关于《建筑设计防火规范》(GB 50016—2012)摘录。

3.2.1　厂房和仓库的耐火等级可分为一、二、三、四级。其构件的燃烧性能和耐火极限除本规范另有规定者外,不应低于表3.2.1的规定。

表3-3　不同耐火等级厂房和仓库建筑构件的燃烧性能和耐火极限　　　　　　　　h

构件名称		耐火等级			
		一级	二级	三级	四级
墙	防火墙	不燃烧体 3.00	不燃烧体 3.00	不燃烧体 3.00	不燃烧体 3.00
	承重墙	不燃烧体 3.00	不燃烧体 2.50	不燃烧体 2.00	难燃烧体 0.50
	楼梯间和电梯井的墙	不燃烧体 2.00	不燃烧体 2.00	不燃烧体 1.50	难燃烧体 0.50
	疏散走道两侧的隔墙	不燃烧体 1.00	不燃烧体 1.00	不燃烧体 0.50	难燃烧体 0.25
	非承重外墙	不燃烧体 0.75	不燃烧体 0.50	难燃烧体 0.50	难燃烧体 0.25
	房间隔墙	不燃烧体 0.75	不燃烧体 0.50	难燃烧体 0.50	难燃烧体 0.25
柱		不燃烧体 3.00	不燃烧体 2.50	不燃烧体 2.00	难燃烧体 0.50
梁		不燃烧体 2.00	不燃烧体 1.50	不燃烧体 1.00	难燃烧体 0.50
楼板		不燃烧体 1.50	不燃烧体 1.00	不燃烧体 0.75	难燃烧体 0.50
屋顶承重构件		不燃烧体 1.50	不燃烧体 1.00	难燃烧体 0.50	燃烧体
疏散楼梯		不燃烧体 1.50	不燃烧体 1.00	不燃烧体 0.75	燃烧体
吊顶(包括吊顶搁栅)		不燃烧体 0.25	难燃烧体 0.25	难燃烧体 0.15	燃烧体

注:1. 二级耐火等级建筑的吊顶采用不燃烧体时,其耐火极限不限。

　2. 各类建筑构件的耐火极限和燃烧性能可按本规范附录C确定。

3.2.2　使用或储存特殊贵重的机器、仪表、仪器等设备或物品的建筑,其耐火等级应为一级。

3.2.3　高层厂房和甲、乙类厂房的耐火等级不应低于二级,建筑面积不大于300 m² 的独立甲、乙类单层厂房可采用三级耐火等级的建筑。

单、多层丙类厂房和多层丁、戊类厂房的耐火等级不应低于三级。

3.2.4　使用或产生丙类液体的厂房和有火花、赤热表面、明火的丁类厂房,其耐火等级均不应低于二级,当为建筑面积不大于 500 m² 的单层丙类厂房或建筑面积不大于 1 000 m² 的单层丁类厂房时,可采用三级耐火等级的建筑。

3.2.5　锅炉房的耐火等级不应低于二级,当为燃煤锅炉房且锅炉的总蒸发量不大于 4t/h 时,可采用三级耐火等级的建筑。

3.2.6　油浸变压器室、高压配电装置室的耐火等级不应低于二级,其他防火设计应符合现行国家标准《火力发电厂和变电站设计防火规范》GB 50229 等标准的有关规定。

3.2.9　下列建筑中的防火墙,其耐火极限应按表 3.2.1 的规定提高 1.00h。

1　甲、乙类厂房。

2　甲、乙、丙类仓库。

3.2.10　一、二级耐火等级的单层厂房(仓库)的柱,其耐火极限可按本规范表 3.2.1 的规定降低 0.50 h。

3.2.11　除一级耐火等级的建筑外,下列建筑的梁、柱、屋顶承重构件可采用无防火保护的金属结构,其中能受到甲、乙、丙类液体或可燃气体火焰影响的部位应采取外包覆不燃材料或其他防火隔热保护措施:

1　设置自动灭火系统的单层丙类厂房的梁、柱、屋顶承重构件;

2　设置自动灭火系统的二级耐火等级多层丙类厂房的屋顶承重构件;

3　单层、多层丁、戊类厂房(仓库)的梁、柱和屋顶承重构件。

3.2.12　一、二级耐火等级建筑的非承重外墙应符合下列规定:

1　除甲、乙类仓库和高层仓库外,当非承重外墙采用不燃烧体时,其耐火极限不应低于 0.25 h;当采用难燃烧体时,不应低于 0.50 h:

2　4 层及 4 层以下的丁、戊类地上厂房(仓库),当非承重外墙采用不燃烧体时,其耐火极限不限;当非承重外墙采用难燃烧体的轻质复合墙体时,其表面材料应为不燃材料、内填充材料的燃烧性能不应低于 B2 级。材料的燃烧性能分级应符合国家标准《建筑材料燃烧性能分级方法》GB 8624 的有关要求。

3.2.13　二级耐火等级厂房(仓库)中的房间隔墙,当采用难燃烧体时,其耐火极限应提高 0.25 h。

3.2.14　二级耐火等级的多层厂房或多层仓库中的楼板,当采用预应力和预制钢筋混凝土楼板时,其耐火极限不应低于 0.75 h。

3.2.15　一、二级耐火等级厂房(仓库)的上人平屋顶,其屋面板的耐火极限分别不应低于 1.50 h 和 1.00 h。

一级耐火等级的单层或多层厂房(仓库)中采用自动喷水灭火系统进行全保护时,其屋顶承重构件的耐火极限不应低于 1.00 h。

3.2.16　一、二级耐火等级厂房(仓库)的屋面板应采用不燃烧材料,但其屋面防水层和绝热层可采用可燃材料;当丁、戊类厂房(仓库)不超过 4 层时,其屋面可采用难燃烧体的轻质复合屋面板,但该板材的表面材料应为不燃烧材料,内填充材料的燃烧性能不应低于 B2 级。

3.2.17　除本规范另有规定者外,以木柱承重且以不燃烧材料作为墙体的厂房(仓库),其耐火等级应按四级确定。

3.2.18　预制钢筋混凝土构件的节点外露部位,应采取防火保护措施,且经防火保护后构件整体的耐火极限不应低于相应构件的规定。

3.6.3　控制每个分区安全出口数量及疏散距离

以下是关于《建筑设计防火规范》(GB 50016—2012)摘录。

3.7.1　厂房的安全出口应分散布置。每个防火分区、一个防火分区的每个楼层,其相邻2个安全出口最近边缘之间的水平距离不应小于5 m。

3.7.2　厂房的每个防火分区、一个防火分区内的每个楼层,其安全出口的数量应经计算确定,且不应少于2个;当符合下列条件时,可设置1个安全出口:

1　甲类厂房,每层建筑面积不大于100 m²,且同一时间的生产人数不超过5人;

2　乙类厂房,每层建筑面积不大于150 m²,且同一时间的生产人数不超过10人;

3　丙类厂房,每层建筑面积不大于250 m²,且同一时间的生产人数不超过20人;

4　丁、戊类厂房,每层建筑面积不大于400 m²,且同一时间的生产人数不超过30人;

5　地下、半地下厂房或厂房的地下室、半地下室,其建筑面积不大于50 m²,经常停留人数不超过15人。

3.7.3　地下、半地下厂房或厂房的地下室、半地下室,当有多个防火分区相邻布置,并采用防火墙分隔时,每个防火分区可利用防火墙上通向相邻防火分区的甲级防火门作为第二安全出口,但每个防火分区必须至少有1个独立直通室外的安全出口。

3.7.4　厂房内任一点到最近安全出口的距离不应大于表3.7.4的规定。

表3.7.4　厂房内任一点到最近安全出口的距离　　　　　　　　　　m

生产类别	耐火等级	单层厂房	多层厂房	高层厂房	地下、半地下厂房或厂房的地下室、半地下室
甲	一、二级	30.0	25.0	—	—
乙	一、二级	75.0	50.0	30.0	—
丙	一、二级	80.0	60.0	40.0	30.0
	三级	60.0	40.0		
丁	一、二级	不限	不限	50.0	45.0
	三级	60.0	50.0		
	四级	50.0			
戊	一、二级	不限	不限	75.0	60.0
	三级	100.0	75.0		
	四级	60.0			

3.7.5　厂房内的疏散楼梯、走道、门的各自总净宽度应根据疏散人数,按表3.7.5的规定经计算确定。但疏散楼梯的最小净宽度不宜小于1.10m,疏散走道的最小净宽度不宜小于1.40m,门的最小净宽度不宜小于0.90m。当每层人数不相等时,疏散楼梯的总净宽度应分层计算,下层楼梯总净宽度应按该层或该层以上人数最多的一层计算。

表 3.7.5　厂房疏散楼梯、走道和门的净宽度指标　　　　　　m/百人

厂房层数	一、二层	三层	≥四层
宽度指标	0.60	0.80	1.00

　　首层外门的总净宽度应按该层或该层以上人数最多的一层计算,且该门的最小净宽度不应小于 1.20 m。

　　3.7.6　高层厂房和甲、乙、丙类多层厂房的疏散楼梯应采用封闭楼梯间或室外楼梯;对于建筑高度大于 32m 且任一层人数超过 10 人的高层厂房,应采用防烟楼梯间或室外楼梯。

第4章 建筑专业施工图审查常遇问题汇总

4.1 民用建筑设计

4.1.1 什么是公共绿地总指标

居住用地中应有的公共绿地面积总指标,是以人均面积指标确定的。居住用地的公共绿地,是为居民提供游憩、健身、交往和陶冶情操的公共活动场地。它既是组成居住用地中必不可少的用地,也是居民离不开的活动场所。无论规划布局如何,其公共绿地总指标不应少于 1 m²/人的规定。

居住区内公共绿地的总指标,应根据居住人口规模分别达到:组团不少于 0.5 m²/人,应根据居住区规划布局形式统一安排、灵活使用。

旧区改建可酌情降低,但不得低于相应指标的 70%。

还应注意的其他几点是:

(1)公共绿地一般由绿地、水面与铺地构成,其绿地与水面面积不应低于 70%。

(2)公共绿地总指标,应根据居住用地规划布局形式统一安排、灵活使用,即既可集中使用,也可分散设置或集中与分散相结合的方式安排均可。

(3)公共绿地应满足有不少于 2/3 的绿地面积在标准的建筑日照阴影线范围之外的日照环境要求。

(4)集中的公共绿地不应小于 4 000 m²,其他公共绿地不应小于 400 m²,以利人的活动和相关设施的设置。

(5)集中公共绿地面积不宜过大,应结合居住用地具体条件,采用适宜尺度。

4.1.2 住宅的公共服务设施如何配置

住宅应具有与其居住人口规模相适应的公共服务设施、道路和公共绿地。

不同居住人口规模的居住区,应配置不同层次的配套设施,才能满足居民基本的物质与文化生活不同层次的要求,因而,配套设施的配建水平与指标必须共服务设施建筑(也称公建)两部分;在居住区规划用地内的其他建筑的设置,应符合无污染不扰民的要求。

居住区的规划布局,应综合考虑周边环境、路网结构、公建与住宅布局、群体组合、绿地系统及空间环境等的内在联系,构成一个完善的、相对独立的有机整体,并应遵循下列原则:

(1)方便居民生活,有利安全防卫和物业管理。

(2)组织与居住人口规模相对应的公共活动中心,方便经营、使用和社会化服务。

4.1.3 无障碍通路坡道的坡度如何设置

无障碍通路对老年人、残疾人、儿童和体弱者的安全通行极其重要,是住宅功能的外部延伸,故住宅外部无障碍通路应贯通。无障碍坡道、人行道及通行轮椅车的坡道应满足相应要求。

坡道的坡度应符合表4.1的规定。

表4.1 坡道的坡度

高度/m	1.50	1.00	0.75
坡度	≤1:20	≤1:16	≤1:12

不同位置的坡道,其坡度和宽度应符合表4.2的规定。

表4.2 不同位置的坡道坡度的宽度

坡道位置	最大坡度	最小宽度/m
有台阶的建筑入口	1:12	≥1.20
只设坡道的建筑入口	1:20	≥1.50
室内走道	1:12	≥1.00
室外通路	1:20	≥1.50
困难地段	1:10~1:8	≥1.20

坡道在不同坡度的情况下,坡道高度和水平长度应符合表4.3的规定。

表4.3 不同坡度高度和水平长度

坡度	1:20	1:16	1:12	1:10	1:8
最大高度/m	1.50	1.00	0.75	0.60	0.35
水平长度/m	30.00	16.00	9.00	6.00	2.80

4.1.4 性能化设计是否以采暖、空调能耗指标作为节能控制目标

住宅节能设计也可以采用性能化方法。性能化设计方法的一个特征是不对具体的每一个细节提出刚性的要求,而是直接关注这些细节所导致的最终结果。住宅建筑节能的最主要的直接目的是降低住宅的采暖空调能耗,所以住宅建筑节能的性能化设计当然要以采暖、空调能耗为控制目标。

性能化设计应以采暖、空调能耗指标作为节能控制目标。

住宅建筑节能设计的常规方法是对与建筑采暖、空调能耗密切相关的所有因素都给出一个明确的控制指标,例如对建筑物的体形系数、窗墙面积比、墙体的传热系数、屋顶的传热系数、外窗的传热系数、外窗遮阳系数、锅炉的效率、供暖管网的输送效率、空调器的能效比等都给出一个限值,所设计的住宅每一个对应的参数都不得突破规定的限值。而住宅建筑节能设计的性能化设计则并不关注与建筑采暖、空调能耗密切相关的所有因素是否都符合规定,而是直接计算住宅在某种约定条件下的采暖、空气调节能耗,并且保证计算得到的这

个能耗值不超过某一个事先规定好的限值。

性能化方法,就是直接对住宅在某种标准条件下的理论上的采暖、空调能耗规定一个限值,作为节能控制目标。

住宅节能设计的性能化方法是对住宅在某种标准多件的理论上的采暖、空调能耗规定一个限值,所设计的住宅计算得到的采暖、空调能耗不得突破这个限值。采暖、空调能耗与建筑所处目的气候密切相关,因此具体的限值应根据具体的气候条件确定。

目前,住宅节能设计的性能化方法的应用主要考虑三种不同的气候条件:第一种是北方严寒和寒冷地区的气候条件,在这种条件下只需要考虑采暖能耗:第二种是中部夏热冬冷地区的气候条件,在这种条件下不仅要考虑采暖能耗,而且也要考虑空调能耗;第三种是南方夏热冬暖地区的气候条件,在这种条件下主要考虑空调能耗。

4.1.5　是否可以将住宅地下机动车库内坡道宽的单车道兼作双车道

汽车库内的单车道是按一条中心线确定坡度及转弯半径的,如果兼作双车道使用,即使有一定的宽度,汽车在坡道及其转弯处仍然容易发生相撞、刮蹭事故。因此,严禁将宽的单车道兼作双车道。

住宅地下机动车库内坡道严禁将宽的单车道兼作了双车道。

汽车库内坡道可采用直线型、曲线型。可以采用单车道或双车道,其最小净宽应符合表4.4的规定。严禁将宽的单车道兼作双车道。

表 4.4　坡道最小宽度

坡道型式	计算宽度	最小宽度/m	
		微型、小型车	中型、大型、绞接车
直线单行	单车宽 + 0.8	3.0	3.5
直线双行	双车宽 + 2.0	5.5	7.0
曲线单行	单车宽 + 1.0	3.8	5.0
曲线双行	双车宽 + 2.2	7.0	10.0

注:此宽度不包括道牙及其他分隔带宽度。

4.1.6　配套公共服务设施包括哪些

随着我国经济水平的快速提升,城市的居住用地建设得到了长足的发展。物质生活水平的提高促使城市居民对居住质量提出了更高的要求,这些要求不仅表现在对住宅户型功能合理与舒适度的追求,区位、周边环境、配套设施等与住用地广大居民日常生活便利性的重要物质设施,居住区公共服务设施建设的数量、质量以及种类不仅直接影响到居民的生活水平、生活方式和生活质量,而且在一定程度上体现并影响到社会的文明程度,是关系到城市整体功能合理配置的重要因素。据此,配套公共服务设施是居住用地中与住宅相匹配的不可缺少的必要设施,也是决定外部环境质量优劣的重要因素之一。

配套公共服务设施(配套公建)应包括:教育、医疗卫生、文化、体育、商业服务、金融邮电、社区服务、市政公用和行政管理等9类设施。(见表4.5)

表 4.5 配套公共服务设施(配套公建)

居住规模 / 类别		居住区		小区		组团	
		建筑面积	用地面积	建筑面积	用地面积	建筑面积	用地面积
总指标		168~393 (2228~4213)	272~59 (2762~6329)	968~27 (1338~2977)	1091~335 (1491~4585)	32~856 (703~1356)	488~158 (868~1578)
其中	教育	600~1200	1000~2400	330~1200	700~2400	160~400	300~500
	医疗卫生(含医院)	78~198 (178~398)	138~378 (28~548)	38~98	78~228	6~20	12~40
	文体	125~245	225~645	45~75	65~105	18~24	40~60
	商业服务	700~910	600~940	450~570	100~600	150~370	100~400
	社区服务	59~464	76~68	59~292	76~328	19~32	16~28
	金融邮电 (含银行、邮电局)	20~30 (60~80)	25~50	16~22	22~34	—	—
	市政公用 (含居民存车处)	40~150 (460~820)	70~360 (500~960)	30~140 (400~720)	50~140 (50~760)	9~10 (350~510)	20~30 (400~550)
	行政管理及其他	46~96	37~72				

4.1.7 配套公建是否与住宅同步规划、同步建设、同期交付

居住者在入住后,随之而来的是满足居住者衣、食、住、用、行等物质生活以及文化、体育等精神生活的各种需求。简言之,应有相应配套设施满足其居住生活需求。但在已投入使用的众多居住小区案例中,往往出现应配设施项目不全、规模太小或如托幼、学校、卫生站等公益性公建项目未建的情况,降低了居住者的生活品质和居住用地环境质量。

居住区配套公建的配建水入使用。

考虑配套设施的设置规模提出了"必须与人口规模相对应";考虑不影响入住者的生活需求,提出了配套设施"应与住宅同步规划、同步建设"的规定。此外,考虑公共服务设施类别多样,主管和建设单位各异,要求同步建设较易做到,而同时投入使用则有一定难度。为此,提出"同期交付"的要求。

4.1.8 当主要道路坡度较大时,是否设置与城市道路相接的缓冲段

影响居住区交通组织的因素是多方面的,而其中主要的是居住区的居住人口规模、规划布局形式、用地周围的交通条件、居民出行的方式与行为轨迹和本地区的地理气候条件,以及城市交通系统特征、交通设施发展水平等。在确定道路网的规划中,应避免不顾当地的客观条件,主观地画定不切实际的图形或机械套用某种模式。

要综合考虑居住区内各项建筑及设施的布置要求,以使路网分隔的各个地块能合理地安排下不同功能要求的建设内容。

当居住用地内主要道路的坡度大于 8% 时,不应直接与城市道路相接,而应设缓冲段迫

使车款时还应注意居住用地内道路与城市道路交接时,应尽量采用正交(交角在 90°±15°范围内),以简化路口的交通组织。按道路设计规定,交叉角度不宜小于 75°。当其道路交角超出上述范围时,可在居住用地道路出口路段增设平曲线弯道来满足要求;在山区及用地有限制地区,可允许出现交角小于 75°的交叉口。

4.1.9　居住用地内如何配套设置居民自行车、汽车的停车场地或停车库

在若干年前我国已享有"自行车王国"的美誉,即自行车早已成为我国居民出行的主要车因具有轻便、灵活和经济的优点,其数量仍占有相当比重。与此同时,停车场库严重不足是目前居住用地内存在的难题之一。

居住区内必须配套设置居民汽车(含通勤车)停车场、停车库,并应符合下列规定:

(1)居民汽车停车率不应小于 10%。

(2)居住区内地面停车率(居住区内居民汽车的停车位数量与居住户数的比率)不宜超过 10%。

(3)居民停车场、库的布置应方便居民使用,服务半径不宜大于 150m。

(4)居民停车场、库的布置应留有必要的发展余地。

同时,应该重视的几点是:

(1)设置停车场(库)时,应根据各城市的经济发展水平、人民生活水准和居住用地的不同档次,合理确定停车泊位数量及停车方式。

(2)机动车停车场(库)产生的噪声和废气应进行处理,不得影响周围环境。

居住区内公共活动中心、集贸市场和人流较多的公共建筑,必须相应配建公共停车场(库),并就符合下列规定:

(1)配建公共停车场(库)的停车位控制指标,应符合表 4.6 的规定。

表 4.6　配建公共停车场(库)停车位控制指标

名称	单位	自行车	机动车
公共中心	车位/100m² 建筑面积	大于或等于 7.5	大于或等于 0.45
商业中心	车位/100m² 营业面积	大于或等于 7.5	大于或等于 0.45
集贸市场	车位/100m² 营业场地	大于或等于 7.5	大于或等于 0.30
饮食店	车位/100m² 营业面积	大于或等于 3.6	大于或等于 0.30
医院、门诊所	车位/100m² 建筑面积	大于或等于 1.5	大于或等于 0.30

注:本表机动车停车车位以小型汽车为标准当量表示。

(2)配建公共停车场(库)应就近设置,并宜采用地下或多层车库。

4.2　消防设计

4.2.1　如何确定预应力和预制钢筋混凝土楼板的耐火极限

二级耐火等级建筑的楼板应为耐火极限不低于 1 h 的不燃烧体。但试验证明,预应力楼

板的耐火极限达不到 1 h。预应力楼板的耐火极限与楼板的保护层厚度有关，在常用的保护层厚度下其耐火极限均在 0.8 h 以下。

预应力构件包括楼板等，由于节省材料，经济意义较大，一直被广泛用于各种建筑物中。为了顾及其使用需要，又考虑建筑的防火安全，二级耐火等级的多层厂房或多层仓库中的楼板，当采用预应力和预制钢筋混凝土楼板时，其耐火极限不应低于 0.75 h。但对于可燃物较多或燃烧猛烈的场所，如甲、乙类仓库和储存数量较多的丙类仓库等，其楼板的耐火极限则不能降低。

4.2.2　如何计算高层建筑商场疏散人数

高层建筑商场疏散人数的计算，应符合《建筑设计防火规范》（GB 50016—2012）第 5.5.19 条第 6 款的规定，即：除剧场、电影院、礼堂、体育馆外，公共建筑中的疏散走道、安全出口、疏散楼梯和房间疏散门的各自总宽度，应按下列规定经计算确定：商店的疏散人数应按每层营业厅的建筑面积乘以表 4.7 规定的人员密度计算。对于建材商店、家俱和灯饰展示建筑，其人员密度可按表 4.7 规定值的 30% ~ 40% 确定。

表 4-7　商店营业厅内的人员密度　　　　　　　人/m²

楼层位置	地下二层	地下一层	地上第一、二层	地上第三层	地上第四层及以上各层
人员密度	0.56	0.60	0.43 ~ 0.60	0.39 ~ 0.54	0.30 ~ 0.42

4.2.3　如何计算高层建筑商场疏散宽度

高层建筑商场疏散宽度的计算，应符合《高层民用建筑设计防火规范（2005 年版）》（GB 50045—1995）第 6.2.9 条的规定，即：每层疏散楼梯总宽度应按其通过人数每 100 人不小于 1.00 m 计算，各层人数不相等时，其总宽度可分段计算，下层疏散楼梯总宽度应按其上层人数最多的一层计算。疏散楼梯的最小净宽不应小于表 4.8 的规定。

表 4.8　疏散楼梯的最小净宽度

高层建筑	疏散楼梯的最小净宽度/m
医院病房楼	1.30
居住建筑	1.10
其他建筑	1.20

4.2.4　如何确定消防车道净宽和净空高度

穿过高层建筑的消防车道，其净宽和净空高度均不应小于 4.00 m。这是根据目前我国各城市使用的消防车外形尺寸（如图 4.1 所示），并参照《建筑设计防火规范》（GB 50016—2012）要求制定的。所规定的尺寸基本与《建筑设计防火规范》（GB 50016—2012）尺寸一致，其目的在于发生火灾时便于消防车无阻挡地通过，迅速到达火场，顺利开展扑救工作。

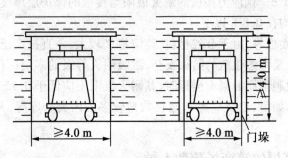

图 4.1　消防车道净宽和净空高度示意图

4.2.5　建筑中哪些部位应设置火灾自动报警系统

下列建筑或场所应设置火灾自动报警系统:

(1)任一层建筑面积大于 1 500 m² 或总建筑面积大于 3 000 m² 的制鞋、制衣、玩具、电子等厂房。

(2)每座占地面积大于 1 000 m² 的棉、毛、丝、麻、化纤及其织物的库房,占地面积大于 500 m² 或总建筑面积大于 1 000 m² 的卷烟库房。

(3)任一层建筑面积大于 1 500 m² 或总建筑面积大于 3 000 m² 的商店、展览建筑、财贸金融建筑、客运和货运建筑等;建筑面积大于 500 m² 的地下、半地下商店。

(4)图书、文物珍藏库,每座藏书超过 50 万册的图书馆,重要的档案馆。

(5)地市级及以上广播电视建筑、邮政楼、电信楼,城市或区域性电力、交通和防灾救灾指挥调度等建筑。

(6)特等、甲等剧院或座位数超过 1 500 个的其他等级的剧院、电影院,座位数超过 2 000 个的会堂或礼堂,座位数超过 3 000 个的体育馆。

(7)老年人建筑、任一楼层建筑面积大于 1 500 m² 或总建筑面积大于 3 000 m² 的旅馆建筑、疗养院的病房楼、儿童活动场所和不小于 200 床位的医院的门诊楼、病房楼、手术部等。

(8)其他一类高层公共建筑,二类高层公共建筑中建筑面积大于 50 m² 的可燃物品库房、建筑面积大于 500 m² 的营业厅;建筑高度大于 100 m 的住宅建筑,其他高层住宅建筑的公共部位及电梯机房。

(9)设置在地下、半地下或建筑的地上四层及四层以上的歌舞娱乐放映游艺场所。

(10)净高大于 2.6 m 且可燃物较多的技术夹层,净高大于 0.8 m 且有可燃物的闷顶或吊顶内。

(11)大中型电子计算机房及其控制室、记录介质库,特殊贵重或火灾危险性大的机器、仪表、仪器设备室、贵重物品库房,设置气体灭火系统的房间。

(12)设置机械排烟系统、预作用自动喷水灭火系统或固定消防水炮灭火系统等需与火灾自动报警系统联锁动作的场所。

注:中型幼儿园、寄宿小学、旅馆、老年人建筑等宜设独立式感烟火灾探测器。高层住宅建筑,其套内宜设置家用火灾探测器;高层住宅的公共部分应设置火灾警报装置。

4.2.6　火灾自动报警系统保护对象如何分级

火灾自动报警系统的保护对象应根据其使用性质、火灾危险性、疏散和扑救难度等分为特级、一级和二级,并宜符合表4.9的规定。

表4.9　火灾自动报警系统保护对象分级

等级	保护对象	
特级	建筑高度超过100 m的高层民用建筑	
一级	建筑高度不超过100 m的高层民用建筑	一类建筑
	建筑高度不超过24 m的民用建筑及建筑高度超过24 m的单层公共建筑	(1)200床及以上的病房楼,每层建筑面积1 000 m² 及以上的门诊楼 (2)每层建筑面积超过3 000 m² 的百货楼、商场、展览楼、高级旅馆、财贸金融楼、电信楼、高级办公楼 (3)藏书超过100万册的图书馆、书库 (4)超过3 000座位的体育馆 (5)重要的科研楼、资料档案楼 (6)省级(含计划单列市)的邮政楼、广播电视楼、电力调度楼、防灾指挥调度楼 (7)重点文物保护场所 (8)大型以上的影剧院、会堂、礼堂
	工业建筑	(1)甲、乙类生产厂房 (2)甲、乙类物品库房 (3)占地面积或总建筑面积超过1 000 m² 的丙类物品库房 (4)总建筑面积超过1 000 m² 的地下丙、丁类生产车间及物品库房
	地下民用建筑	(1)地下铁道、车站 (2)地下电影院、礼堂 (3)使用面积超过1 000 m² 的地下商店、医院、旅馆、展览厅及其他商业或公共活动场所 (4)重要的实验室,图书、资料、档案库

续表4.9

等级	保护对象	
二级	建筑高度不超过100 m的高层民用建筑	二类建筑
	建筑高度不超过24 m的民用建筑及建筑高度超过24 m的单层公共建筑	(1)设有空气调节系统的或每层建筑面积超过2 000 m²、但不超过3 000 m²的商业楼、财贸金融楼、电信楼、展览楼、旅馆、办公楼,车站、海河客运站、航空港等公共建筑及其他商业或公共活动场所 (2)市、县级的邮政楼、广播电视楼、电力调度楼、防灾指挥调度楼 (3)中型以下的影剧院 (4)高级住宅 (5)图书馆、书库、档案楼
	工业建筑	(1)丙类生产厂房 (2)建筑面积大于50 m²,但不超过1 000 m²的丙类物品库房 (3)总建筑面积大于50 m²,但不超过1 000 m²的地下丙、丁类生产车间及地下物品库房
	地下民用建筑	(1)长度超过500 m的城市隧道 (2)使用面积不超过1 000 m²的地下商场、医院、旅馆、展览厅及其他商业或公共活动场所

注:1.一类建筑、二类建筑的划分,应符合现行国家标准《高层民用建筑设计防火规范(2005年版)》(GB 50045—1995)的规定;工业厂房、仓库的火灾危险性分类,应符合现行国家标准《建筑设计防火规范》(GB 50016—2012)的规定。

2.本表未列出的建筑的等级可按同类建筑的类比原则确定。

4.2.7 如何划分探测区域

(1)探测区域的划分应符合下列规定:

① 探测区域应按独立房(套)间划分。一个探测区域的面积不宜超过500 m²;从主要入口能看清其内部,且面积不超过1 000 m²的房间,也可划为一个探测区域。

② 红外光束线型感烟火灾探测器的探测区域长度不宜超过100 m;缆式感温火灾探测器的探测区域长度不宜超过200 m;空气管差温火灾探测器的探测区域长度宜在20~100 m之间。

(2)符合下列条件之一的二级保护对象,可将几个房间划为一个探测区域:

① 相邻房间不超过5间,总面积不超过400 m²,并在门口设有灯光显示装置。

② 相邻房间不超过10间,总面积不超过1 000 m²,在每个房间门口均能看清其内部,并在门口设有灯光显示装置。

(3)下列场所应分别单独划分探测区域:

① 敞开或封闭楼梯间。

② 防烟楼梯间前室、消防电梯前室、消防电梯与防烟楼梯间合用的前室。

③ 走道、坡道、管道井、电缆隧道。

④ 建筑物闷顶、夹层。

4.2.8　如何设计集中报警系统

（1）系统中应设置一台集中火灾报警控制器和两台及以上区域火灾报警控制器，或设置一台火灾报警控制器和两台及以上区域显示器。

（2）系统中应设置消防联动控制设备。

（3）集中火灾报警控制器或火灾报警控制器，应能显示火灾报警部位信号和控制信号，亦可进行联动控制。

（4）集中火灾报警控制器或火灾报警控制器，应设置在有专人值班的消防控制室或值班室内。

（5）集中火灾报警控制器或火灾报警控制器、消防联动控制设备等在消防控制室或值班室内的布置，应符合下列规定：

① 设备面盘前的操作距离：单列布置时不应小于 1.5 m；双列布置时不应小于 2 m。

② 在值班人员经常工作的一面，设备面盘至墙的距离不应小于 3 m。

③ 设备面盘后的维修距离不宜小于 1 m。

④ 设备面盘的排列长度大于 4 m 时，其两端应设置宽度不小于 1 m 的通道。

⑤ 集中火灾报警控制器或火灾报警控制器安装在墙上时，其底边距地面高度宜为 1.3～1.5 m，其靠近门轴的侧面距墙不应小于 0.5 m，正面操作距离不应小于 1.2 m。

4.2.9　相邻防火分区窗间墙宽度小于 2 m 时，若设置外挑墙垛，则其凸出值应为多少合适

《建筑设计防火规范》（GB 50016—2012）第 6.1.3 条规定："当建筑物的外墙为难燃烧体时，防火墙应凸出墙的外表面 0.4 m 以上，且防火墙两侧的外墙应为宽度均不小于 2 m 的不燃烧体，其耐火极限不应低于该外墙的耐火极限。当建筑物的外墙为不燃烧体时，防火墙可不凸出墙的外表面。紧靠防火墙两侧的门、窗洞口之间最近边缘的水平距离不应小于 2.0 m；装有固定窗扇的乙级防火窗或火灾时可自动关闭的乙级防火窗等防止火灾水平蔓延的措施时，该距离可不限。"第 6.1.4 条规定："建筑物内的防火墙不宜设置在转角处。如设置在转角附近，内转角两侧墙上的门、窗洞口之间最近边缘的水平距离不应小于 4.0 m，装有固定窗扇的乙级防火窗或火灾时可自动关闭的乙级防火窗等防止火灾水平蔓延的措施时，该距离可不限。"

《高层民用建筑设计防火规范（2005 年版）》（GB 50045—1995）第 5.2.1 条规定："防火墙不宜设在 U、L 形等高层建筑的内转角处。当设在转角附近时，内转角两侧墙上的门、窗、洞口之间最近边缘的水平距离不应小于 4.00 m；当相邻一侧装有固定乙级防火窗时，距离可不限。"第 5.2.2 条规定："紧靠防火墙两侧的门、窗、洞口之间最近边缘的水平距离不应小于 2.00 m；当水平间距小于 2.00 m 时，应设置固定乙级防火门、窗。"

可见，当相邻防火分区窗间墙宽度小于 2 m 时，国家规范中未见有设置外挑墙垛的这类防范措施。当设计只能采取外挑墙垛这种措施时，则该外挑墙垛应为防火墙，且墙垛顶部与

其最近窗、洞口边缘之间的连线距离,均不应小于 4.00 m;若该设计尺寸欲小于 4.00 m,则应事先取得本地消防审批部门的书面认可意见。

4.2.10 如何设置裙房

《高层民用建筑设计防火规范(2005 年版)》(GB 50045—1995)第 5.1.1～5.1.4 条文说明规定:"与高层建筑相连的裙房建筑高度较低,火灾时疏散较快,且扑救难度也比较小,易于控制火势蔓延。当高层主体建筑与裙房之间用防火墙等防火分隔设施分开时,其裙房的最大允许建筑面积可按《建筑设计防火规范》(GB 50016—2012)的规定执行。"因此可认为:

(1)当裙房跟高层主体建筑(塔楼)以防火墙等防火分隔设施分开时,裙房防火分区面积可按多层建筑对待,应符合《建筑设计防火规范》(GB 50016—2012),或者符合《高层民用建筑设计防火规范(2005 年版)》(GB 50045—1995)第 5.1.3 条的规定,即:"当高层建筑与其裙房之间设有防火墙等防火分隔设施时,其裙房的防火分区允许最大建筑面积不应大于 2 500 m²,当设有自动喷水灭火系统时,防火分区允许最大建筑面积可增加 1.00 倍。"

(2)当裙房跟高层主体建筑(塔楼)未以防火分隔设施分开时,裙房应按高层建筑中的不可分割的一个局部来对待,此时应符合《高层民用建筑设计防火规范(2005 年版)》(GB 50045—1995)第 5.1.2 条的规定,即:"高层建筑内的商业营业厅、展览厅等,当设有火灾自动报警系统和自动灭火系统,且采用不燃烧或难燃烧材料装修时,地上部分防火分区的允许最大建筑面积为 4 000 m²;地下部分防火分区的允许最大建筑面积为 2 000 m²。"

4.2.11 如何确定高层单元式住宅户门的开启方向

《高层民用建筑设计防火规范(2005 年版)》(GB 50045—1995)第 6.1.16 条规定:

高层建筑的公共疏散门均应向疏散方向开启,且不应采用侧拉门、吊门和转门。人员密集场所防止外部人员随意进入的疏散用门,应设置火灾时不需使用钥匙等任何器具即能迅速开启的装置,并应在明显位置设置使用提示。

条文说明:高层建筑的公共疏散门,主要是高层建筑公用门厅的外门,展览厅、多功能厅、餐厅、舞厅、商场营业厅、观众厅的门,其他面积较大房间的门。这些地方往往人员较密集,因此要求所设的公共疏散门必须向疏散方向开启。疏散人流的方向与门的开启方向不一致,遇有紧急情况时,会使出口堵塞造成人员伤亡事故。例如,国外某一夜总会发生了火灾,造成人员重大伤亡的原因是出口的转门卡住了,旁边的弹簧门是向内开启的。使拥挤的人流无法疏散到室外的安全地方。在大量拥挤人流急待疏散的情况下,侧拉门、吊门和转门,都会使出口卡住,造成人流堵塞,因此这类门都不能用作疏散出口。

但考虑到高层单元式住宅的实际情况(单户户内人数一般较少,且熟悉本户安全疏散方向),允许稍有灵活,即户门如果开在前室,既可以开向前室,也可以开向本户户内。

4.2.12 一般建筑物中,水、电管井的门如何开设

(1)住宅建筑应符合《住宅建筑规范》(GB 50368—2005)第 9.4.3 条第 4 款的规定,即:"电缆井和管道井设置在防烟楼梯间前室、合用前室时,其井壁上的检查门应采用丙级防火门。"

(2)除住宅建筑之外的高层民用建筑,应符合《高层民用建筑设计防火规范(2005 年版)》(GB 50045—1995)第 6.2.5.1 条的规定,即:"楼梯间及防烟楼梯间前室的内墙上,除开

设通向公共走道的疏散门和本规范第6.1.3条规定的户门外,不应开设其他门、窗、洞口。"

(3)除(1)、(2)之外的情形,应综合《建筑设计防火规范》(GB 50016—2012)第6.4.3条第5款的规定,即:"除楼梯间门和前室门外,防烟楼梯间及其前室的内墙上不应开设其他门窗洞口(住宅建筑的楼梯间前室除外)。"

4.2.13　封闭楼梯间或防烟楼梯间,与同层的其他用房之窗间墙距离如何确定

(1)住宅建筑应符合《住宅建筑规范》(GB 50368—2005)第9.4.2条的规定,即:"楼梯间窗口与套房窗口最近边缘之间的水平间距不应小于1.0 m";其条文说明:为防止楼梯间受到住户火灾烟气的影响,本条对楼梯间窗口与套房窗口最近边缘之间的水平间距限值做了规定。楼梯间作为人员疏散的途径,保证其免受住户火灾烟气的影响十分重要。

(2)除住宅建筑之外的其他建筑,除室外楼梯之外,虽然未见有相关具体规定,但为确保安全疏散,理应同样执行"不小于1.0 m"的规定。

4.3　防水设计

4.3.1　地下工程防水设计图纸应体现哪些内容

地下工程防水设计,应包括下列内容:

(1)防水等级和设防要求;

(2)防水混凝土的抗渗等级和其他技术指标、质量保证措施;

(3)其他防水层选用的材料及其技术指标、质量保证措施;

(4)工程细部构造的防水措施,选用的材料及其技术指标、质量保证措施;

(5)工程的防排水系统、地面挡水、截水系统及工程各种洞口的防倒灌措施。

上述所规定的内容,应在设计文件中得以全面体现。

4.3.2　选择的地下防水材料应达到哪些防水设防要求

地下工程的防水涂料品种繁多,性能各异,施工工艺及施工期气候条件对基层要求也不同。因此,防水涂料的选择主要根据防水层处于迎水面还是背水面、基层条件、施工气候条件等因素综合考虑,以达到预期的防水设防要求。

(1)防水涂料品种的选择应符合下列规定:

① 潮湿基层宜选用与潮湿基面黏结力大的无机防水涂料或有机防水涂料,亦可采用先涂无机防水涂料而后再涂有机防水涂料构成复合防水涂层。

② 冬期施工宜选用反应型涂料。

③ 埋置深度较深的重要工程、有振动或有较大变形的工程,宜选用高弹性防水涂料。

④ 有腐蚀性的地下环境宜选用耐腐蚀性较好的有机防水涂料,还应做刚性保护层。

⑤ 聚合物水泥防水涂料应选用Ⅱ型产品。

(2)涂料防水层所选用的涂料应符合下列规定:

① 应具有良好的耐水性、耐久性、耐腐蚀性和耐菌性。

② 应无毒、难燃、低污染。

③无机防水涂料应具有良好的湿干黏结性和耐磨性,有机防水涂料应具有较好的延伸性和较大适应基层变形能力。

(3)无机防水涂料的性能指标应符合表4.10的规定,有机防水涂料的性能指标应符合表4.11的规定。

表4.10　无机防水涂料的性能指标

涂料种类	抗折强度/MPa	黏结强度/MPa	一次抗渗性/MPa	二次抗渗性/MPa	冻融循环/次
掺外加剂、掺合料水泥基防水涂料	>4	>1.0	>0.8	—	>50
水泥基渗透结晶型防水涂料	≥4	≥1.0	>1.0	>0.8	>50

表4-11　有机防水涂料的性能指标

涂料类型	可操作时间/min	潮湿基面黏结强度/MPa	抗渗性/MPa			浸水168 h后拉伸强度/MPa	渗水168 h后断裂伸长率/%	耐水性/%	表干/h	实干/h
			涂膜(120 min)	砂浆迎水面	砂浆背水面					
反应型	≥20	≥0.5	≥0.3	≥0.8	≥0.3	≥1.7	≥400	≥80	≤12	≤24
水乳型	≥50	≥0.2	≥0.3	≥0.8	≥0.3	≥0.5	≥350	≥80	≥80	≤12
聚合物水泥	≥30	≥1.0	≥0.3	≥0.8	≥0.6	≥1.5	≥80	≥80	≤4	≤12

注:1.浸水168 h后的拉伸强度和断裂伸长率是在浸水取出后只经擦干即进行试验所得的值。

2.耐水性指标是指材料浸水工68 h后取出擦干即进行试验,其黏结强度及抗渗性的保持率。

4.3.3　什么是渗排水法

渗排水法是将排水层渗出的水,通过集水管流入集水井内,然后采用专用水泵机械排水。集水管可采用无砂混凝土集水管或软塑盲管,可根据工程的排水量大小、造价等因素进行选用。

地下工程采用渗排水法时应符合下列规定:

(1)宜用于无自流排水条件、防水要求较高且有抗浮要求的地下工程。

(2)渗排水层应设置在工程结构底板以下,并应由粗砂过滤层与集水管组成(图4.2)。

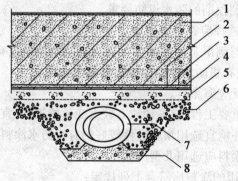

图4.2　渗排水层构造

1—结构底板;2—细石混凝土;3—底板防水层;4—混凝土垫层;

5—隔浆层;6—粗砂过滤层;7—集水管;8—集水管座

（3）粗砂过滤层总厚度宜为 300 mm，如较厚时应分层铺填，过滤层与基坑土层接触处，应采用厚度 100 ~ 150 mm，粒径 5 ~ 10 mm 的石子铺填；过滤层顶面与结构底面之间，宜干铺一层卷材或 30 ~ 50 mm 厚的 1∶3 水泥砂浆作隔浆层。

（4）集水管应设置在粗砂过滤层下部，坡度不宜小于 1%，且不得有倒坡现象。集水管之间的距离宜为 5 ~ 10 m。渗入集水管的地下水导入集水井后应用泵排走。

4.3.4　如何设计水泥砂浆防水层

（1）防水砂浆应包括聚合物水泥防水砂浆、掺外加剂或掺合料的防水砂浆，宜采用多层抹压法施工。

（2）水泥砂浆防水层可用于地下工程主体结构的迎水面或背水面，不应用于受持续振动或温度高于 80 ℃ 的地下工程防水。

（3）水泥砂浆防水层应在基础垫层、初期支护、围护结构及内衬结构验收合格后施工。

（4）水泥砂浆的品种和配合比设计应根据防水工程要求确定。

（5）聚合物水泥防水砂浆厚度单层施工宜为 6 ~ 8 mm，双层施工宜为 10 ~ 12 mm；掺外加剂或掺合料的水泥防水砂浆厚度宜为 18 ~ 20 mm。

（6）水泥砂浆防水层的基层混凝土强度或砌体用的砂浆强度均不应低于设计值的 80%。

4.3.5　如何设计膨润土防水材料防水层

（1）膨润土防水材料包括膨润土防水毯和膨润土防水板及其配套材料，采用机械固定法铺设。

（2）膨润土防水材料防水层应用于 pH 值为 4 ~ 10 的地下环境，含盐量较高的地下环境应采用经过改性处理的膨润土，并应经检测合格后使用。

（3）膨润土防水材料防水层应用于地下工程主体结构的迎水面，防水层两侧应具有一定的夹持力。

（4）铺设膨润土防水材料防水层的基层混凝土强度等级不得小于 C15，水泥砂浆强度等级不得低于 M7.5。

（5）阴、阳角部位应做成直径不小于 30 mm 的圆弧或（30 × 30）mm 的坡角。

（6）变形缝、后浇带等接缝部位应设置宽度不小于 500 mm 的加强层，加强层应设置在防水层与结构外表面之间。

（7）穿墙管件部位宜采用膨润土橡胶止水条、膨润土密封膏或膨润土粉进行加强处理。

4.3.6　如何设计地下工程种植顶板防水

（1）地下工程种植顶板的防水等级应为一级。

（2）种植土与周边自然土体不相连，且高于周边地坪时，应按种植屋面要求设计。

（3）地下工程种植顶板结构应符合下列规定：

① 种植顶板应为现浇防水混凝土，结构找坡，坡度宜为 1% ~ 2%。

② 种植顶板厚度不应小于 250 mm，最大裂缝宽度不应大于 0.2 mm，并不得贯通。

③ 种植顶板的结构荷载设计应按国家现行标准《种植屋面工程技术规程》（JGJ 155—2013）的有关规定执行。

（4）地下室顶板面积较大时，应设计蓄水装置；寒冷地区的设计，冬秋季时宜将种植土中的积水排出。

（5）种植顶板防水设计应包括主体结构防水、管线、花池、排水沟、通风井和亭、台、架、柱等构配件的防排水、泛水设计。

（6）地下室顶板为车道或硬铺地面时，应根据工程所在地区现行建筑节能标准进行绝热（保温）层的设计。

（7）少雨地区的地下工程顶板种植土宜与大于1/2周边的自然土体相连，若低于周边土体时，宜设置蓄排水层。

（8）种植土中的积水宜通过盲沟排至周边土体或建筑排水系统。

（9）地下工程种植顶板的防排水构造应符合下列要求：

① 耐根穿刺防水层应铺设在普通防水层上面。

② 耐根穿刺防水层表面应设置保护层，保护层与防水层之间应设置隔离层。

③ 排（蓄）水层应根据渗水性、储水量、稳定性、抗生物性和碳酸盐含量等因素进行设计；排（蓄）水层应设置在保护层上面，并应结合排水沟分区设置。

④ 排（蓄）水层上应设置过滤层，过滤层材料的搭接宽度不应小于200 mm。

⑤ 种植土层与植被层应符合现行国家标准《种植屋面工程技术规程》（JGJ 155—2013）的有关规定。

（10）地下工程种植顶板防水材料应符合下列要求：

① 绝热（保温）层应选用密封小、压缩强度大、吸水率低的绝热材料，不得选用散状绝热材料。

② 耐根穿刺层防水材料的选用应符合国家相关标准的规定或具有相关权威检测机构出具的材料性能检测报告。

③ 排（蓄）水层应选用抗压强度大且耐久性好的塑料排水板、网状交织排水板或轻质陶粒等轻质材料。

（11）已建地下工程顶板的绿化改造应经结构验算，在安全允许的范围内进行。

（12）种植顶板应根据原有结构体系合理布置绿化。

（13）原有建筑不能满足绿化防水要求时，应进行防水改造。加设的绿化工程不得破坏原有防水层及其保护层。

（14）防水层下不得埋设水平管线。垂直穿越的管线应预埋套管，套管超过种植土的高度应大于150 mm。

（15）变形缝应作为种植分区边界，不得跨缝种植。

（16）种植顶板的泛水部位应采用现浇钢筋混凝土，泛水处防水层高出种植土应大于250 mm。

（17）泛水部位、水落口及穿顶板管道四周宜设置200～300 mm宽的卵石隔离带。

4.3.7　如何设计后浇带防水

（1）后浇带应设在受力和变形较小的部位，其间距和位置应按结构设计要求确定，宽度宜为700～1 000 mm。

（2）后浇带两侧可做成平直缝或阶梯缝，其防水构造形式宜采用图4.3～4.5。

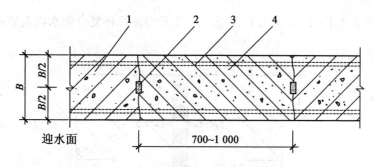

图 4.3　后浇带防水构造(一)(单位:mm)

1—先浇混凝土;2—遇水膨胀止水条(胶);3—结构主筋;4—后浇补偿收缩混凝土

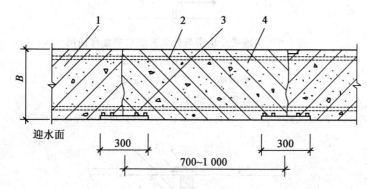

图 4.4　后浇带防水构造(二)(单位:mm)

1—先浇混凝土;2—结构主筋;3—外贴式止水带;4—后浇补偿收缩混凝土

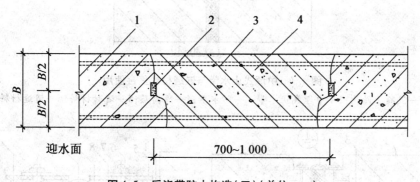

图 4.5　后浇带防水构造(三)(单位:mm)

1—先浇混凝土;2—遇水膨胀止水条(胶);3—结构主筋;4—后浇补偿收缩混凝土

(3)采用掺膨胀剂的补偿收缩混凝土,水中养护 14 d 后的限制膨胀率不应小于0.015%,膨胀剂的掺量应根据不同部位的限制膨胀率设定值经试验确定。

4.3.8　如何设计变形缝

(1)用于沉降的变形缝最大允许沉降差值不应大于 30 mm。

(2)变形缝的宽度宜为 20 ~ 30 mm。

(3)变形缝的防水措施可根据工程开挖方法、防水等级按《地下工程防水技术规范》(GB

50108—2008）表3.3.1-1、表3.3.1-2选用。变形缝的几种复合防水构造形式,如图4.6~
4.8。

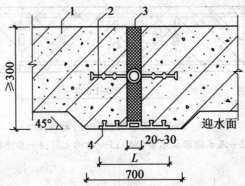

图4.6　中埋式止水带与外贴式防水层复合使用

外贴式止水带 $L \geqslant 300$ mm

外贴防水卷材 $L \geqslant 400$ mm

外贴防水涂层 $L \geqslant 400$ mm

1—混凝土结构;2—中埋式止水带;3—填缝材料;4—外贴止水带

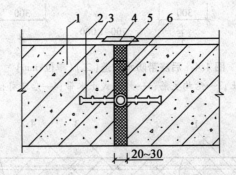

图4.7　中埋式止水带与嵌缝材料复合使用

1—混凝土结构;2—中埋式止水带;3—防水层;4—隔离层;5—密封材料;6—填缝材料

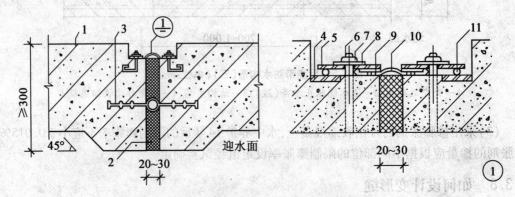

图4.8　中埋式止水带与可卸式止水带复合使用

1—混凝土结构;2—填缝材料;3—中埋式止水带;4—预埋钢板;5—紧固件压板;

6—预埋螺栓;7—螺母;8—垫圈;9—紧固件压块;10—Ω形止水带;11—紧固件圆钢

(4)环境温度高于50℃处的变形缝,中埋式止水带可采用金属制作(图4.9)。

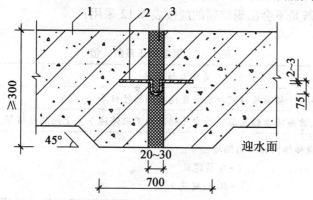

图4.9 中埋式金属止水带
1—混凝土结构;2—金属止水带;3—填缝材料

4.4 建筑节能设计

4.4.1 如何确定围护结构最小传热阻

设置集中采暖的建筑物,其围护结构的传热阻应根据技术经济比较确定,且应符合国家有关节能标准的要求,应经计算确定其最小传热阻。

(1)最小传热阻系指围护结构在规定的室外计算温度和室内计算温湿度条件下,为保证围护结构内表面温度不低于室内空气露点,从而避免结露,同时避免人体与内表面之间的辐射换热过多而引起的不舒适感所必需的传热阻。其最小传热阻应按下式计算确定:

$$R_{o \cdot min} = \frac{(t_i - t_e)n}{[\Delta t]}R_i \tag{4.1}$$

式中 $R_{o \cdot min}$——围护结构最小传热阻($m^2 \cdot K/W$);

t_i——冬季室内计算温度(℃),一般居住建筑,取18℃,高级居住建筑,医疗、托幼建筑,取20℃;

t_e——围护结构冬季室外计算温度(℃),是根据围护结构的热惰性指标D值不同而采取不同的值,以便使D值较小,亦即抗室外温度波动能力较小的围护结构,能求得较大的传热阻,反之亦然;这些具有不同传热阻的围护结构,不论D值大小,不仅在各自的室外计算温度条件下,其内表面温度都能满足要求,而且当室外温度偏离其计算温度降至当地最低一个日平均温度时,其内表面温度偏离其平均值向下的温降也不会超过1℃,也就是说,这些不同类型围护结构的内表面最低温度将达到大体相同的水平;

n——温差修正系数n是考虑围护结构受室外冷空气的影响程度不同而采取的修正系数。在允许温差$[\Delta t]$条件下,对于居住建筑和公共建筑的外墙,其内表面温度不仅能够满足卫生要求,而且也能满足不结露要求,但室温必须保持稳定,相对湿度不能超过60%。对于平屋顶和坡屋顶顶棚,由于规定的允许温差$[\Delta t]$值较小,内表面温度较高(在计算条件下,内表面温度可达 12.5 ~ 14 ℃),因此,室温若在允许范围内波动,内表面一般是不会出现结露的应按表 4.12 采用;

表 4.12　温差修正系数 n 值

围护结构及其所处情况	温差修正系数 n 值
外墙、平屋顶及与室外空气直接接触的楼板等	1.00
带通风间层的平屋顶、坡屋顶顶棚及与室外空气相通的不采暖地下室上面的楼板等	0.90
与有外门窗的不采暖楼梯间相邻的隔墙: 1~6 层建筑	0.60
7~30 层建筑	0.50
不采暖地下室上面的楼板: 外墙上有窗户时	0.75
外墙上无窗户且位于室外地坪以上时	0.60
外墙上无窗户且位于室外地坪以下时	0.40
与有外门窗的不采暖房间相邻的隔墙	0.70
与无外门窗的不采暖房间相邻的隔墙	0.40
伸缩缝、沉降缝墙	0.30
抗震缝墙	0.70

R_i——围护结构内表面换热阻($m^2 \cdot K/W$),应按表 4.12 采用;

$[\triangle t]$——室内空气与围护结构内表面之间的允许温差(℃),应按表 4.13 采用。

表 4.13　室内空气与围护结构内表面之间的允许温差 $[\triangle t]$(℃)n 值

建筑物和房间类型	外墙	平屋顶和坡屋顶顶棚
居住建筑、医院和幼儿园等	6.0	4.0
办公楼、学校和门诊部等	6.0	4.5
礼堂、食堂和体育馆等	7.0	5.5
室内空气潮湿的公共建筑 不允许外墙和顶棚内表面结露时	$t_i - t_d$	$0.8(t_i - t_d)$
允许外墙内表面结露,但不允许顶棚内表面结露时	7.0	$0.9(t_i - t_d)$

注:1.潮湿房间系指室内温度为 13 ~ 24 ℃,相对湿度大于 75%,或室内温度高于 24 ℃,相对湿度大于 60% 的房间。

2.表中 t_i、t_d 分别为室内空气温度和露点温度(℃)。

3.对于直接接触室外空气的楼板和不采暖地下室上面的楼板,当有人长期停留时,取允许值差 $[\triangle t]$ 等于 2.5 ℃;当无人长期停留时,取允许温差 $[\triangle t]$ 等于 5.0 ℃。

(2)当居住建筑、医院、幼儿园、办公楼、学校和门诊部等建筑物的外墙为轻质材料或内侧复合轻质材料时,外墙的最小传热阻应在按式(4.1)计算结果的基础上进行附加,其附加值应按表 4.14 的规定采用。

表 4.14　轻质外墙最小传热阻的附加值(%)

外墙材料与构造	当建筑物处在连续供热热网中时	当建筑物处在间歇供热热网中时
密度为 800 ~ 1 200 kg/m³ 的轻骨料混凝土单一材料墙体	15 ~ 20	30 ~ 40
密度为 500 ~ 800 kg/m³ 的轻混凝土单一材料墙体;外侧为砖或混凝土、内侧复合轻混凝土的墙体	20 ~ 30	40 ~ 60
平均密度小于 500 kg/m³ 的轻质复合墙体;外侧为砖或混凝土、内侧复合轻质材料(如岩棉、矿棉、石膏板等)墙体	30 ~ 40	60 ~ 80

(3)处在寒冷和夏热冬冷地区,且设置集中采暖的居住建筑和医院、幼儿园、办公楼、学校、门诊部等公共建筑,当采用Ⅲ型和Ⅳ型围护结构时,要满足冬季保温要求并不困难,但要满足夏季隔热要求就比较困难。这是因为Ⅲ型、Ⅳ型围护结构的热稳定性较差,特别是作为屋顶和东、西外墙时,在夏季室内外温度波动作用下,内表面温度容易升得较高,因此有必要对其屋顶和东、西外墙进行夏季隔热验算。如按夏季隔热要求的传热阻大于按冬季保温要求的最小传热阻,应按夏季隔热要求采用。

4.4.2　如何确定围护结构冬季室外计算温度

确定围护结构冬季室外计算温度的基本原则是:根据围护结构的热惰性指标 D 值不同,取不同的室外计算温度,以保证不同 D 值的围护结构,在室内温度保持稳定,室外温度从各自的计算温度降至当地最低一个日平均温度条件下,在围护结构内表面上引起的温降都不超过1℃,内表面最低温度都不低于露点温度。

确定围护结构冬季室外计算温度的具体方法是:根据围护结构 D 值不同,将围护结构分成四种类型,然后按表 4.15 的规定取不同的室外计算温度。

表 4.15　围护结构冬季室外计算温度 t_e　　　　　　　　　　℃

类型	热惰性指标 D 值	t_e 的取值
Ⅰ	>6.0	$t_e = t_w$
Ⅱ	4.1 ~ 6.0	$t_e = 0.6t_w + 0.4t_{e \cdot min}$
Ⅲ	1.6 ~ 4.0	$t_e = 0.3t_w + 0.7t_{e \cdot min}$
Ⅳ	≤1.5	$t_e = t_{e \cdot min}$

注:1.热惰性指标 D 值应按下列规定计算:

(1)单一材料围护结构或单一材料层的 D 值应按下式计算:

$$D = RS$$

式中　R——材料层的热阻(m² · K/W)。

　　　　S——材料的蓄热系数[W/(m² · K)]。

(2)多层围护结构的 D 值应按下式计算:

$$D = D_1 + D_2 + \cdots + D_n = R_1 S_1 + R_2 S_2 + \cdots + R_n S_n$$

式中 R_1、$R_2 \cdots R_n$——各层材料的热阻($m^2 \cdot K/W$)。

S_1、$S_2 \cdots S_n$——各层材料的蓄热系数[$W/(m^2 \cdot K)$],空气间层的蓄热系数 $S = 0$。

(3)如某层有两种以上材料组成,则应先按下式计算该层的平均导热系数:

$$\overline{\lambda} = \frac{\lambda_1 F_1 + \lambda_2 F_2 + \cdots + \lambda_n F_n}{F_1 + F_2 + \cdots F_n}$$

然后按下式计算该层的平均热阻:

$$\overline{R} = \frac{\delta}{\overline{\lambda}}$$

该层的平均蓄热系数按下式计算:

$$\overline{S} = \frac{S_1 F_1 + S_2 F_2 + \cdots + S_n F_n}{F_1 + F_2 + \cdots F_n}$$

式中 F_1、$F_2 \cdots F_n$——在该层中按平行于热流划分的各个传热面积(m^2)。

λ_1、$\lambda_2 \cdots \lambda_n$——各个传热面积上材料的导热系数[$W/(m \cdot K)$]。

S_1、$S_2 \cdots S_n$——各个传热面积上材料的蓄热系数[$W/(m^2 \cdot K)$]。

该层的热惰性指标 D 值应按下式计算:

$$D = \overline{R}\,\overline{S}$$

2. t_w 和 $t_{e \cdot min}$ 分别分别为采暖室外计算温度和累年最低一个日平均温度。

3. 冬季室外计算温度 t_e 应取整数值。

4. 全国主要城市四种类型围护结构冬季室外计算温度 t_e 值,可按表4.16采用。

表4.16 围护结构冬季室外计算参数及最冷最热月平均温度

地名	冬季室外计算温度 t_e/℃				设计计算用采暖期				冬季室外平均风速/$m \cdot s^{-1}$	最冷月平均温度/℃	最热月平均温度/℃
	I型	II型	III型	IV型	天数 Z/d	平均温度 $\overline{t_e}$/℃	平均相对湿度 $\overline{\varphi_e}$/%	度日数 D_{dt}/℃·d			
北京市	-9	-12	-14	-16	125(129)	-1.6	50	2 450	2.8	-4.5	25.9
天津市	-9	-11	-12	-13	119(122)	-1.2	57	2 285	2.9	-4.0	26.5
河北省											
石家庄	8	-12	-14	-17	112(117)	-0.6	56	2 083	1.8	-2.9	26.6
张家口	-15	18	-21	-23	153(155)	-4.8	42	3 488	3.5	-9.6	23.3
秦皇岛	-11	13	-15	-17	134	-2.4	51	2 751	3.0	-6.0	24.5
保定	-9	-11	-13	-14	119(124)	-1.2	60	2 285	2.1	-4.1	26.6
邯郸	-7	-9	-11	-13	108	0.1	60	1 933	2.5	-2.1	26.9
唐山	-10	12	-14	-15	127(137)	-2.9	55	2 654	2.5	-5.6	25.5
承德	-14	16	-18	-20	144(147)	-4.5	44	3 240	1.3	-9.4	24.5
丰宁	-17	-20	-23	-25	163	5.6	44	3 817	2.7	-11.9	22.1

续表 4.16

地名	冬季室外计算温度 t_e/℃				设计计算用采暖期				冬季室外平均风速/m·s⁻¹	最冷月平均温度/℃	最热月平均温度/℃
	Ⅰ型	Ⅱ型	Ⅲ型	Ⅳ型	天数 Z(d)	平均温度 $\bar t_e$(℃)	平均相对湿度 $\bar\varphi_e$/%	度日数 D_{dt}/℃·d			
山西省											
太原	12	−14	−16	−18	135(144)	−2.7	53	2 795	2.4	−6.5	23.5
大同	−17	20	−22	−24	162(165)	−5.2	49	3 758	3.0	−11.3	21.8
长治	−13	−17	−19	−22	135	−2.7	58	2 795	1.4	−6.8	22.8
五台山	−28	−32	−34	−37	273	−8.2	62	7 153	12.5	−18.3	9.5
阳泉	−11	12	−15	−16	124(129)	1.3	46	2 393	2.4	−4.2	24.0
临汾	9	13	−15	−18	113	−1.1	54	2 158	2.0	−3.9	26.0
晋城	−9	−12	−15	−17	121	−0.9	53	2 287	02.4	−3.7	24.0
运城	−7	−9	−11	−13	102	0.0	57	1 836	2.6	−2.0	27.2
内蒙古自治区											
呼和浩特	−19	−21	−23	−25	166(171)	−6.2	53	4 017	1.6	−12.9	21.9
锡林浩特	−27	−29	−31	−33	190	−10.5	60	5 415	3.3	−19.8	20.9
海拉尔	−34	−38	−40	−43	209(213)	−14.3	69	6 751	2.4	−26.7	19.6
通辽	−20	−23	−25	−27	165(167)	−7.4	48	4 191	3.5	−14.3	23.9
赤峰	−18	−21	−23	−25	160	−6.0	40	3 840	2.4	−11.7	23.5
满洲里	−31	−34	−36	−38	211	−12.8	64	6 499	3.9	−23.8	19.4
博克图	−28	−31	34	−36	210	−11.3	63	6 153	3.3	−21.3	17.7
二连浩特	−26	−30	32	−35	180(184)	−9.9	53	5 022	3.9	−18.6	22.9
多伦	−26	−29	−31	−33	192	−9.2	62	5 222	3.8	−18.2	18.7
白云鄂博	−23	−26	−28	−30	191	−8.2	52	5 004	6.2	−16.0	19.5
辽宁省											
沈阳	−19	−21	−23	−25	152	−5.7	58	3 602	3.0	−12.0	24.6
丹东	−14	−17	−19	−21	144(151)	−3.5	60	3 096	3.7	−8.4	23.2
大连	−11	−14	17	−19	131(132)	−1.6	58	2 568	5.6	−4.9	23.9
阜新	−17	19	21	−23	156	−6.0	50	3 744	2.2	−11.6	24.3
抚顺	−21	−24	−27	−29	162(160)	−6.6	65	3 985	2.7	−14.2	23.6
朝阳	16	−18	−20	−22	148(154)	−5.2	42	3 434	2.7	−10.7	27.7
本溪	−19	−21	−23	−25	151	−5.7	62	3 579	2.6	−12.2	24.2
锦州	−15	−17	−19	−20	(144)147	−4.1	47	3 182	3.8	−8.9	24.3
鞍山	−18	−21	23	−25	144(148)	−4.8	59	3283	3.4	−10.1	24.8
锦西	−14	−16	18	−19	143	−4.2	50	3175	3.4	−9.0	24.2

续表 4.16

地名	冬季室外计算温度 t_e/℃				设计计算用采暖期				冬季室外平均风速/ m·s^{-1}	最冷月平均温度/℃	最热月平均温度/℃
	Ⅰ型	Ⅱ型	Ⅲ型	Ⅳ型	天数 Z/d	平均温度 $\bar{t}_e$/℃	平均相对湿度 $\bar{\varphi}_e$/%	度日数 D_{dt} /℃·d			
吉林省											
长春	-23	-26	-28	-30	170(174)	-8.3	63	4 471	4.2	-16.4	23.0
吉林	-25	-29	-31	-34	171(175)	-9.0	68	4 617	3.0	-18.1	22.9
延吉	-20	-22	-24	-26	170(174)	-7.1	58	4 267	2.9	-14.4	21.3
通化	-24	-26	-28	-30	168(173)	-7.7	69	4 318	1.3	-16.1	22.2
双辽	-21	-23	-25	-27	167	-7.8	61	4 309	3.4	-15.5	23.7
四平	-22	-24	-26	-28	163(162)	-7.4	61	4 140	3.0	-14.8	23.6
白城	-23	-25	-27	-28	175	-9.0	54	4 725	3.5	-17.7	23.3
黑龙江省											
哈尔滨	-26	-29	-31	-33	176(179)	-10.0	66	4 928	3.6	-19.4	22.8
嫩江	-33	-36	-39	-41	197	-13.5	66	6 206	2.5	-25.2	20.6
齐齐哈尔	-25	-28	30	-32	182(186)	-10.2	62	5 132	2.9	-19.4	22.8
富锦	-25	-28	-30	-32	184	-10.6	65	5 262	3.9	-20.2	21.9
牡丹江	-24	-27	-29	-31	178(180)	-9.4	65	4 877	2.3	-18.3	22.0
呼玛	-39	42	45	-47	210	-14.5	69	6 825	1.7	-27.4	20.2
佳木斯	-26	-29	-32	-34	180(183)	-10.3	68	5 094	3.4	-19.7	22.1
安达	-26	-29	-32	-34	180(182)	-10.4	64	5 112	3.5	-19.9	22.9
伊春	-30	-33	-35	-37	193(197)	-12.4	70	5 867	2.0	-23.6	20.6
克山	-29	-31	-33	-35	191	-12.1	66	5 749	2.4	-22.7	21.4
上海市	-2	-4	-6	-7	54(62)	3.7	76	772	3.0	3.5	27.8
江苏省											
南京	-3	-5	-7	-9	75(83)	3.0	74	1 125	2.6	1.9	27.9
徐州	-5	-8	-10	-12	94(97)	1.4	63	1 560	2.7	0.0	27.0
连云港	-5	-7	-9	-11	96(105)	1.4	68	1 594	2.9	-0.2	26.8
浙江省											
杭州	-1	-3	-5	-6	51(61)	4.0	80	714	2.3	3.7	28.5
宁波	0	-2	-3	-4	42(50)	4.3	80	575	2.8	4.1	28.1
安徽省											
合肥	-3	-7	-10	-13	70(75)	2.9	73	1 057	2.6	2.0	28.2
阜阳	-6	-9	-12	-14	85	2.1	66	1 352	2.8	0.8	27.7

续表4.16

地名	冬季室外计算温度 t_e/℃				设计计算用采暖期				冬季室外平均风速/m·s⁻¹	最冷月平均温度/℃	最热月平均温度/℃
	Ⅰ型	Ⅱ型	Ⅲ型	Ⅳ型	天数 Z/d	平均温度 $\overline{t_e}$/℃	平均相对湿度 $\overline{\varphi_e}$/%	度日数 D_{dt}/℃·d			
蚌埠	-4	-7	-10	-12	83(77)	2.3	68	1 303	2.5	1.0	28.0
黄山	-11	-15	-17	-20	121	-3.4	64	2 589	6.2	-3.1	17.7
福建省											
福州	6	4	3	2	0	—	—	—	2.6	10.4	28.8
江西省											
南昌	0	-2	-4	-6	17(53)	4.7	74	226	3.6	4.9	29.5
天目山	-10	-13	-15	-17	136	-2.0	68	2 720	6.3	-2.9	20.2
庐山	-8	11	-13	-15	106	1.7	70	1 728	5.5	-2.0	22.5
山东省											
济南	-7	-10	-12	-14	101(106)	0.6	52	1 757	3.1	-1.4	27.4
青岛	-6	-9	-11	-13	110(111)	0.9	66	1 881	5.6	-1.2	25.2
烟台	-6	8	-10	-12	111(112)	0.5	60	1 943	4.6	-1.6	25.0
德州	-8	-12	-14	-17	113(118)	-0.8	63	2 124	2.6	-3.4	26.9
淄博	-9	-12	-14	-16	111(116)	-0.5	61	2 054	2.6	-3.0	26.8
泰山	-16	-19	-22	-24	166	-3.7	52	3 602	7.3	-8.6	17.8
兖州	-7	-9	-11	-12	106	-0.4	62	1 950	2.9	-1.9	26.9
潍坊	-8	-11	-13	-15	114(118)	-0.7	61	2 132	3.5	-3.3	25.9
河南省											
郑州	-5	-7	-9	-11	98(102)	1.4	58	1 627	3.4	-0.3	27.2
安阳	-7	11	-13	-15	105(109)	0.3	59	1 859	2.3	-1.8	26.9
濮阳	7	-9	-11	-12	107	0.2	69	1 905	3.1	-2.2	26.9
新乡	-5	-8	-11	-13	100(105)	1.2	63	1 680	2.6	-0.7	27.0
洛阳	-5	-8	-10	-12	91(95)	1.8	55	1 474	2.4	0.3	27.4
南阳	-4	-8	-11	-14	84(89)	2.2	67	1 327	2.5	0.9	27.3
信阳	-4	-7	-10	-12	78	2.6	72	1 201	2.2	1.6	27.6
商丘	-6	-9	-12	-14	101(106)	1.1	67	1 707	3.0	-0.9	27.0
开封	-5	-7	-9	-10	102(106)	1.3	63	1 703	3.5	-0.5	27.0
湖北省											
武汉	-2	-6	-8	-11	58(67)	3.4	77	847	2.6	3.0	28.7

续表 4.16

地名	冬季室外计算温度 t_e/℃				设计计算用采暖期				冬季室外平均风速/m·s^{-1}	最冷月平均温度/℃	最热月平均温度/℃
	Ⅰ型	Ⅱ型	Ⅲ型	Ⅳ型	天数 Z/d	平均温度 $\bar{t}_e$/℃	平均相对湿度 $\bar{\varphi}_e$/%	度日数 D_{dt} /℃·d			
湖南省											
长沙	0	-3	-5	-7	30(45)	4.6	81	402	2.7	406	29.3
南岳	-7	-10	-13	-15	86	1.3	80	1 436	5.7	0.1	21.6
广东省											
广州	7	5	4	3	0	—	—	—	2.2	13.3	28.4
广西壮族自治区											
南宁	7	5	3	2	0	—	—	—	1.7	12.7	28.3
四川省											
成都	2	1	0	-1	0	—	—	—	0.9	5.4	25.5
阿坝	-12	-16	-20	-23	189	-2.8	57	3 931	1.2	-7.9	12.5
甘孜	10	-14	-18	-21	165(169)	-0.9	43	3 119	1.6	-4.4	14.0
康定	-7	-9	-11	-12	139	0.2	65	2 474	3.1	-2.6	15.6
峨眉山	-12	-14	15	-16	202	-1.5	83	3 939	3.6	-6.0	11.8
贵州省											
贵阳	-1	2	-4	-6	20(42)	5.0	78	260	2.2	4.9	24.1
毕节	2	-3	-5	-7	70(81)	3.2	85	1 036	0.9	2.4	21.8
安顺	2	-3	-5	-6	43(48)	4.1	82	598	2.4	4.1	22.0
威宁	-5	-7	-9	-11	80(98)	3.0	78	1 200	3.4	1.9	17.7
云南省											
昆明	13	11	10	9	0	—	—	—	2.5	7.7	19.8
西藏自治区											
拉萨	-6	-8	-9	-10	142(149)	0.5	35	2 485	2.2	-2.3	15.5
喝尔	-17	-21	-24	-27	240	-5.5	28	5 640	3.0	-12.4	13.6
日喀则	-8	-12	-14	-17	158(160)	-0.5	28	2 923	1.8	-3.9	14.6
陕西省											
西安	-5	-8	-10	-12	100(101)	0.9	66	1 710	1.7	-0.9	26.4
榆林	-16	20	-23	-26	148(145)	-4.4	56	3 315	1.8	-10.2	23.3
延安	-12	-14	-16	-18	130(133)	-2.6	57	2 678	2.1	-6.3	22.9
宝鸡	-5	-7	-9	-11	101(104)	1.1	65	1 707	1.0	-0.7	25.4
华山	-14	-17	-20	-22	164	-2.8	57	3 411	5.4	-6.7	17.5
汉中	-1	-2	-4	-5	75(83)	3.1	76	1 118	0.9	2.1	25.4

续表 4.16

地名	冬季室外计算温度 t_e/℃				设计计算用采暖期				冬季室外平均风速/m·s⁻¹	最冷月平均温度/℃	最热月平均温度/℃
	Ⅰ型	Ⅱ型	Ⅲ型	Ⅳ型	天数 Z/d	平均温度 $\bar{t_e}$/℃	平均相对湿度 $\bar{\varphi_e}$/%	度日数 D_{dt}/℃·d			
甘肃省											
兰州	-11	-13	-15	-16	132(135)	-2.8	60	2 746	0.5	-6.7	22.2
酒泉	-16	19	-21	-23	155(154)	-4.4	52	3 472	2.1	-9.9	21.8
敦煌	-14	18	-20	-23	138(140)	-4.1	49	3 053	2.1	-9.1	24.6
张液	-16	-19	-21	-23	156	-4.5	55	3 510	1.9	-10.1	21.4
山丹	-17	21	-25	-28	165(172)	-5.1	55	3 812	2.3	-11.3	20.3
平凉	-10	-13	-15	-17	137(141)	-1.7	59	2 699	2.1	-5.5	21.0
天水	-7	-10	-12	-14	116(117)	-0.3	67	2 123	1.3	-2.9	22.5
青海省											
西宁	-13	16	-18	-20	162(165)	-3.3	50	3 451	1.7	-8.2	17.2
玛多	-23	-29	-34	-38	284	-7.2	56	7 159	2.9	-16.7	7.5
大柴旦	-19	-22	-24	-26	205	-6.8	34	5 084	1.4	-14.0	15.1
共和	-15	-17	-19	-21	182	-4.9	44	4 168	1.6	-10.9	15.2
格尔木	-15	-18	-21	-23	179(189)	-5.0	35	4 117	2.5	-10.6	17.6
玉树	-13	-15	-17	-19	194	-3.1	46	4 093	1.2	-7.8	12.5
宁夏回族自治区											
银川	-15	-18	-21	-23	145(149)	-3.8	57	3 161	1.7	-8.9	23.4
中宁	-12	-16	-19	-22	137	-3.1	52	2 891	2.9	-7.6	23.3
固原	-14	-17	-20	-22	162	-3.3	57	3 451	2.8	-8.3	18.8
石嘴山	-15	-18	-20	-22	149(152)	-4.1	49	3 293	2.6	-9.2	23.5
新疆维吾尔自治区											
乌鲁木齐	-22	26	-30	-33	162(157)	-8.5	75	4 293	1.7	-14.6	23.5
塔城	-23	-27	-30	-33	163	-6.5	71	3 994	2.1	-12.1	22.3
哈密	-19	-22	-24	-26	137	-5.9	48	3 274	2.2	-12.1	27.1
伊宁	-20	-26	-30	-34	139(143)	-4.8	75	3 169	1.6	-9.7	22.7
喀什	-12	-14	-16	-18	118(122)	-2.7	63	2 443	1.2	-6.4	25.8
富蕴	-36	-40	-42	-45	178	-12.6	73	5 447	0.5	-21.7	21.4
克拉玛依	-24	-28	31	-33	146(149)	-9.2	68	3 971	1.5	-16.4	27.5
吐鲁番	-15	19	-21	-24	117(121)	-5.0	50	2 691	0.9	-9.3	32.6
库车	-15	-18	-20	-22	123	-3.6	56	2 657	1.9	-8.2	25.8
和田	-10	13	-16	-18	112(114)	-2.1	50	2 251	1.6	-5.5	25.5

续表4.16

地名	冬季室外计算温度 t_e/℃				设计计算用采暖期				冬季室外平均风速/m·s⁻¹	最冷月平均温度/℃	最热月平均温度/℃
	Ⅰ型	Ⅱ型	Ⅲ型	Ⅳ型	天数 Z/d	平均温度 $\bar{t_e}$/℃	平均相对湿度 $\bar{\varphi_e}$/%	度日数 D_{dt} /℃·d			
台湾省											
台北	11	9	8	7	0	—	—	—	3.7	14.8	28.6
香港	10	8	7	6	0	—	—	—	6.3	15.6	28.6

注:①表中设计计算用采暖期仅供建筑热工设计计算采用。各地实际的采暖期应按当地行政或主管部门的规定执行。

②在设计计算用采暖期天数一栏中,不带括号的数值系指累年日平均温度低于或等于5℃的天数;带括号的数值系指累年日平均温度稳定低于或等于5℃的天数。在设计计算中,这两种采暖期天数均可采用。

4.4.3 如何确定围护结构夏季室外计算温度

围护结构夏季室外计算温度用于计算确定围护结构的隔热厚度。这一隔热厚度应能满足在夏季较热的天气条件下,其内表面温度不致过高,内表面与人体之间的辐射换热不致过量,并能被大多数的人们所接受。根据我国30多年的气象资料,取历年(连续25年中的每一年)最热一天(日平均温度最高的一天)来代表夏季较热天气。具体的取值方法是:夏季室外计算温度平均值按历年最热一天的日平均温度的平均值确定;夏季室外计算温度最高值按历年最热一天的最高温度的平均值确定;夏季室外计算温度波幅值按室外计算温度最高值与室外计算温度平均值的差值确定。

围护结构夏季室外计算温度平均值 $\bar{t_e}$,应按历年最热一天的日平均温度的平均值确定。围护结构夏季室外计算温度最高值 $t_{e·max}$,应按历年最热一天的最高温度的平均值确定。围护结构夏季室外计算温度波幅值 A_{t_e},应按室外计算温度最高值 $t_{e·max}$ 与室外计算温度平均值 $\bar{t_e}$ 的差值确定。

注:全国主要城市的 $\bar{t_e}$、$t_{e·max}$ 和 A_{t_e} 值,可按表4.17采用。

表4.17 围护结构的夏季室外计算温度 ℃

城市名称	夏季室外计算温度		
	平均值 $\bar{t_e}$	最高值 $t_{e·max}$	波幅值 A_{t_e}
西安	32.3	38.4	6.1
汉中	29.5	35.8	6.3
北京	30.2	36.3	6.1
天津	30.4	35.4	5.0
石家庄	31.7	38.3	6.6
济南	33.0	37.3	4.3

续表 4.17

城市名称	夏季室外计算温度		
	平均值 $\overline{t_e}$	最高值 $t_{e.max}$	波幅值 A_{t_e}
青岛	28.1	31.1	3.0
上海	31.2	36.1	4.9
南京	32.0	37.1	5.1
常州	32.3	36.4	4.1
徐州	31.5	36.7	5.2
东台	31.1	35.8	4.7
合肥	32.3	36.8	4.5
芜湖	32.5	36.9	4.4
阜阳	32.1	37.1	5.2
杭州	32.1	37.2	5.1
衢县	32.1	37.6	5.5
温州	30.3	35.7	5.4
南昌	32.9	37.8	4.9
赣州	32.2	37.8	5.6
九江	32.8	37.4	4.6
景德镇	31.6	37.2	5.6
福州	30.9	37.2	6.3
建阳	30.5	37.3	6.8
南平	30.8	37.4	6.6
永安	30.8	37.3	6.5
漳州	31.3	37.1	5.8
厦门	30.8	35.5	4.7
郑州	32.5	38.8	6.3
信阳	31.9	36.6	4.7
武汉	32.4	36.9	4.5
宜昌	32.0	38.2	6.2
黄石	33.0	37.9	4.9
长沙	32.7	37.9	5.2
藏江	30.4	36.3	5.9
岳阳	32.5	35.9	3.4
株洲	34.4	39.9	5.5
衡阳	32.8	38.3	5.5

续表 4.17

城市名称	夏季室外计算温度		
	平均值 t_e	最高值 $t_{e·max}$	波幅值 A_{te}
广州	31.1	35.6	4.5
海口	30.7	36.3	5.6
汕头	30.6	35.2	4.6
韶关	31.5	30.3	4.8
德庆	31.2	36.6	5.4
湛江	30.9	35.5	4.6
南宁	31.0	36.7	5.7
桂林	30.9	36.2	5.3
百色	31.8	37.6	5.8
梧州	30.9	37.0	6.1
柳州	32.9	38.8	5.9
桂平	32.4	37.5	5.1
成都	29.2	34.4	5.2
重庆	33.2	38.9	5.7
达县	33.2	38.6	5.4
南充	34.0	39.3	5.3
贵阳	26.9	32.7	5.8
铜仁	31.2	37.8	6.6
遵义	28.5	34.1	5.6
思南	31.4	36.8	5.4
昆明	23.3	29.3	6.0
元江	33.7	40.3	6.6

4.4.4　公共建筑室内计算温度如何采用

　　目前,业主、设计人员往往在取用室内设计参数时选用过高的标准,要知道,温湿度取值的高低,与能耗多少有密切关系,在加热工况下,室内计算温度每降低 1 ℃,能耗可减少 5% ~10%;在冷却工况下,室内计算温度每升高 1 ℃,能耗可减少 8% ~10%。为了节省能源,应避免冬季采用过高的室内温度,夏季采用过低的室内温度。

　　集中采暖系统室内计算温度宜符合表 4.18 的规定;空气调节系统室内计算参数宜符合表 4.19 的规定。

表 4.18　集中采暖系统室内计算温度

建筑类型及房间名称	室内温度/℃
(1)办公楼:	
门厅、楼(电)梯	16
办公室	20
会议室、接待室、多功能厅	18
走道、洗手间、公共食堂	16
车库	5
(2)餐饮:	
餐厅、饮食、小吃、办公	18
洗碗间	16
制作间、洗手间、配餐	16
厨房、热加工间	10
干菜、饮料库	8
(3)影剧院:	
门厅、走道	14
观众厅、放映室、洗手间	16
休息厅、吸烟室	18
化妆	20
(4)交通:	
民航候机厅、办公室	20
候车厅、售票厅	16
公共洗手间	16
(5)银行:	
营业大厅	18
走道、洗手间	16
办公室	20
楼(电)梯	14
(6)体育:	
比赛厅(不含体操)、练习厅	16
休息厅	18
运动员、教练员更衣、休息	20
游泳馆	26
(7)商业:	
营业厅(百货、书籍)	18
鱼肉、蔬菜营业厅	14
副食(油、盐、杂货)、洗手间	16
办公	20
米面贮藏	5
百货仓库	10

续表 4.18

建筑类型及房间名称	室内温度/℃
(8)旅馆	
大厅、接待	16
客房、办公室	20
餐厅、会议室	18
走道、楼(电)梯间	16
公共浴室	25
公共洗手间	16
(9)图书馆	
大厅	16
洗手间	16
办公室、阅览	20
报告厅、会议室	18
特藏、胶卷、书库	14

表 4.19　空气调节系数室内计算参数

参数		冬季	夏季
温度/℃	一般房间	20	25
	大堂、过厅	18	室内外温差≤10
风速 $v/(\text{m} \cdot \text{s}^{-1})$		$0.10 \leqslant v \leqslant 0.20$	$0.15 \leqslant v \leqslant 0.30$
相对湿度/%		30~60	40~65

4.4.5　如何控制公共建筑主要空间的设计新风量

空调系统需要的新风主要有两个用途:一是稀释室内有害物质的浓度,满足人员的卫生要求;二是补充室内排风和保持室内正压。前者的指示性物质是 CO_2,使其日平均值保持在 0.1% 以内;后者通常根据风平衡计算确定。

公共建筑主要空间的设计新风量,应符合表 4.20 的规定。

表 4.20　公共建筑主要空间的设计新风量

建筑类型与房间名称			新风量/$[\text{m}^3 \cdot (\text{h} \cdot \text{p})^{-1}]$
旅游旅馆	客房	5 星级	50
		4 星级	40
		3 星级	30

续表4.20

建筑类型与房间名称			新风量/[m³·(h·p)⁻¹]
旅游旅馆	餐厅、宴会厅、多功能厅	5 星级	30
		4 星级	25
		3 星级	20
		2 星级	15
	大堂、四季厅	4~5 星级	10
	商业、服务	4~5 星级	20
		2~3 星级	10
	美容、理发、康乐设施		30
旅馆	客房	一~三级	30
		四级	20
文化娱乐	影剧院、音乐厅、录像厅		20
	游艺厅、舞厅(包括卡拉 OK 歌厅)		30
	酒吧、茶座、咖啡厅		10
	体育馆		20
	商场(店)、书店		20
	饭馆(餐厅)		20
	办公		30
学校	教室	小学	11
		初中	14
		高中	17

4.4.6 建筑的日照间距如何设计

在规划设计时,必须在建筑物之间留出一定的距离,以保证阳光不受遮挡,直接照射到建筑室内,这个间距就是建筑物的日照间距。

建筑物的日照间距,是由建筑用地的地形、建筑朝向,建筑物的高度及长度、当地的地理纬度及日照标准等因素决定的。

在建筑设计时,应该结合节约用地原则,综合考虑各种因素来确定建筑的日照间距。不同城市根据其纬度、土地资源及经济发展水平等条件,规定日照间距为 $1.1 \sim 1.3h$(h 为建筑高度),即日照间距系数为 $1.1 \sim 1.3$。

4.4.7 建筑热工设计如何与地区气候相适应

我国幅员辽阔、地形复杂,由于地理纬度、地势和地理条件的不同,各地区气候差异悬殊。根据我国的气候特点,一般划分为 5 个建筑热工分区:严寒地区、寒冷地区、夏热冬冷地区、夏热冬暖地区、温和地区。

建筑热工设计应与地区气候相适应。建筑热工分区及设计要求应符合表 4.21 的规定。全国建筑热工设计分区应按《民用建筑热工设计规范》(GB 50176—1993)附图 8.1 采用。

表 4.21　建筑热工设计分区及设计要求

分区名称	分区指标		设计要求
	主要指标	辅助指标	
严寒地区	最冷月平均温度 ≤ -10 ℃	日平均温度≤5 ℃的天数≥145 d	必须充分满足冬季保温要求,一般可不考虑夏季防热
寒冷地区	最冷月平均温度 0 ~ -10 ℃	日平均温度≤5 ℃的天数 90 ~ 145 d	应满足冬季保温要求,部分地区兼顾夏季防热
夏热冬冷地区	最冷月平均温度 0 ~ 10 ℃,最热月平均温度 25 ~ 30 ℃	日平均温度≤5 ℃的天数 0 ~ 90 d,日平均温度≥25 ℃的天数 40 ~ 110 d	必须满足夏季防热要求,适当兼顾冬季保温
夏热冬暖地区	最冷月平均温度 > 10 ℃,最热月平均温度 25 ~ 29 ℃	日平均温度≥25 ℃的天数 100 ~ 200 d	必须充分满足夏季防热要求,一般可不考虑冬季保温
温和地区	最冷月平均温度 0 ~ 13 ℃,最热月平均温度 18 ~ 25 ℃	日平均温度≤5 ℃的天数 0 ~ 90 d	部分地区应考虑冬季保温,一般可不考虑夏季防热

4.4.8　如何确定夏热冬冷地区室内热环境设计计算指标

(1)冬季采暖室内热环境设计计算指标应符合下列规定:
① 卧室、起居室室内设计温度应取 18 ℃。
② 换气次数应取 1.0 次/h。
(2)夏季空调室内热环境设计计算指标应符合下列规定:
① 卧室、起居室室内设计温度应取 26 ℃。
② 换气次数应取 1.0 次/h。

4.4.9　如何进行热桥部位内表面温度验算

围护结构热桥部位的内表面温度不应低于室内空气露点温度。围护结构的热桥部位系指嵌入墙体的混凝土或金属梁、柱,墙体和屋面板中的混凝土肋或金属件,装配式建筑中的板材接缝以及墙角、屋顶檐口、墙体勒脚、楼板与外墙、内隔墙与外墙连接处等部位。这些部位保温薄弱,热流密集,内表面温度较低,可能产生程度不同的结露和长霉现象,影响使用和耐久性。在进行保温设计时,应对这些部位的内表面温度进行验算,以便确定其是否低于室内空气露点温度。

(1)围护结构中常见五种形式热桥(如图 4.10 所示),其内表面温度应按下列规定验算。

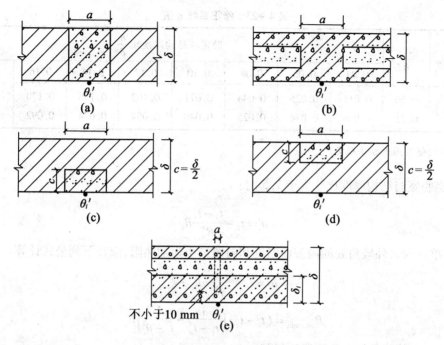

图 4.10 常见五种形式热桥

① 当肋宽与结构厚度比 $\dfrac{a}{\delta}$ 小于或等于 1.5 时：

$$\theta_i' = t_i - \frac{R_o' + \eta(R_o - R_o')}{R_o' \cdot R_o} R_i(t_i - t_e) \tag{4.2}$$

式中　θ_i'——热桥部位内表面温度($^\circ\!\text{C}$)；

t_i——室内计算温度($^\circ\!\text{C}$)；

t_e——室外计算温度($^\circ\!\text{C}$)，应按附录 A 中 I 型围护结构的室外计算温度采用；

R_o——非热桥部位的传热阻($\text{m}^2 \cdot \text{K/W}$)；

R_o'——热桥部位的传热阻($\text{m}^2 \cdot \text{K/W}$)；

R_i——内表面换热阻，取 $0.11\text{m}^2 \cdot \text{K/W}$；

η——修正系数，应根据比值 $\dfrac{a}{\delta}$，按表 4.22 或表 4.23 采用。

表 4.22　修正系数 η 值

热桥形式	肋宽与结构厚度比 $\dfrac{a}{\delta}$								
	0.02	0.06	0.10	0.20	0.40	0.60	0.80	1.00	1.50
图 4.10(a)	0.12	0.24	0.38	0.55	0.74	0.83	0.87	0.90	0.95
图 4.10(b)	0.07	0.15	0.26	0.42	0.62	0.73	0.81	0.85	0.94
图 4.10(c)	0.25	0.50	0.96	1.26	1.27	1.21	1.16	1.10	1.00
图 4.10(d)	0.04	0.10	0.17	0.32	0.50	0.62	0.71	0.77	0.89

表 4 – 23　修正系数 η 值

热桥形式	$\dfrac{\delta_1}{\delta}$	肋宽与结构厚度比 $\dfrac{a}{\delta}$							
		0.04	0.06	0.08	0.10	0.12	0.14	0.16	0.18
图 4.10(e)	0.50	0.011	0.025	0.044	0.071	0.102	0.136	0.170	0.205
	0.25	0.006	0.014	0.025	0.040	0.054	0.074	0.092	0.112

注：$\dfrac{a}{\delta}$ 的中间值可用内插法确定。

② 当肋宽与结构厚度比 $\dfrac{a}{\delta}$ 大于 1.5 时：

$$\theta_i' = t_i - \frac{t_i - t_e}{R_o'} R_i \qquad (4.3)$$

（2）单一材料外墙角处的内表面温度和内侧最小附加热阻,应按下列公式计算：

$$\theta_i' = t_i - \frac{t_i - t_e}{R_o} R_i \cdot \xi \qquad (4.4)$$

$$R_{ad \cdot min} = (t_i - t_e)\left(\frac{1}{t_i - t_d} - \frac{1}{t_i - \theta_i'}\right) R_i \qquad (4.5)$$

式中　θ_i'——外墙角处内表面温度(℃)；

$R_{ad \cdot min}$——内侧最小附加热阻(m² · K/W)；

t_i——室内计算温度(℃)；

t_e——外计算温度(℃)，按附录 A 中 Ⅰ 型围护结构的室外计算温度采用；

t_d——室内空气露点温度(℃)；

R_i——外墙角处内表面换热阻,取 0.11m² · K/W；

R_o——外墙传热阻[m² · (K · W)⁻¹]；

ξ——比例系数,根据外墙热阻 R 值,按表 4.24 采用。

表 4.24　比例系数 ξ 值

外墙热阻 $R/[m² · (K · W)^{-1}]$	比例系数 ξ
0.10 ~ 0.40	1.42
0.41 ~ 0.49	1.72
0.50 ~ 1.50	1.73

（3）除图 4.10 中常见五种形式热桥外,其他形式热桥的内表面温度应进行温度场验算。当其内表面温度低于室内空气露点温度时,应在热桥部位的外侧或内侧采取保温措施。

4.4.10　门窗气密性如何取值

我国从 20 世纪 60 年代中期开始,逐步采用空腹和实腹钢窗代替木窗。由于窗型上的缺陷,以及制作和安装质量较差,使得窗户的气密性质量普遍较差。在采暖建筑中,通过窗户缝隙的空气渗透热损失约占建筑物全部热损失的 25% 以上。在大风降温天气,特别是在中高层和高层建筑中,室温将急剧下降或波动。在多风沙地区,室内有大量尘土进入。为了节约采暖能耗、改善室内热环境和卫生条件,迫切需要提高窗户的气密性。但是,提高窗户气密性又与保持室内空气适当的洁净度和相对湿度有矛盾。窗户过于密闭,将导致室内空气混浊,相对湿度过高。在我国目前建筑物内尚不能普遍设置机械换气设备和热压换气系统的条件下,采用具有适当气密性的窗户是经济合理的。通过窗户缝隙的空气渗透是由风压和热压共同作用引起的。室外风速越大,建筑物越高,风压和热压的作用越强。但实际上,建筑物的遮挡情况,建筑物的平面布置、朝向、高度、室内外温差的波动,以及风的随机性等因素,都会对热压和风压产生影响。

居住建筑和公共建筑窗户的气密性,应符合下列规定:

(1)在冬季室外平均风速大于或等于 3.0 m/s 的地区,对于 1~6 层建筑,不应低于现行国家标准《建筑外门窗气密、水密、抗风压性能分级及检测方法》(GB/T 7106—2008)规定的Ⅲ级水平;对于 7~30 层建筑,不应低于上述标准规定的Ⅱ级水平。

(2)在冬季室外平均风速小于 3.0 m/s 的地区,对于 1~6 层建筑,不应低于上述标准规定的Ⅳ级水平;对于 7~30 层建筑,不应低于上述标准规定的Ⅲ级水平。

4.4.11 如何确定居住建筑各朝向的窗墙面积比

窗墙面积比系指窗户洞口面积与房间立面单元面积(即房间层高与开间定位线围成的面积)的比值。不同朝向窗户应有不同的窗墙面积比,以便使不同朝向房间的热损失达到大体相同的水平。

居住建筑各朝向的窗墙面积比应符合下列规定:

(1)当外墙传热阻达到按式(4.1)计算确定的最小传热阻时,北向窗墙面积比,不应大于 0.20;东、西向,不应大于 0.25(单层窗)或 0.30(双层窗);南向,不应大于 0.35。

(2)当建筑设计上需要增大窗墙面积比或实际采用的外墙传热阻大于按式(4.1)计算确定的最小传热阻时,所采用的窗墙面积比和外墙传热阻应符合表 4.25 和表 4.26 的规定。

表 4.25 单层钢窗和单层木窗

地区	外墙类型	朝向	窗墙面积比			
			0.20	0.25	0.30	0.35
北京	Ⅰ	S				
		W、E		最小传热阻		0.53
		N		0.56	0.66	
	Ⅱ	S				
		W、E		最小传热阻		0.62
		N		0.63	0.77	
	Ⅲ	S				
		W、E		最小传热阻		0.69
		N		0.69	0.86	
	Ⅳ	S				
		W、E		最小传热阻	0.64	0.75
		N		0.75	0.96	

注:1.粗实线以上最小传热阻系指按式(4.1)计算确定的传热阻。这时,窗墙面积比应符合(1)的规定。当窗墙面积比超过这一规定时,外墙采用的传热阻不应小于粗实线以下的数值。

2.表中外墙的最小传热阻未考虑按本章4.4.1规定的附加值。

表4.26　双层钢窗和双层木窗

地区	外墙类型	朝向	窗墙面积比			
			0.20	0.25	0.30	0.35
沈阳、呼和浩特	I	S				
		W、E	最小传热阻			0.70
		N		0.70	0.73	
	II	S				
		W、E	最小传热阻			0.74
		N		0.74	0.78	
	III	S				
		W、E	最小传热阻		0.76	0.79
		N		0.78	0.86	
	IV	S				
		W、E	最小传热阻		0.80	0.85
		N		0.83	0.88	
哈尔滨	I	S				
		W、E	最小传热阻			0.87
		N		0.83	0.94	
	II	S				
		W、E	最小传热阻		0.80	0.85
		N		0.93	0.94	
	III	S				
		W、E	最小传热阻		0.93	1.02
		N		0.98	1.09	
	IV	S				
		W、E	最小传热阻		0.97	1.07
		N		1.02	1.15	

续表 4－26

地区	外墙类型	朝向	窗墙面积比			
			0.20	0.25	0.30	0.35
乌鲁木齐	I	S	最小传热阻			
		W、E				0.75
		N		0.85	0.90	
	II	S	最小传热阻			
		W、E				0.82
		N		0.93	1.00	
	III	S	最小传热阻			
		W、E				0.82
		N		0.93	1.00	
	IV	S	最小传热阻			
		W、E				0.89
		N		1.00	1.09	

注：本表注与表 4.25 注相同。

居住建筑各朝向的窗墙面积比是按如下方法确定的：

（1）首先假定一个基准居室。开间×进深×层高＝3.3 m×4.8 m×2.8 m，朝向为北向。窗墙面积比按采光要求确定，取 0.2。外墙按其热惰性指标 D 值分四种类型给出最小传热阻。这一居室窗户和外墙采暖期平均热损失按下式计算：

$$Q_{om(G+W)} = 0.2K_G \cdot \triangle t_{meG} + 0.8K_W \cdot \triangle t_{meW} \tag{4.6}$$

式中　$Q_{om(G+W)}$——基准居室窗户和外墙采暖期平均热损失，即基准热损失；

K_G——窗户传热系数［W/（m² · K）］；

K_W——外墙传热系数［W/（m² · K）］，取 $K_W = 1/R_{o \cdot min}$，$R_{o \cdot min}$ 为最小传热阻；

$\triangle t_{meG}$——窗户采暖期室内外空气平均当量温差（℃）；

$\triangle t_{meW}$——外墙采暖期室内外空气平均当量温差（℃）。

这一基准热损失因地区、窗户类型和层数、外墙热惰性指标不同而有不同的值。

（2）其他朝向居室窗户和外墙采暖期平均热损失按下式计算：

$$Q_{m(G+W)} = K_G \cdot \triangle t_{meG} \cdot X + 0.8K_W \cdot \triangle t_{meW}(1-X) \tag{4.7}$$

式中　X——窗户在整个立面单元中所占的比例，即窗墙面积比；

$（1-X）$——外墙在整个立面单元中所占的比例。

（3）为了控制其他朝向居室的热损失，使之达到与基准居室大体相同的水平，则应按下式计算：

$$Q_{m(G+W)} \leqslant Q_{om(G+W)} \tag{4.8}$$

整理上式即得

$$X \leqslant \frac{Q_{om(G+W)} - K_W \cdot \triangle t_{meW}}{K_G \cdot \triangle t_{meG} - K_W \cdot \triangle t_{meW}} \tag{4.9}$$

这就是不同朝向窗墙面积比的计算式。计算中采用了"当量温差"这一概念,即考虑了窗户和外墙的太阳辐射得热。当给出采暖期不同朝向的太阳辐射照度、窗户传热系数、太阳辐射透过系数和结霜系数,以及四种类型外墙的最小传热阻等参数,即可按式(4.9)求得不同朝向的窗墙面积比。

当建筑设计上需要增大窗墙面积比时,则应采用比最小传热阻大一些的传热阻(在表4.25和表4.26中粗实线以下可以找到这些数值);当实际采用的外墙传热阻大于最小传热阻时,则窗墙面积比可以相应加大(即在表4.25和表4.26中取与粗实线以下数值相对应的窗墙面积比)。

由于木窗的传热系数小于钢窗,太阳辐射的透过系数也与钢窗有所不同,因此,不同朝向的窗墙面积比的数值也会有所差别,但总的来看差别不大。为简化起见,木窗也按钢窗考虑。这样做对节约采暖能耗也是有利的。

4.4.12　夏热冬冷地区居住建筑是否可以设计直接电热采暖

合理利用能源、提高能源利用率、节约能源是我国的基本国策。用高品位的电能直接用于转换为低品位的热能进行采暖,热效率低,运行费用高,是不合适的。近些年来由于采暖用电所占比例逐年上升,致使一些省市冬季尖峰负荷也迅速增长,电网运行困难,出现冬季电力紧缺。盲目推广没有蓄热装置的电锅炉,直接电热采暖,将进一步恶化电力负荷特性,影响民众日常用电。因此,除当地电力充足和供电政策支持、或者建筑所在地无法利用其他形式的能源外,夏热冬冷地区居住建筑不应设计直接电热采暖。

4.4.13　如何确定锅炉房的总装机容量

热水管网热媒输送到各热用户的过程中需要减少下述损失:

(1)管网向外散热造成散热损失。

(2)管网上附件及设备漏水和用户放水而导致的补水耗热损失。

(3)通过管网送到各热用户的热量由于网路失调而导致的各处室温不等造成的多余热损失。管网的输送效率是反映上述各个部分效率的综合指标。提高管网的输送效率,应从减少上述三方面损失入手。目前的技术和管理水平,可以达到93%,考虑各地技术及管理上的差异,将室外管网的输送效率取为92%。

锅炉房的总装机容量 $Q_B(W)$,应按下式确定:

$$Q_B = \frac{Q_0}{\eta_1} \tag{4.10}$$

式中　Q_0——锅炉负担的采暖设计热负荷(W);

　　　η_1——室外管网输送效率,可取0.92。

4.4.14　如何设计燃气锅炉房

燃气锅炉的效率与容量的关系不太大,关键是锅炉的配置、自动调节负荷的能力等。有时,性能好的小容量锅炉会比性能差的大容量锅炉效率更高。燃气锅炉房供热规模不宜太大,是为了在保持锅炉效率不降低的情况下,减少供热用户,缩短供热半径,有利于室外供热管理的水力平衡,减少由于水力失调形成的无效热损失,同时降低管道散热损失和水泵的输送能耗。

　　锅炉的台数不宜过多,只要具备较好满足整体冬季的变负荷调节能力即可。由于燃气锅炉在负荷率30%以上锅炉效率可接近额定效率,负荷调节能力较强,不需要采用很多台数来满足调节要求。锅炉台数过多,必然造成占用建筑面积多,一次投资增大等问题。

　　模块式组合锅炉燃烧器的调节方式均采用一段式起停控制,冬季变负荷调节只能依靠台数进行,为了尽量符合负荷变化曲线应采用合适的台数,台数过少易偏离负荷曲线,调节性能不好,8台模块式锅炉已可满足调节的需要。模块式锅炉的燃烧器一般采用大气式燃烧,燃烧效率较低,比非模块式燃气锅炉效率低不少,对节能和环保均不利。以楼栋为单位来设置模块式锅炉房时,因为没有室外供热管理,弥补了燃烧效率低的不足,从总体上提高了供热效率。反之则两种不利条件同时存在,对节能环保非常不利。因此模块式组合锅炉只适合小面积供热,供热面积很大时不应采用模块式组合锅炉,应采用其他高效锅炉。

　　燃气锅炉房的设计,应符合下列规定:

　　(1)锅炉房的供热半径应根据区域的情况、供热规模、供热方式及参数等条件来合理地确定。当受条件限制供热面积较大时,应经技术经济比较确定,采用分区设置热力站的间接供热系统。

　　(2)模块式组合锅炉房,宜以楼栋为单位设置;数量宜为 4~8 台,不应多于 10 台;每个锅炉房的供热量宜在 1.4 MW 以下。当总供热面积较大,且不能以楼栋为单位设置时,锅炉房应分散设置。

　　(3)当燃气锅炉直接供热系统的锅炉的供、回水温度和流量的限定值,与负荷侧在整个运行期对供、回水温度和流量的要求不一致时,应按热源侧和用户侧配置二次泵水系统。

4.4.15　水力平衡阀的设置和选择

　　水力平衡阀的设置和选择,应符合下列规定:

　　(1)阀门两端的压差范围,应符合其产品标准的要求。

　　(2)热力站出口总管上,不应串联设置自力式流量控制阀;当有多个分环路时,各分环路总管上可根据水力平衡的要求设置静态水力平衡阀。

　　(3)定流量水系统的各热力入口,可按照下列规定设置静态水力平衡阀,或自力式流量控制阀:

　　①当采暖系统采用变流量水系统时,循环水泵宜采用变速调节方式;水泵台数宜采用 2台(一用一备)。当系统较大时,可通过技术经济分析后合理增加台数。

　　②建筑物的每个热力入口,应设计安装水过滤器,并应根据室外管网的水力平衡要求和建筑物内供暖系统所采用的调节方式,决定是否还要设置自力式流量控制阀、自力式压差控制阀或其他装置。

　　(4)变流量水系统的各热力入口,应根据水力平衡的要求和系统总体控制设置的情况,设置压差控制阀,但不应设置自力式定流量阀。

　　(5)当采用静态水力平衡阀时,应根据阀门流通能力及两端压差,选择确定平衡阀的直径与开度。

　　(6)当采用自力式流量控制阀时,应根据设计流量进行选型。

　　(7)当采用自力式压差控制阀时,应根据所需控制压差选择与管路同尺寸的阀门;同时应确保其流量不小于设计最大值。

(8)当选择自力式流量控制阀、自力式压差控制阀、电动平衡两通阀或动态平衡电动调节阀时,应保持阀权度 $S=0.3\sim0.5$。

4.4.16　如何确定空气调节风系统的作用半径

空调与通风系统都要依靠风机作动力,建筑物内的风系统作用半径过大、通风管道设计不合理、通风配件或空气处理设备选用不恰当等,都会引起风机动力和单位风量耗功率的加大,造成浪费。

空气调节风系统的作用半径不宜过大。风机的单位风量耗功率(W_s)应按下式计算,并不应大于表 4.27 中的规定。

表 4.27　风机的单位风量耗功率限值[W/(m³·h⁻¹)]

系统型式	办公建筑		商业、旅馆建筑	
	粗效过滤	粗、中效过滤	粗效过滤	粗、中效过滤
两管制定风量系统	0.42	0.48	0.46	0.52
四管制定风量系统	0.47	0.53	0.51	0.58
两管制变风量系统	0.58	0.64	0.62	0.68
四管制变风量系统	0.63	0.69	0.67	0.74
普通机械通风系统	0.32			

注:1.普通机械通信网系统中不包括厨房等需要特定过滤装置的房间的通风系统。

　　2.严寒地区增设预热盘管时,单位风量耗功率可增加 0.35W/(m³·h⁻¹)。

　　3.当空气调节机组内采用湿膜加湿方法时,单位风量耗功率可增加 0.053W/(m³/h)。

$$W_s = \frac{P}{(3\,600\eta_t)} \tag{4.11}$$

式中　W_s——单位风量耗功率[W/(m³/h)];

　　　P——风机全压值(Pa);

　　　η_t——包含风机、电机及传动效率在内的总效率(%)。

考虑到目前国产风机的总效率都能达到 52% 以上,同时考虑目前许多空调机组已开始配带中效过滤器的因素,根据办公建筑中的两管制定风量空调系统、四管制定风量空调系统、两管制变风量空调系统、四管制变风量空调系统的最高全压标准分别为 900 Pa、1 000 Pa、1 200 Pa、1 300 Pa,商业、旅馆建筑中分别为 980 Pa、1 080 Pa、1 280 Pa、1 380 Pa,以及普通机械通风系统 600 Pa,计算出上述 W_s 的限值。但考虑到许多地区目前在空调系统中还是采用粗效过滤的实际情况,所以同时也列出这类空调送风系统的单位风量耗功率的数值要求。在实际工程中,风系统的全压不应超过前述要求,实际上是要求通风系统的作用半径不宜过大;如果超过,则应对风机的效率提出更高的要求。

对于规格较小的风机,虽然风机效率与电机效率有所下降,但由于系统管道较短和噪声处理设备的减少,风机压头可以适当减少。据计算,小规格风机同样可以满足大风机所要求的 W_s 值。

由于空调机组中湿膜加湿器以及严寒地区空调机组中通常设存的预热盘管,风阻力都会偏大,因此给出了的单位风量耗功率(W_s)的增加值。

需要注意的是,为了确保单位风量耗功率设计值的确定,要求设计人员在图纸设备表上都注明空调机组采用的风机全压与要求的风机最低总效率。

4.4.17　公共建筑设计时,锅炉的额定热效率如何取值

选择锅炉时应注意额定热效率,以便能在满足全年变化的热负荷前提下,达到高效节能要求。当前,我国多数燃煤锅炉运行效率低、热损失大。为此,在设计中要选用机械化、自动化程度高的锅炉设备,配套优质高效的辅机,减少未完全燃烧和排烟系统热损失,杜绝热力管网中的“跑、冒、滴、漏”,使锅炉在额定工况下产生最大热量而且平稳运行。利用锅炉余热的途径有:在炉尾烟道设置省煤器或空气预热器,充分利用排烟余热;尽量使用锅炉连续排污器,利用“二次气”再生热量;重视分汽缸凝结水回收余压汽热量,接至给水箱以提高锅炉给水温度。燃气燃油锅炉由于技术新和智能化管理,效率较高,余热利用相对减少。

锅炉的额定热效率,应符合表4.28的规定。

表4.28　锅炉额定热效率

锅炉类型	热效率/%
燃煤(Ⅱ类烟煤)蒸汽、热水锅炉	78
燃油、燃气蒸汽、热水锅炉	89

4.4.18　单元式机组能效比如何取值

近几年单元式空调机竞争激烈,主要表现在价格上而不是在提高产品质量上。当前,中国市场上空调机产品的能效比值高低相差达40%,落后的产品标准已阻碍了空调行业的健康发展,采用单元式空调机最低性能系数(COP)限值,是为了引导技术进步,鼓励设计师和业主选择高效产品,同时促进生产厂家生产节能产品,尽快与国际接轨。

名义制冷量大于7 100 W、采用电机驱动压缩机的单元式空气调节机、风管送风式和屋顶式空气调节机组时,在名义制冷工况和规定条件下,其能效比(EER)不应低于表4.29中的规定。

表4.29　单元式机组能效比

类型		能效比/(W/W)
风冷式	不接风管	2.60
	接风管	2.30
水冷式	不接风管	3.00
	接风管	2.70

表4.29中名义制冷量时能效比(EER)值,相当于国家标准《单元式空气调节机能效限

定值及能源效率等级》(GB 19576—2004)中"能源效率等级指标"的第 4 级(见表 4.30)。按照国家标准《单元式空气调节机能效限定值及能源效率等级》(GB 19576—2004)所定义的机组范围,此表暂不适用多联式空调(热泵)机组和变频空调机。

表 4.30　能源效率等级指标

类型		能效等级 EER/(W/W)				
		1	2	3	4	5
风冷式	不接风管	3.20	3.00	2.80	2.60	2.40
	接风管	2.90	2.70	2.50	2.30	2.10
水冷式	不接风管	3.60	3.40	3.20	3.00	2.80
	接风管	3.30	3.10	2.90	2.70	2.50

附录 A 建筑热工设计计算公式及参数

（1）热阻的计算。

① 单一材料层的热阻应按下式计算：

$$R = \frac{\delta}{\lambda} \qquad (A-1)$$

式中　R——材料层的热阻（$m^2 \cdot K/W$）；

　　　δ——材料层的厚度（m）；

　　　λ——材料的导热系数［$W/(m \cdot K)$］，应按附录 B 中表 B-1 和表注的规定采用。

② 多层围护结构的热阻应按下式计算：

$$R = R_1 + R_2 + \cdots + R_n \qquad (A-2)$$

式中　$R_1 、 R_2 \cdots R_n$——各层材料的热阻（$m^2 \cdot K/W$）。

③ 由两种以上材料组成的、两向非均质围护结构（包括各种形式的空心砌块，填充保温材料的墙体等，但不包括多孔黏土空心砖），其平均热阻应按下式计算：

$$\bar{R} = \left[\frac{F_o}{\dfrac{F_1}{R_{0 \cdot 1}} + \dfrac{F_2}{R_{0 \cdot 2}} + \cdots + \dfrac{F_n}{R_{0 \cdot n}}} - (R_i + R_e) \right] \varphi \qquad (A-3)$$

式中　$\bar{R}$——平均热阻（$m^2 \cdot K/W$）；

　　　F_o——与热流方向垂直的总传热面积（m^2），如图 A-1 所示；

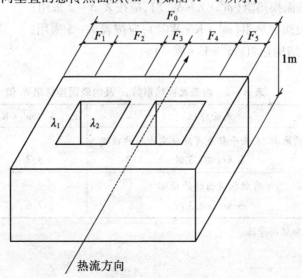

图 A-1　计算用图

$F_1 、 F_2 \cdots F_n$——按平行于热流方向划分的各个传热面积（m^2）；

$R_{0 \cdot 1} 、 R_{0 \cdot 2} \cdots R_{0 \cdot n}$——各个传热面部位的传热阻（$m^2 \cdot K/W$）；

R_i——内表面换热阻,取 $0.11 \text{m}^2 \cdot \text{K/W}$;

R_e——外表面换热阻,取 $0.04 \text{m}^2 \cdot \text{K/W}$;

φ——修正系数,应按表 A – 1 采用。

表 A – 1 修正系数 φ 值

$\dfrac{\lambda_2}{\lambda_1}$ 或 $\dfrac{\frac{\lambda_2 + \lambda_3}{2}}{\lambda_1}$	φ
0.09 ~ 0.19	0.86
0.20 ~ 0.39	0.93
0.40 ~ 0.69	0.96
0.70 ~ 0.99	0.98

注:1. 表中 λ 为材料的导热系数。当围护结构由两种材料组成时,λ_2 应取较小值,λ_1 应取较大值,然后求两者的比值。

2. 当围护结构由三种材料组成,或有两种厚度不同的空气间层时,φ 值应按比值 $\dfrac{\frac{\lambda_2 + \lambda_3}{2}}{\lambda_1}$ 确定。空气间层的 λ 值,应按表 A – 4 空气间层的厚度及热阻求得。

3. 当围护结构中存在圆孔时,应先将圆孔折算成同面积的方孔,然后按上述规定计算。

④ 围护结构的传热阻应按下式计算:

$$R_o = R_i + R + R_e \tag{A – 4}$$

式中 R_o——围护结构的传热阻($\text{m}^2 \cdot \text{K} \cdot \text{W}^{-1}$);

R_i——内表面换热阻($\text{m}^2 \cdot \text{K} \cdot \text{W}^{-1}$),应按表 A – 2 采用;

R_e——外表面换热阻($\text{m}^2 \cdot \text{K} \cdot \text{W}^{-1}$),应按表 A – 3 采用;

R——围护结构热阻($\text{m}^2 \cdot \text{K} \cdot \text{W}^{-1}$)。

表 A – 2 内表面换热系数 α_i 及内表面换热阻 R_i 值

适用季节	表面特征	$\alpha_i /[\text{W}/(\text{m}^2 \cdot \text{K})]$	$R_i /(\text{m}^2 \cdot \text{K} \cdot \text{W}^{-1})$
冬季和夏季	墙面、地面、表面平整或有肋状突出物的顶棚 当 $h/s \leq 0.3$ 时	8.7	0.11
	有肋状突出物的顶棚 当 $h/s > 0.3$ 时	7.6	0.13

注:表中 h 为肋高,s 为肋间净距。

表 A – 3　外表面换热系数 α_e 及外表面换热阻 R_e 值

适用季节	表面特征	$\alpha_e/[W/(m^2 \cdot K)]$	$R_e/(m^2 \cdot K \cdot W^{-1})$
冬季	外墙、屋顶、与室外空气直接接触的表面	23.0	0.04
	与室外空气相通的不采暖地下室上面的楼板	17.0	0.06
	闷顶、外墙上有窗的不采暖地下室上面的楼板	12.0	0.08
	外墙上无窗的不采暖地下室上面的楼板	6.0	0.17
夏季	外墙和屋顶	19.0	0.05

⑤ 空气间层热阻的确定。

a. 不带铝箔、单面铝箔、双面铝箔封闭空气间层的热阻,应按表 A – 4 采用。

表 A – 4　空气间层热阻值$(m^2 \cdot K \cdot W^{-1})$

位置、热流状况及材料特性	冬季状况							夏季状况						
	间层厚度/mm							间层厚度/mm						
	5	10	20	30	40	50	60 以上	5	10	20	30	40	50	60 以上
一般空气间层														
热流向下(水平、倾斜)	0.10	0.14	0.17	0.18	0.19	0.20	0.20	0.09	0.12	0.15	0.15	0.16	0.16	0.15
热流向上(水平、倾斜)	0.10	0.14	0.15	0.16	0.17	0.17	0.17	0.09	0.11	0.13	0.13	0.13	0.13	0.13
垂直空气间层	0.10	0.14	0.16	0.17	0.18	0.18		0.09	0.12	0.14	0.14	0.15	0.15	0.15
单面铝箔空气间层														
热流向下(水平、倾斜)	0.16	0.28	0.43	0.51	0.57	0.60	0.64	0.15	0.25	0.37	0.44	0.48	0.52	0.54
热流向上(水平、倾斜)	0.16	0.26	0.35	0.40	0.42	0.42	0.43	0.14	0.20	0.28	0.29	0.30	0.30	0.28
垂直空气间层	0.16	0.26	0.39	0.44	0.47	0.49	0.50	0.15	0.22	0.31	0.34	0.36	0.37	0.37
双面铝箔空气间层														
热流向下(水平、倾斜)	0.18	0.34	0.56	0.71	0.84	0.94	1.01	0.16	0.30	0.49	0.63	0.73	0.81	0.86
热流向上(水平、倾斜)	0.17	0.29	0.45	0.52	0.55	0.56	0.57	0.15	0.25	0.34	0.37	0.38	0.38	0.35
垂直空气间层	0.18	0.31	0.49	0.59	0.65	0.69	0.71	0.15	0.27	0.39	0.46	0.49	0.50	0.50

b. 通风良好的空气间层,其热阻可不予考虑。这种空气间层的间层温度可取进气温度,表面换热系数可取 12.0 $W/(m^2 \cdot K)$。

（2）围护结构热惰性指标 D 值的计算。

① 单一材料围护结构或单一材料层的 D 值应按下式计算：

$$D = RS \qquad (A-5)$$

式中　R——材料层的热阻$(m^2 \cdot K \cdot W^{-1})$；

　　　S——材料的蓄热系数$[W/(m^2 \cdot K)]$。

② 多层围护结构的 D 值应按下式计算：

$$D = D_1 + D_2 + \cdots + D_n = R_1 S_1 + R_2 S_2 + \cdots + R_n S_n \qquad (A-6)$$

式中　$R_1 \text{、} R_2 \cdots R_n$——各层材料的热阻$(m^2 \cdot K \cdot W^{-1})$；

　　　$S_1 \text{、} S_2 \cdots S_n$——各层材料的蓄热系数$[W/(m^2 \cdot K)]$，空气间层的蓄热系数取 $S = 0$。

③ 如某层有两种以上材料组成，则应先按下式计算该层的平均导热系数：

$$\bar{\lambda} = \frac{\lambda_1 F_1 + \lambda_2 F_2 + \cdots + \lambda_n F_n}{F_1 + F_2 + \cdots + F_n} \qquad (A-7)$$

然后按下式计算该层的平均热阻：

$$\bar{R} = \frac{\delta}{\lambda}$$

该层的平均蓄热系数按下式计算：

$$\bar{S} = \frac{S_1 F_1 + S_2 F_2 + \cdots + S_n F_n}{F_1 + F_2 + \cdots + F_n} \qquad (A-8)$$

式中　$F_1 \text{、} F_2 \cdots F_n$——在该层中按平行于热流划分的各个传热面积$(m^2)$；

　　　$\lambda_1 \text{、} \lambda_2 \cdots \lambda_n$——各个传热面积上材料的导热系数$[W/(m \cdot K)]$；

　　　$S_1 \text{、} S_2 \cdots S_n$——各个传热面积上材料的蓄热系数$[W/(m^2 \cdot K)]$。

该层的热惰性指标 D 值应按下式计算：

$$D = \bar{R} \bar{S}$$

（3）地面吸热指数 B 值的计算。

地面吸热指数 B 值，应根据地面中影响吸热的界面位置，按下面几种情况计算：

① 影响吸热的界面在最上一层内，即当：

$$\frac{\delta_1^2}{\alpha_1 \tau} \geqslant 3.0 \qquad (A-9)$$

式中　δ_1——最上一层材料的厚度(m)；

　　　α_1——最上一层材料的导温系数(m^2/h)；

　　　τ——人脚与地面接触的时间，取 0.2 h。

这时，B 值应按下式计算：

$$B = b_1 = \sqrt{\lambda_1 c_1 \rho_1} \qquad (A-10)$$

式中　b_1——最上一层材料的热渗透系数$[W/(m^2 \cdot h^{-1/2} \cdot K)]$；

　　　c_1——最上一层材料的比热容$[W \cdot h/(kg \cdot K)]$；

　　　λ_1——最上一层材料的导热系数$[W/(m \cdot K)]$；

　　　ρ_1——最上一层材料的密度(kg/m^3)。

② 影响吸热的界面在第二层内，即当：

$$\frac{\delta_1^2}{\alpha_1\tau} + \frac{\delta_2^2}{\alpha_2\tau} \geqslant 3.0 \qquad (A-11)$$

式中　δ_2——第二层材料的厚度(m)；

　　　α_2——第二层材料的导温系数(m^2/h)。

这时，B 值应按下式计算：

$$B = b_1(1 + K_{1,2}) \qquad (A-12)$$

式中　$K_{1,2}$——第 1、2 两层地面吸热计算系数，根据 b_2/b_1 和$\dfrac{\delta_1^2}{\alpha_1\tau}$两者按表 A-5 查得；

　　　b_2——第二层材料的热渗透系数$[W/(m^2 \cdot h^{-1/2} \cdot K)]$。

③ 影响吸热的界面在第二层以下，即按式(A-11)求得的结果小于 3.0，则影响吸热的界面位于第三层或更深处。这时，可仿照式(A-12)求出 $B_{2,3}$ 或 $B_{3,4}$ 等，然后按顺序依次求出 $B_{1,2}$ 值。这时，式中的 $K_{1,2}$ 值应根据 $B_{2,3}/b_1$ 和$\dfrac{\delta_1^2}{\alpha_1\tau}$值按表 A-5 查得。

表 A-5　地面吸热计算系数 K 值

$\dfrac{b_3}{b_1}$ ＼ $\dfrac{\delta_1^2}{\alpha_1\tau}$	0.005	0.01	0.05	0.10	0.15	0.20	0.25	0.30	0.40	0.50	0.60	0.80	1.00	1.50	2.00	3.00
0.2	-0.82	-0.80	-0.80	-0.79	-0.78	-0.78	-0.77	-0.76	-0.73	-0.70	-0.65	-0.56	-0.47	-0.30	-0.18	-0.07
0.3	-0.70	-0.70	-0.69	-0.69	-0.68	-0.67	-0.66	-0.64	-0.61	-0.58	-0.54	-0.46	-0.35	-0.24	-0.15	-0.05
0.4	-0.60	-0.60	-0.59	-0.58	-0.57	-0.56	-0.55	-0.54	-0.51	-0.47	-0.44	-0.37	-0.31	-0.19	-0.12	-0.04
0.5	-0.50	-0.50	-0.49	-0.48	-0.47	-0.46	-0.45	-0.43	-0.41	-0.38	-0.35	-0.29	-0.24	-0.15	-0.09	-0.03
0.6	-0.40	-0.40	-0.39	-0.38	-0.37	-0.36	-0.35	-0.34	-0.31	-0.29	-0.26	-0.22	-0.18	-0.11	-0.07	-0.03
0.7	-0.30	-0.30	-0.29	-0.28	-0.27	-0.26	-0.25	-0.24	-0.22	-0.21	-0.19	-0.16	-0.13	-0.08	-0.05	-0.02
0.8	-0.20	-0.20	-0.19	-0.19	-0.18	-0.17	-0.17	-0.16	-0.14	-0.13	-0.12	-0.10	-0.08	-0.05	-0.03	0.00
0.9	-0.10	-0.10	-0.10	-0.09	-0.09	-0.08	-0.08	-0.08	-0.07	-0.06	-0.06	-0.05	-0.04	-0.02	-0.01	0.00
1.1	0.10	0.10	0.09	0.09	0.09	0.08	0.08	0.07	0.07	0.06	0.05	0.04	0.04	0.02	0.01	0.00
1.2	0.20	0.20	0.19	0.18	0.17	0.16	0.15	0.14	0.13	0.11	0.10	0.08	0.07	0.04	0.03	0.00
1.3	0.30	0.30	0.28	0.26	0.24	0.23	0.22	0.20	0.18	0.16	0.15	0.13	0.10	0.06	0.04	0.01
1.4	0.40	0.40	0.38	0.34	0.32	0.28	0.27	0.26	0.24	0.21	0.19	0.15	0.12	0.08	0.05	0.02
1.5	0.50	0.49	0.46	0.42	0.39	0.37	0.34	0.32	0.29	0.25	0.23	0.18	0.15	0.09	0.05	0.02
1.6	0.60	0.59	0.55	0.50	0.46	0.43	0.40	0.38	0.33	0.30	0.26	0.21	0.17	0.10	0.06	0.02
1.7	0.70	0.68	0.63	0.58	0.53	0.49	0.46	0.43	0.37	0.33	0.30	0.24	0.19	0.12	0.07	0.03
1.8	0.79	0.78	0.71	0.65	0.60	0.55	0.51	0.48	0.42	0.37	0.33	0.26	0.21	0.13	0.08	0.03
1.9	0.89	0.88	0.80	0.72	0.66	0.61	0.56	0.52	0.46	0.40	0.36	0.29	0.23	0.14	0.08	0.03
2.0	0.99	0.97	0.88	0.79	0.72	0.66	0.61	0.57	0.49	0.44	0.39	0.31	0.25	0.15	0.09	0.03

续表 A-5

$\dfrac{b_3}{b_1}$ \ $\dfrac{\delta_1^2}{\alpha_1\tau}$	0.005	0.01	0.05	0.10	0.15	0.20	0.25	0.30	0.40	0.50	0.60	0.80	1.00	1.50	2.00	3.00
2.2	1.18	1.16	1.03	0.92	0.83	0.76	0.70	0.65	0.56	0.49	0.44	0.35	0.28	0.17	0.10	0.04
2.4	1.37	1.35	1.19	1.04	0.94	0.85	0.78	0.72	0.62	0.55	0.48	0.38	0.31	0.19	0.11	0.04
2.6	1.57	1.53	1.33	1.16	1.04	0.91	0.86	0.79	0.68	0.60	0.52	0.42	0.34	0.20	0.12	0.04
2.8	1.77	1.72	1.47	1.27	1.13	1.02	0.93	0.85	0.73	0.66	0.56	0.45	0.36	0.21	0.13	0.05
3.0	1.95	1.89	1.60	1.37	1.21	1.09	0.99	0.91	0.78	0.68	0.60	0.47	0.38	0.23	0.14	0.05

（4）室外综合温度的计算。

① 室外综合温度各小时值应按下式计算：

$$t_{sa} = t_e + \frac{\rho I}{\alpha_e} \qquad (A-13)$$

式中　t_{sa}——室外综合温度（℃）；

　　　t_e——室外空气温度（℃）；

　　　I——水平或垂直面上的太阳辐射照度（W/m²）；

　　　ρ——太阳辐射吸收系数，应按表 A-6 采用；

　　　α_e——外表面换热系数，取 19.0 W（m²·K）。

表 A-6　太阳辐射吸收系数 ρ 值

外表面材料	表面状况	色泽	ρ 值
红瓦屋面	旧	红褐色	0.70
灰瓦屋面	旧	浅灰色	0.52
石棉水泥瓦屋面		浅灰色	0.75
油毡屋面	旧，不光滑	黑色	0.85
水泥屋面及墙面		青灰色	0.70
红砖墙面		红褐色	0.75
硅酸盐砖墙面	不光滑	灰白色	0.50
石灰粉刷墙面	新，光滑	白色	0.48
水刷石墙面	旧，粗糙	灰白色	0.70
浅色饰面砖及浅色涂料		浅黄、浅绿色	0.50
草坪		绿色	0.80

② 室外综合温度平均值应按下式计算：

$$\bar{t}_{sa} = \bar{t}_e + \frac{\rho \bar{I}}{\alpha_e} \qquad (A-14)$$

式中　$\bar{t}_{sa}$——室外综合温度平均值(℃)；

$\bar{t}_e$——室外空气温度平均值(℃)，应按表 5-23 采用；

$\bar{I}$——水平或垂直面上太阳辐射照度平均值(W/m²)；

ρ——太阳辐射吸收系数，应按表 A-6 采用；

α_e——外表面换热系数，取 19.0 W(m²·K)。

③ 室外综合温度波幅应按下式计算：

$$A_{tsa} = (A_{te} + A_{ts})\beta \qquad (A-15)$$

式中　A_{tsa}——室外综合温度波幅(℃)；

A_{te}——室外空气温度波幅(℃)，应按表 5-23 采用；

A_{ts}——太阳辐射当量温度波幅(℃)，应按下式计算：

$$A_{ts} = \frac{\rho(I_{max} - \bar{I})}{\alpha_e} \qquad (A-16)$$

I_{max}——水平或垂直面上太阳辐射照度最大值(W/m²)；

$\bar{I}$——水平或垂直面上太阳辐射照度平均值(W/m²)；

α_e——外表面换热系数，取 19.0W(m²·K)；

β——相位差修正系数，根据 A_{te} 与 A_{ts} 的比值(两者中数值较大者为分子)及 φ_{te} 与 φ_I 之间的差值按表 A-7 采用；

ρ——太阳辐射吸收系数，应按表 A-6 采用。

表 A-7　相位差修正系数 β 值

$\dfrac{A_{tsa}}{V_o}$ 与 $\dfrac{A_{ti}}{V_i}$ 的比值或 A_{te} 与 A_{ts} 的比值	$\Delta\varphi = (\varphi_{tsa} + \xi_o) - (\varphi_{ti} + \xi_i)$ 或 $\Delta\varphi = \varphi_{te} - \varphi_I$									
	1	2	3	4	5	6	7	8	9	10
1.0	0.99	0.97	0.92	0.87	0.79	0.71	0.60	0.50	0.38	0.26
1.5	0.99	0.97	0.93	0.87	0.80	0.72	0.63	0.53	0.42	0.32
2.0	0.99	0.97	0.93	0.88	0.81	0.74	0.66	0.58	0.49	0.41
2.5	0.99	0.97	0.94	0.89	0.83	0.76	0.69	0.62	0.55	0.49
3.0	0.99	0.97	0.94	0.90	0.85	0.79	0.72	0.65	0.60	0.55
3.5	0.99	0.97	0.94	0.91	0.86	0.81	0.76	0.69	0.64	0.59
4.0	0.99	0.97	0.95	0.91	0.87	0.82	0.77	0.72	0.67	0.63
4.5	0.99	0.97	0.95	0.92	0.88	0.83	0.79	0.74	0.70	0.66
5.0	0.99	0.98	0.95	0.92	0.89	0.85	0.81	0.76	0.72	0.69

注：表中 φ_{tsa} 为室外综合温度最大值的出现时间(h)，通常可取：水平及南向,13；东向,9；西向,16。

(5)围护结构衰减倍数和延迟时间的计算

① 多层围护结构的衰减倍数应按下式计算：

$$v_o = 0.9 e^{\frac{D}{\sqrt{2}}} \frac{S_1 + \alpha_i}{S_1 + Y_1} \cdot \frac{S_2 + Y_1}{S_2 + Y_2} \cdot \ldots \cdot \frac{Y_{K-1}}{Y_K} \cdot \ldots \cdot \frac{S_n + Y_{n-1}}{S_n + Y_n} \cdot \frac{Y_n + \alpha_e}{\alpha_e} \qquad (A-17)$$

式中　v_o——围护结构的衰减倍数；

D——围护结构的热惰性指标，应按(2)的规定计算；

α_i、α_e——分别为内、外表面换热系数，取 $\alpha_i = 8.7\,\mathrm{W/(m^2 \cdot K)}$，$\alpha_e = 19.0\ \mathrm{W/(m^2 \cdot K)}$；

S_1、$S_2 \cdots S_n$——由内到外各层材料的蓄热系数$[W/(m^2 \cdot K)]$，空气间层取 $S = 0$；

Y_1、$Y_2 \cdots Y_n$——由内到外各层(见图 $A-2$)材料外表面蓄热系数$[W/(m^2 \cdot K)]$，应按(7)中①的规定计算；

Y_K、Y_{K-1}——分别为空气间层外表面和空气间层前一层材料外表面的蓄热系数$[W/(m^2 \cdot K)]$。

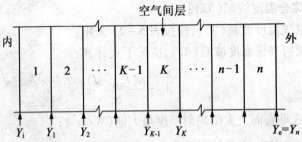

图 $A-2$　多层围护结构的层次排列

② 多层围护结构延迟时间应按下式计算：

$$\xi_o = \frac{1}{15}\left(40.5D - \mathrm{arctg}\,\frac{\alpha_i}{\alpha_i + Y_i\sqrt{2}} + \mathrm{arctg}\,\frac{R_K \cdot Y_{Ki}}{R_K \cdot Y_{Ki} + \sqrt{2}} + \mathrm{arctg}\,\frac{Y_e}{Y_e + \alpha_e\sqrt{2}}\right) \qquad (A-18)$$

式中　ξ_o——围护结构延迟时间(h)；

Y_e——围护结构外表面(亦即最后一层外表面)蓄热系数$[W/(m^2 \cdot K)]$，应按(7)中②的规定计算；

R_K——空气间层热阻$(m^2 \cdot K/W)$，应按表 $A-4$ 采用；

Y_{Ki}——空气间层内表面蓄热系数$[W/(m^2 \cdot K)]$，参照(7)中②的规定计算。

(6)室内空气到内表面的衰减倍数及延迟时间的计算。

① 室内空气到内表面的衰减倍数应按下式计算：

$$v_i = 0.95\,\frac{\alpha_i + Y_i}{\alpha_i} \qquad (A-19)$$

② 室内空气到内表面的延迟时间应按下式计算：

$$\xi_i = \frac{1}{15}\mathrm{arctg}\,\frac{Y_i}{Y_i + \alpha_i\sqrt{2}} \qquad (A-20)$$

式中　v_i——内表面衰减倍数；

ξ_i——内表面延迟时间(h)；

α_i——内表面换热系数$[W/(m^2 \cdot K)]$；

Y_i——内表面蓄热系数$[W/(m^2 \cdot K)]$。

(7)表面蓄热系数的计算。

① 多层围护结构各层外表面蓄热系数应按下列规定由内到外逐层(见图 $A-2$)进行计算：

如果任何一层的 $D \geqslant 1$,则 $Y = S$,即取该层材料的蓄热系数。

如果第一层的 $D < 1$,则:

$$Y_1 = \frac{R_1 S_1^2 + \alpha_i}{1 + R_1 \alpha_i}$$

如果第二层的 $D < 1$,则:

$$Y_2 = \frac{R_2 S_2^2 + Y_1}{1 + R_2 Y_1}$$

其余类推,直到最后一层(第 n 层):

$$Y_n = \frac{R_n S_n^2 + Y_{n-1}}{1 + R_n Y_{n-1}}$$

式中 $S_1 、 S_2 \cdots S_n$——各层材料的蓄热系数$[W/(m^2 \cdot K)]$;

$\quad R_1 、 R_2 \cdots R_n$——各层材料的热阻$(m^2 \cdot K/W)$;

$\quad Y_1 、 Y_2 \cdots Y_n$——各层材料的外表面蓄热系数$[W/(m^2 \cdot K)]$;

$\quad \alpha_i$——内表面换热系数$[W/(m^2 \cdot K)]$。

② 多层围护结构外表面蓄热系数应取最后一层材料的外表面蓄热系数,即 $Y_e = Y_n$。

③ 多层围护结构内表面蓄热系数应按下列规定计算:

如果多层围护结构中的第一层(即紧接内表面的一层)$D_1 \geqslant 1$,则多层围护结构内表面蓄热系数应取第一层材料的蓄热系数,即 $Y_i = S_1$。

如果多层围护结构中最接近内表面的第 m 层,其 $D_m \geqslant 1$,则取 $Y_m = S_m$,然后从第 $m-1$ 层开始,由外向内逐层(层次排列见图 A-2)计算,直至第一层的 Y_1,即为所求的多层围护结构内表面蓄热系数。

如果多层围护结构中的每一层 D 值均小于 1,则计算应从最后一层(第 n 层)开始,然后由外向内逐层计算,直至第一层的 Y_i,即为所求的多层围护结构内表面蓄热系数。

(8)围护结构内表面最高温度的计算。

① 非通风围护结构内表面最高温度可按下式计算:

$$\theta_{i \cdot \max} = \bar{\theta}_i + \left(\frac{A_{tsa}}{v_o} + \frac{A_{ti}}{v_i} \right) \beta \tag{A-21}$$

内表面平均温度可按下式计算:

$$\bar{\theta}_i = \bar{t}_i + \frac{\bar{t}_{sa} - \bar{t}_i}{R_o \alpha_i} \tag{A-22}$$

式中 $\theta_{i \cdot \max}$——内表面最高温度($^\circ$C);

$\quad \bar{\theta}_i$——内表面平均温度($^\circ$C);

$\quad \bar{t}_i$——室内计算温度平均值($^\circ$C),取 $\bar{t}_i = \bar{t}_e + 1.5^\circ$C;

$\quad \bar{t}_e$——室外计算温度平均值($^\circ$C),应按表 5-23 采用;

$\quad A_{ti}$——室内计算温度波幅值($^\circ$C),取 $A_{ti} = A_{te} - 1.5^\circ$C,$A_{te}$ 为室外计算温度波幅值,应按表 2-45-23

$\quad \bar{t}_{sa}$——室外综合温度平均值($^\circ$C),应按式(A-14)计算;

$\quad A_{tsa}$——室外综合温度波幅值($^\circ$C),应按式(A-15)计算;

v_o——围护结构衰减倍数，应按式（A-17）计算；

v_i——室内空气到内表面的衰减倍数，应按式（A-19）计算；

β——相位差修正系数，根据$\dfrac{A_{tsa}}{v_o}$与$\dfrac{A_{ti}}{v_i}$的比值（两者中数值较大者为分子）及$(\varphi_{tsa}+\xi_o)$与$(\varphi_{ti}+\xi_i)$的差值，按表 A-7 采用；

ξ_o——围护结构延迟时间（h），应按式（A-18）计算；

ξ_i——室内空气到内表面的延迟时间（h），应按式（A-20）计算；

φ_{tsa}——室外综合温度最大值的出现时间（h），通常可取：水平及南向，13；东向，9；西向，16；

φ_{ti}——室内空气温度最大值出现时间（h），通常取 16。

② 通风屋顶内表面最高温度的计算：

对于薄型面层（如混凝土薄板、大阶砖等）、厚型基层（如混凝土实心板、空心板等）、间层高度为 20cm 左右的通风屋顶，其内表面最高温度应按下列规定计算：

a. 面层下表面温度最高值、平均值和波幅值应分别按下列三式计算：

$$\theta_{1 \cdot max} = 0.8 t_{sa \cdot max} \tag{A-23}$$

$$\overline{\theta}_1 = 0.54 t_{sa \cdot max} \tag{A-24}$$

$$A_{\theta 1} = 0.26 t_{sa \cdot max} \tag{A-25}$$

式中　$\theta_{1 \cdot max}$——面层下表面温度最高值（℃）；

　　　$\overline{\theta}_1$——面层下表面温度平均值（℃）；

　　　$A_{\theta 1}$——面层下表面温度波幅值（℃）；

　　　$t_{sa \cdot max}$——室外综合温度最高值（℃），应按式（A-13）计算室外综合温度各小时值，然后取其中的最高值。

b. 间层综合温度（作为基层上表面的热作用）的平均值和波幅值应分别按下列二式计算：

$$\overline{t}_{vc \cdot sy} = 0.5(\overline{t}_{vc} + \overline{\theta}_1) \tag{A-26}$$

$$A_{tvc \cdot sy} = 0.5(A_{tve} + A_{\theta 1}) \tag{A-27}$$

式中　$\overline{t}_{vc \cdot sy}$——间层综合温度平均值（℃）；

　　　$A_{tvc \cdot sy}$——间层综合温度波幅值（℃）；

　　　$\overline{t}_{vc}$——间层空气温度平均值（℃），取$\overline{t}_{vc} = 1.06\,\overline{t}_e$，$\overline{t}_e$为室外计算温度平均值；

　　　A_{tvc}——间层空气温度波幅值（℃），取$A_{tvc} = 1.3 A_{te}$，A_{te}为室外计算温度波幅值；

　　　$\overline{\theta}_1$——面层下表面温度平均值（℃）；

　　　$A_{\theta 1}$——面层下表面温度波幅值（℃）。

c. 在求得间层综合温度后，即可计算基层内表面（即下表面）最高温度。计算中，间层综合温度最高值出现时间取 $\varphi_{tvc \cdot sy} = 1.35$ h。

（9）平均传热系数和热桥线性传热系数计算方法。

① 一个单元墙体的平均传热系数用下式计算：

$$K_m = K + \frac{\sum \psi_j l_j}{A} \tag{A-28}$$

式中　K_m——单元墙体的平均传热系数[W/(m²·K)]；

ψ_j——单元墙体上的第 j 个结构性热桥的线性传热系数[W/(m·K)]；

l_j——单元墙体第 j 个结构性热桥的计算长度(m)；

A——单元墙体的面积(m²)。

②　在建筑外围护结构中,墙角、窗间墙、凸窗、阳台、屋顶、楼板、地板等处形成的热桥称为结构性热桥(参见图 A-3)。结构性热桥对墙体、屋面传热的影响利用线性传热系数 ψ 来描述。

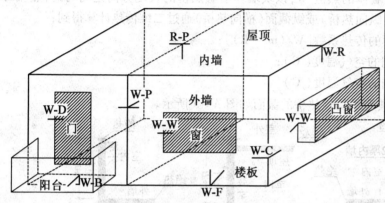

图 A-3　建筑外围护结构的结构性热桥示意图

③　墙面典型的热桥如图 A-4 所示,其平均传热系数 K_m 为:

$$K_m = K + \frac{\psi_{W-P}H + \psi_{W-F}B + \psi_{W-C}H + \psi_{W-R}B + \psi_{W-W_L}h + \psi_{W-W_b}b + \psi_{W-W_R}h + \psi_{W-W_V}b}{A}$$

(A-29)

式中　Ψ_{W-P}——外墙和内墙交接形成的热桥的线性传热系数[W/(m·K)]；

Ψ_{W-F}——外墙和楼板交接形成的热桥的线性传热系数[W/(m·K)]；

Ψ_{W-C}——外墙墙角形成的热桥的线性传热系数[W/(m·K)]；

Ψ_{W-R}——外墙和屋顶交接形成的热桥的线性传热系数[W/(m·K)]；

Ψ_{W-WL}——外墙和左侧窗框交接形成的热桥的线性传热系数[W/(m·K)]；

Ψ_{W-WB}——外墙和下边窗框交接形成的热桥的线性传热系数[W/(m·K)]；

Ψ_{W-WR}——外墙和右侧窗框交接形成的热桥的线性传热系数[W/(m·K)]；

Ψ_{W-WU}——外墙和上边窗框交接形成的热桥的线性传热系数[W/(m·K)]。

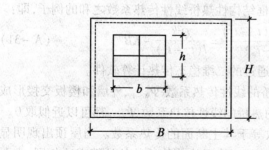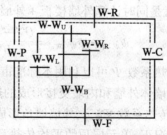

图 A-4　墙面典型结构性热桥示意图

④ 热桥线性传热 Ψ 式（A-30）计算。

$$\psi = \frac{Q^{2D} - KA(t_n - t_e)}{l(t_n - t_e)} = \frac{Q^{2D}}{l(t_n - t_e)} - KB \qquad (A-30)$$

式中　A——以热桥为一边的某一块矩形墙体的面积（m²）；

　　　　l——热桥的长度（m），计算 Ψ 时通常取 1 m；

　　　　B——该块矩形另一条边的长度即 $A = lB$，一般情况下 $B \geqslant 1$ m；

　　　　Q^{2D}——流过该块墙体的热流 W，该块墙体沿着热桥的长度方向是均匀的，热流可以根据它的横截面（纵向热桥）或纵截面（横向热桥）通过二维传热计算得到；

　　　　K——墙体主断面的传热系数 [W/(m²·K)]；

　　　　t_n——墙体室内侧的空气温度（℃）；

　　　　t_e——墙体室外侧的空气温度（℃）。

⑤ 计算 Q^{2D} 时墙面典型结构性热桥的截面如图 A-5 所示。

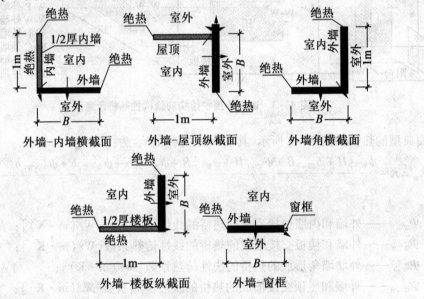

图 A-5　墙面典型结构性热桥截面示意图

⑥ 墙面上平行热桥之间的距离很小，计算 Q^{2D} 用截面上的尺寸 B 远小于 1 m 时，可以一次同时计算平行热桥的线性传热系数之和。

图 A-6 就是同时计算外墙楼板 + 外墙窗框结构性热桥线性传热系数之和的例子，即：

$$\psi_{W-F} + \psi_{W-W_W} = \frac{Q^{2D} - KA(t_n - t_e)}{l(t_n - t_e)} = \frac{Q^{2D}}{l(t_n - t_e)} - KB \qquad (A-31)$$

⑦ 线性传热系数 Ψ 可以利用本标准审定通过的二维稳态传热计算软件。

⑧ 外保温墙体外墙和内墙交接形成的热桥的线性传热系数 Ψ_{W-P}、外墙和楼板交接形成的热桥的线性传热系数 Ψ_{W-F}、外墙墙角形成的热桥的线性传热系数 Ψ_{W-C} 都可以近似取 0。

⑨ 一般情况下，单元屋顶的平均传热系数等于其主断面的传热系数。当屋顶出现明显的结构性冷桥时，屋顶平均传热系数的计算方法与墙体平均传热系数的计算方法相同，也要用式（A-28）计算。

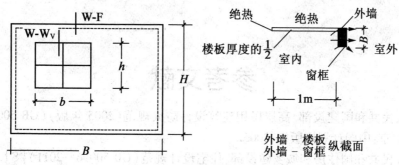

图 A-6　墙面平行热桥示意

参考文献

［1］　中华人民共和国建设部.高层民用建筑设计防火规范(2005年版)(GB 50045—1995)［S］.北京:中国计划出版社,2005.

［2］　中华人民共和国住房和城乡建设部.住宅设计规范(GB 50096—2011)［S］.北京:中国计划出版社,2012.

［3］　中华人民共和国住房和城乡建设部.中小学校设计规范(GB 50099—2011)［S］.北京:中国建筑工业出版社,2012.

［4］　中华人民共和国住房和城乡建设部.地下工程防水技术规范(GB 50108—2008)［S］.北京:中国计划出版社,2009.

［5］　中华人民共和国建设部.公共建筑节能设计标准(GB 50189—2005)［S］.北京:中国建筑工业出版社,2005.

［6］　中华人民共和国建设部.民用建筑设计通则(GB 50352—2005)［S］.北京:中国建筑工业出版社,2005.

［7］　中华人民共和国建设部.住宅建筑规范(GB 50368—2005)［S］.北京:中国建筑工业出版社,2006.

［8］　中华人民共和国住房和城乡建设部,国家质量监督检验检疫总局.屋面工程技术规范(GB 50345—2012)［S］.北京:中国建筑工业出版社,2012.

［9］　中华人民共和国住房和城乡建设部.无障碍设计规范(GB 50763—2012)［S］.北京:中国建筑工业出版社,2012.

［10］　中华人民共和国住房和城乡建设部.严寒和寒冷地区居住建筑节能设计标准(JGJ 26—2010)［S］.北京:中国建筑工业出版社,2010.

［11］　中华人民共和国建设部.宿舍建筑设计规范(JGJ 36—2005)［S］.北京:中国建筑工业出版社,2006.

［12］　中华人民共和国建设部.电影院建筑设计规范(JGJ 58—2008)［S］.北京:中国建筑工业出版社,2008.

［13］　中华人民共和国建设部.办公建筑设计规范(JGJ 67—2006)［S］.北京:中国建筑工业出版社,2007.

［14］　中华人民共和国住房和城乡建设部.夏热冬暖地区居住建筑节能设计标准(JGJ 75—2012)［S］.北京:中国建筑工业出版社,2013.

［15］　中华人民共和国住房和城乡建设部.建筑玻璃应用技术规程(JGJ 113—2009)［S］.北京:中国建筑工业出版社,2009.

［16］　中华人民共和国住房和城乡建设部.夏热冬冷地区居住建筑节能设计标准(JGJ 134—2010)［S］.北京:中国建筑工业出版社,2010.

［17］　中华人民共和国建设部.外墙外保温工程技术规程(JGJ 144—2004)［S］.北京:中国建筑工业出版社,2005.